广西环境空气质量特征及变化趋势分析

潘润西　陈　蓓　谢郁宁　著

广西科学技术出版社

·南宁·

图书在版编目（CIP）数据

广西环境空气质量特征及变化趋势分析 / 潘润西，陈蓓，谢郁宁著．-- 南宁：广西科学技术出版社，2024.11.
ISBN 978-7-5551-2256-2

Ⅰ．X831

中国国家版本馆 CIP 数据核字第 2024A057K2 号

GUANGXI HUANJING KONGQI ZHILIANG TEZHENG JI BIANHUA QUSHI FENXI

广西环境空气质量特征及变化趋势分析

潘润西　陈蓓　谢郁宁　著

责任编辑：丘　平　　装帧设计：梁　良
责任校对：苏深灿　　责任印制：陆　弟

出 版 人：岑　刚　　出版发行：广西科学技术出版社
社　　址：广西南宁市东葛路 66 号　　邮政编码：530023
网　　址：http://www.gxkjs.com

经　　销：全国各地新华书店
印　　刷：广西民族印刷包装集团有限公司

开　　本：787 mm × 1092 mm　1/16　　审 图 号：桂 S（2024）36 号
字　　数：250 千字
印　　张：15.5
版　　次：2024 年 11 月第 1 版　　审图号二维码：
印　　次：2024 年 11 月第 1 次印刷
书　　号：ISBN 978-7-5551-2256-2
定　　价：60.00 元

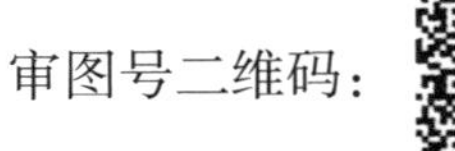

本书撰写参与人员名单

（以姓氏笔画为序）

韦　锋　韦江慧　毛敬英　付　洁　刘维明

阮姗姗　杨德威　何　宇　陆晓艳　陈　蓓

和凌红　莫招育　莫雨淳　黄　圆　黄　增

黄乃尊　黄小佳　梁　华　梁桂云　谢郁宁

廖国莲　颜家兴　潘秋玲　潘润西　穆奕君

前　言

从党的十八大开始，中国特色社会主义进入新时代。新时代的十年，是生态环境保护认识最深、力度最大、举措最实、推进最快、成效最好的十年。党的十八大以来，以习近平同志为核心的党中央把生态文明建设摆在全局工作的突出位置，把坚决打赢蓝天保卫战作为重中之重，把环境空气质量明显改善作为刚性要求，推动我国成为全球空气质量改善速度最快的国家。2013 年，国务院颁布实施《大气污染防治行动计划》（简称“大气十条”），提出 10 条 35 项重点任务措施，全面打响以治理雾霾为主的大气污染防治攻坚战。2018 年，国务院出台《打赢蓝天保卫战三年行动计划》，重点防控污染因子、重点区域、重点时段、重点行业和领域，在环境空气质量总体改善的基础上，进一步减少重污染天气。2023 年 11 月 24 日，国务院常务会议审议通过《空气质量持续改善行动计划》，要求将空气质量改善与能源、产业和交通运输的结构调整和低碳转型相结合，扎实深入推进空气质量持续改善。从“盼蓝天”到“拍蓝天”“晒蓝天”，经过十年的攻坚克难，我国环境空气质量发生了历史性的变化。

为了贯彻落实国家有关决策部署，近十年来，广西相继出台了《广西壮族自治区大气污染防治条例》《广西壮族自治区机动车排气污染防治办法》等地方性规章条例，为推进大气污染防治工作提供了立法和机制保障；印发实施了《广西壮族自治区大气污染防治行动工作方案》《广西“十三五”大气污染防治实施方案》《广西大气污染防治攻坚三年作战方案（2018—2020 年）》《广西壮族自治区“十四五”空气质量全面改善规划》等系列规划方案，做好污染天气应对工作，打好打赢蓝天保卫战。根据大气污染的季节性特征，广西开展了专项攻坚行动，如以烟花爆竹禁燃限放为重点的春季攻坚行动、以臭氧污染防治为重点的夏季专项行动、以秸秆禁烧和扬尘防控为重点的秋冬季综合治理行动，深入打好污染天气应对、臭氧污染防治、柴油货车污染治理等标志性战役。2018—2023 年，广西环境空气质量改善目标完成情况良好，广西城市环境空气质量连续 6 年实现全面达标，“广西蓝”成为新常态。

在2023年全国生态环境保护大会上，习近平总书记强调，要持续深入打好污染防治攻坚战，坚持精准治污、科学治污、依法治污，保持力度、延伸深度、拓展广度，深入推进蓝天、碧水、净土三大保卫战，持续改善生态环境质量。当前，广西“蓝天保卫战”的结构性、根源性、趋势性压力依然突出，重点地区、重点领域大气污染问题仍需解决，秋冬季区域性大气污染天气依然高发、频发，除此之外，还面临着气象条件相对不利和区域污染输送影响的双重压力。要实现在2025年消除重度及以上污染天气、全区城市空气质量优良天数比率不低于96.0%和$PM_{2.5}$浓度不高于26.5 $\mu g/m^3$的目标，需要更精准地把握广西大气污染问题（包括时间、区域、对象等），更科学地分析广西环境空气质量特征及变化趋势，加强为生态环境管理部门提供科学、合理的建议和对策，以及为广西持续深入开展大气污染防治行动提供技术支撑和技术保障。

本书汇集了广西壮族自治区生态环境监测中心近十年来在助力广西大气污染防治攻坚期间所取得的工作成果，客观阐述了近十年来广西环境空气质量状况和变化趋势，结合大气污染过程典型案例深刻分析了主要污染物浓度特征情况，针对环境空气质量突出问题系统解析了大气污染物来源，同时展示了广西大气污染防治攻坚取得的成效，并对广西未来三年$PM_{2.5}$浓度达标规划进行了预测。

本书主要突出广西空气质量分析技术的科学性与实用性，全书共分六章，由潘润西、陈蓓和谢郁宁负责章节结构设计、内容组织撰写和专业技术把关，由何宇、梁华负责全书统稿，潘润西定稿。本书的撰写得到了广西壮族自治区生态环境厅的高度重视和大力支持，以及广西14个设区市生态环境管理部门的大力帮助，在此表示衷心的感谢！同时，对参加广西重点研发计划项目“大气污染成因分析及监测预报预警关键技术集成研究与示范”和“基于多技术融合的广西大气臭氧污染特征及改善途径研究与应用示范”的合作单位，包括广西壮族自治区环境保护研究院、广西壮族自治区气象台、中国科学院空天信息创新研究院、南京科略环境科技有限责任公司、中国检验认证集团广西有限公司的相关技术人员表示衷心的感谢！此外，南京创蓝科技有限公司和广东旭诚科技有限公司的相关技术人员也为本书的撰写提供了技术支持，在此一并表示衷心的感谢！由于撰写时间仓促，错漏之处在所难免，恳请读者批评指正。

潘润西

2024年5月

目　　录

第一章　概论

一、背景

2013 年至 2022 年，我国国内生产总值翻了一番，而空气中 $PM_{2.5}$ 平均浓度却下降了 57%，重污染天数减少了 93%。毋庸置疑，党的十八大以来，我国生态文明建设取得了历史性成就，成为空气质量改善速度最快的国家。近年来，广西大气污染防治攻坚行动采取了一系列应对措施，蓝天保卫战也取得了阶段性胜利，区域性大气污染过程明显减少，$PM_{2.5}$ 浓度由 2015 年的 37 $\mu g/m^3$ 下降到 2022 年的 26 $\mu g/m^3$，8 年间降低了 11 $\mu g/m^3$，下降 29.7%。因此，有必要对该变化过程进行客观评价和综合分析，以更好评估大气污染防治措施成效。

研究表明，空气污染与气候变化两者紧密关联。一方面，气候变化对大气污染物的传输、分布和浓度会产生影响。气象条件直接影响空气质量，因此，可以说某一年的空气质量改善不代表大气环境质量真的变好，可能与当年气象条件有利有关。另一方面，空气污染又反作用于气候变化，例如，“温室效应”和“阳伞效应”等。广西大气污染年际间仍有反复，特别是臭氧污染，受台风外围下沉气流影响多的年份，臭氧污染显著增多。秋冬季一旦遇到干旱少雨，区域性大气污染依然会出现高发、频发。由此可见，广西大气污染形势依然严峻。根据生态环境部“十四五”终期考核指标，广西 $PM_{2.5}$ 浓度要不高于 26.5 $\mu g/m^3$，空气质量优良天数比率不低于 96.0%，完成考核指标仍有较大挑战性。因此，通过环境空气质量监测数据，深度挖掘广西大气污染存在的关键问题，为大气污染防治管理部门提供决策支撑刻不容缓。

二、研究目的与意义

（一）研究目的

通过分析评估近 8 年广西环境空气质量变化趋势，研究广西大气污染特征和规律，诊断大气污染成因和来源，评估大气污染防治措施成效，进一步梳理制约广西环境空气质量改善的关键因素，为打好广西蓝天保卫战提供决策支撑。

（二）研究意义

环境空气质量改善程度反映了一个地区核心竞争力的强弱。2021 年，北京环境空气质量改善被联合国环境规划署誉为"北京奇迹"，极大彰显了我国生态环境治理体系和治理能力现代化水平。"北京奇迹"是我国环境空气质量明显改善的一个缩影。广西各设区市近年来大气污染防治攻坚也取得了较大成效。例如，桂林市 $PM_{2.5}$ 浓度从 2015 年的 47 μg/m³ 下降到 2022 年的 28 μg/m³，说明了桂林市空气质量改善成效显著。同时，我们也关注到，随着大气污染防治攻坚逐年深入推进，在逐步消除较明显的大气污染排放源影响后，广西环境空气质量改善受气候影响占比更突出，大气污染防治攻坚需要进一步评估气象条件对环境空气质量改善的贡献。

大气污染防治措施是否有效，通过环境监测数据就能明显反映出来，可以说，环境空气质量监测评价是大气污染防治攻坚的"指挥棒"。因此，研究广西多年来的环境空气质量特征和变化趋势对于评估大气污染防治成效至关重要，是广西下一步改善环境空气质量、精准化部署大气污染防治措施的重要依据，也决定了广西"十五五"大气防治攻坚的方向和思路。

三、研究范围

2015 年以来，广西 14 个设区市环境空气质量、光化学及颗粒物组分监测较重的大气污染过程、典型城市产业结构特征、大气污染排放清单等内容，以及有助于厘清影响广西环境空气质量进一步改善的关键因素，均是本研究的范围。

四、主要技术路线

本研究主要技术路线见图 1–1。

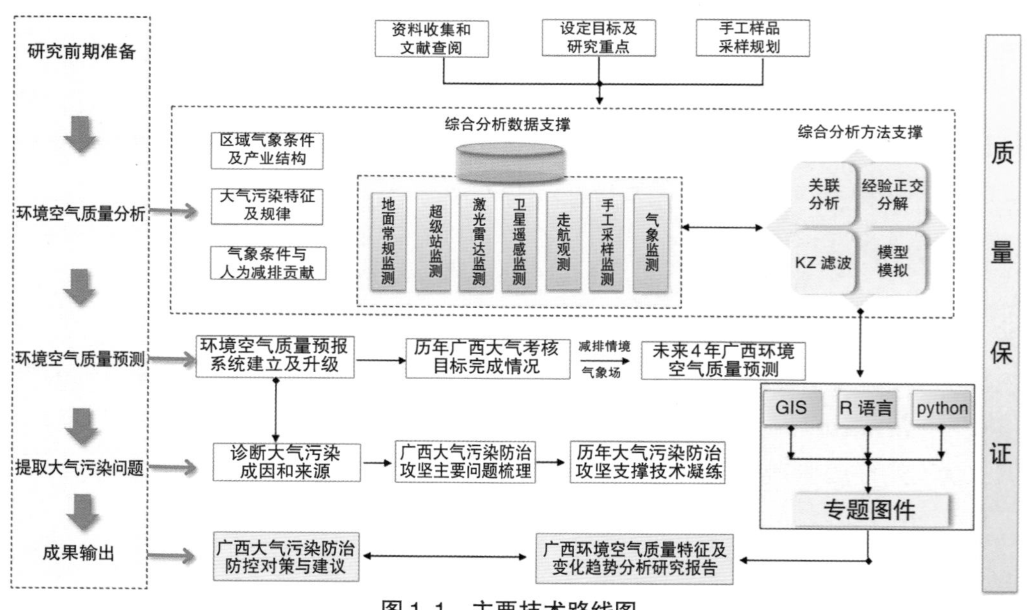

图 1–1　主要技术路线图

第二章 区域地理气象环境及大气污染排放状况

一、区域地理环境

（一）广西地形地貌

广西壮族自治区南临北部湾，与海南省隔海相望，东连广东省，东北接湖南省，西北靠云贵高原，西南与越南社会主义共和国毗邻，是全国唯一具有沿海、沿江、沿边优势的少数民族自治区。

广西位于全国地势第二阶梯中的云贵高原东南边缘，地势由西北向东南倾斜，四周多被山地和高原环绕，形成盆地状，有“广西盆地”之称。广西属山地丘陵盆地地貌，具有四周高、中间低，山地多、平原少，岩溶广布的特点（见图 2–1）。盆地边缘多缺口，桂东北、桂东、桂南沿江一带有大片谷地。桂北与湖南南部的永州接壤，是湘桂大气传输通道。湘桂走廊也是南北气流运行的通道，是冷空气入桂的主要途径。

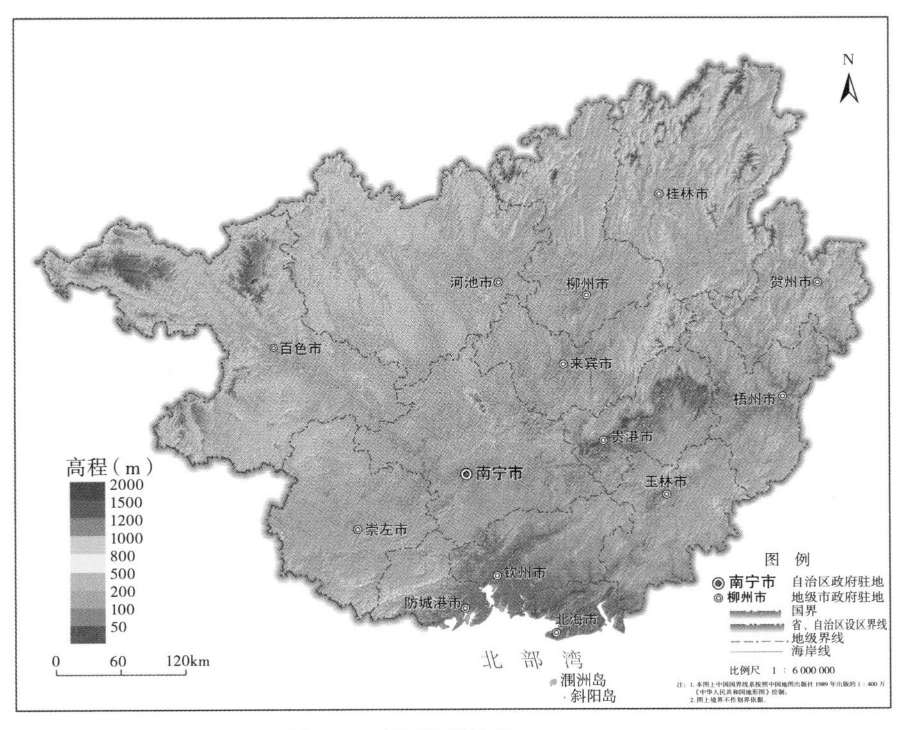

图 2–1 广西地形地貌

广西的山系主要分为盆地边缘山脉和盆地内部山脉两类。猫儿山属于典型的盆地边缘山脉，主峰海拔 2141 米，为广西最高峰。广西喀斯特地貌分布广泛，主要集中在桂西南、桂西北、桂中和桂东北地区，约占广西土地总面积的 41%。喀斯特地貌的发育类型多样，世界少见。广西的平原主要包括河流冲积平原和溶蚀平原，主要分布在桂东南、桂南及桂西南地区。

（二）区域地形对广西大气环境的影响

广西属亚热带季风气候区，北回归线从东到西横贯中部。广西有三分之一以上的地区在北回归线以南，该区域获得的太阳总辐射量较多。因此，南北之间的纬度差异和东西之间的经度差异，对广西大气环境影响较明显。

南北差异在气温上表现最明显，北部夏热冬冷，南部夏长冬短或全年无冬。冬春季大气边界层较低，大气容量减小。受气温影响，广西南部边界层高度明显高于北部。因此，在排放源同样强度的情况下，南部空气质量明显比北部好。冬春季冷空气经过长途跋涉和下垫面地形阻挡，强度大为减弱，到达广西南部沿海已经是强弩之末，如果形成南北气流辐合区，大气扩散条件转差，反而加重大气污染程度。对于广西南部沿海城市，弱冷空气是阻碍大气环境质量改善的主要天气类型。

东西差异主要表现在降水上。广西东部降水量比西部多，降水量多，大气湿清除条件有利，因此东部地区环境空气质量往往比西部好。

地形对大气环境的影响主要是地形对污染物的扩散能力的差异。污染排放同样的情况下，平原及沿海地区的大气扩散能力肯定比山区强。

二、广西大气环流及大气扩散条件状况

广西气候特点一是气候类型多样，夏长冬短；二是雨、热资源丰富，且两热同季；三是气候多变，灾害性天气出现频繁。这些气候特点整体上是有利于大气扩散的。

（一）主导风向及大气环流

环境空气中污染物的扩散、迁移方向和快慢程度受风向、风速影响较大。从季节分布来看，广西秋季、冬季以东北风为主，其次是西北风；夏季东南风占主导地位；春季主要受北风、南风两种风向的影响，且主导风向每年的变化较大，不如夏季、冬季主导风向稳定。

广西地处亚热带季风气候区域，影响广西的大气环流主要是季风环流，具有较明显的季节变化。秋冬季节（旱季）主要受来自大陆的偏北气流影响，盛行偏北风；春夏季（雨季）主要受来自海洋的偏南气流控制，盛行偏南风。冬季平均风速最小，夏季

平均风速最大；同时，沿海地区风速较大，内陆地区风速较小。因此，广西春夏季近地层的大气输送能力比秋冬季强，且沿海地区输送条件比内陆好。

近年来，全球气候变化导致极端气候发生频率和强度明显增加。厄尔尼诺－南方涛动（ENSO）现象是年际气候变率中的最强信号，它的发生会引起区域气候显著异常，包括大气环流、降水、气温等对大气污染物影响较密切的气象要素，进而对大气污染物浓度的时空分布产生重要影响。ENSO 对我国不同区域和季节 $PM_{2.5}$ 污染的影响和驱动机制尚不清楚，可能与大气环流变化对气溶胶输送和扩散的影响有关。

从广西的环境空气质量监测数据可以看出，强厄尔尼诺时，广西偏南气流较强，降水异常偏多，其间环境空气质量较好；强拉尼娜时，广西偏北气流偏多，台风外围天气多，臭氧污染天多。

（二）广西典型城市大气扩散条件状况

一个地区的环境空气质量的好坏除了与本地大气污染排放水平有关，还与当地的大气扩散条件和自净能力密切相关，即如果 A 地大气污染排放水平较高，但是它的大气扩散条件较好、污染物自净能力较强，那么 A 地环境空气质量也可能较好。通过了解各个地方的大气扩散、输送、稀释和自净能力现状，就能充分利用不同地方的环境资源来预防和减轻大气污染，对今后各地方工业生产、经济发展等布局有重要的参考和指导意义。

广西不同地区的大气扩散条件差别较大，沿海地区的钦州、北海和防城港大气扩散条件和自净能力明显优于内陆的百色、河池等地；以平原地区为代表的南宁等地，大气扩散条件和自净能力明显优于以山区为代表的贺州、桂林等地。肖娴等人利用 2002—2012 年华南地区六个代表站点逐日高空探测资料和相应时段的地面逐日资料，通过计算混合层高度、大气通风量研究了不同站点的大气通风扩散能力和空气自洁能力变化特征。结果表明，华南地区湿季（夏季）空气自洁能力明显好于干季（冬季），总体气象特征为冬季受强大气逆温、多雾少降水影响，空气自洁能力差；夏季受西南暖湿气流影响，大范围降水显著增加，降水清洗能力作用明显增强。广西梧州和南宁两地的混合层高度较高但风速较小，通风扩散能力与空气自洁能力在华南地区居中等水平，高于福州、清远，低于香港和海口。

在大气污染排放源不变时，天气形势是影响环境空气质量的重要因素。在华南地区最常出现的典型天气中，副热带高压（边缘）和台风辐合带控制最有利于污染物扩散清洁。锋面前部、高压脊以及均压场控制时大气通风扩散清洁能力较差。高压底部、低压槽以及台风外围控制时通风扩散能力较弱且降水稀少，空气自洁能力很差，其中，高压底部型控制下最弱。离海岸线较近的地区受锋面前部、台风外围以及台风辐合带的影响较大。

2002—2012 年，南宁通风扩散能力与空气自洁能力呈现变好趋势，梧州则四季变化特征相对较为明显，但无明显年际变化规律。

三、广西大气污染排放状况

（一）广西大气排放源清单概况

广西大气动态排放源清单空间上采用的是 27–9–3 千米三层嵌套的模式网格，时间上采用的是区域历史数据和本地历史、动态数据，数据融合的方法是大空间尺度耦合小空间尺度，历史数据耦合动态数据。

数据库数据来自多个维度。外围数据来源以清华 MEIC（中国多尺度排放清单模型）栅格数据为主。本地历史数据来源于《广西统计年鉴》、国家级公开统计年鉴（如《中国农业年鉴》《中国汽车工业年鉴》《中国农业机械年鉴》《中国工程机械工业年鉴》等）、网络公示统计表格及新闻材料等。工业源数据包含环境统计、排污许可证和污染普查等。面源在已有清单上更新，缺失最新年份活动水平数据的，直接采用 2016 年本地区域清单结果。本地动态数据来源于工业在线监测、卫星遥感数据与铁塔视频监控数据等。图 2–2 为本研究数据库三层嵌套的模式网格。

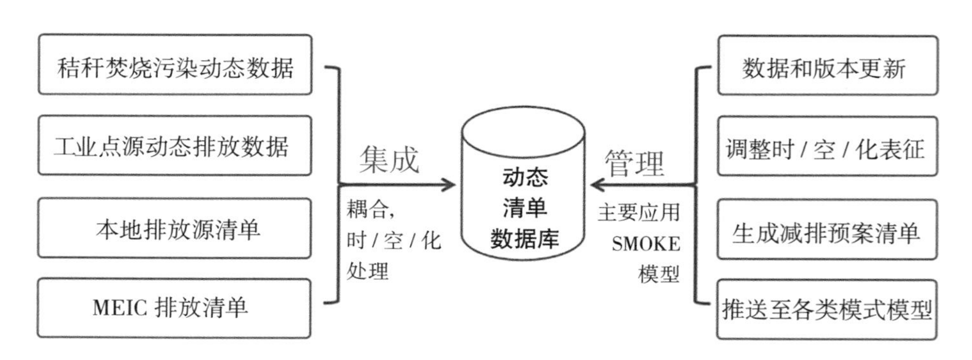

图 2–2　动态清单数据库的集成与管理

动态源清单管理主要是通过 SMOKE 模型对点与面两种形式排放源的处理进行管理，包括排放源清单读入、化学分配、空间分配处理（网格化）、时间分配处理和合并处理。

大气动态排放源清单覆盖范围为广西 14 个设区市，即南宁市、崇左市、柳州市、来宾市、桂林市、梧州市、贺州市、玉林市、贵港市、百色市、钦州市、河池市、北海市、防城港市。

集成数据：秸秆焚烧污染动态数据、工业点源动态排放数据、区域污染源排放清单、排放核算相关活动水平数据和排放因子等数据。

数据最新年份：2022 年。

分辨率：广西区域 3 km×3 km。

排放源类型：包括化石燃料固定燃烧源、工艺过程源、移动源、溶剂使用源、农业源、扬尘源、生物质燃烧源、储存运输源、废弃物处理源及其他排放源 10 大类别。按照部门 / 行业、燃料 / 产品、燃烧 / 工艺技术及末端控制技术等将每类排放源细分为四个等级，建立一套从第一级到第四级逐级别的排放源分级体系。

污染物指标：主要有二氧化硫（SO_2）、氮氧化物（NO_x）、挥发性有机污染物（VOCs）、可吸入颗粒物（PM_{10}）、细颗粒物（$PM_{2.5}$）、有机碳（OC）、黑炭（BC）、一氧化碳（CO）和氨（NH_3）9 种。

（二）大气污染源动态排放源清单

广西大气污染源类型包括电厂源、民用燃烧源、工业源、道路移动源、非道路移动源、溶剂使用源、农业源、扬尘源、储存运输源、生物质燃烧源、废弃物处理源及其他排放源等 12 种类型污染源，SO_2、NO_x、CO、PM_{10}、$PM_{2.5}$、BC、OC、VOCs 和 NH_3 的排放总量分别为 16.7 、55.7、237.6、47.3、26.4、3.3、9.8 、69.1 和 23.2 万吨（见表 2–1）。

表 2–1　广西大气污染源排放清单总量结果

单位：t/ 年

排放源类型		SO_2	NO_x	CO	PM_{10}	$PM_{2.5}$	BC	OC	VOCs	NH_3
化石燃料固定燃烧源	电厂源	15 552.2	28 444.8	17 546.1	1 460.2	388.0			350.9	
	民用燃烧源	21 795.1	5 004.2	330 635.6	29 609.8	23 489.3	5 124.6	9 284.8	9 347.6	
	工业源	70 555.4	125 160.1	118 200.4	61 417.5	21 801.6			127 656.4	
移动源	道路移动源	5 204.2	264 613.1	886 065.3	9 072.0	8 369.6	4 241.4	1 494.7	122 907.3	3 949.4
	非道路移动源	36 859.9	87 966.2	51 490.9	7 962.7	7 581.2	4 311.2	1 364.9	11 657.2	
溶剂使用源									219 861.0	
农业源										211 166.2
扬尘源					207 791.7	57 358.1				
储存运输源									36 601.4	
生物质燃烧源		17 505.0	46 264.3	972 290.1	128 632.1	123 463.3	18 551.1	70 893.2	139 945.7	10 859.8

续表

排放源类型	SO_2	NO_x	CO	PM_{10}	$PM_{2.5}$	BC	OC	VOCs	NH_3
废弃物处理源								3 556.9	6 110.1
其他排放源				27 476.0	21 980.7	446.5	15 386.6	19 233.3	
合计	167 471.8	557 452.7	2 376 228.4	473 422.0	264 431.8	32 674.8	98 424.2	691 117.7	232 085.5

（三）网格化大气污染物排放清单

网格化大气污染物排放清单是空气质量模型的重要数据文件之一。为了更好体现大气污染物的空间分布特征，可运用空气质量模型分析和模拟区域空气质量，制定广西网格化大气污染物排放清单。空间分配区域范围为广西，网格分辨率为 3 km×3 km，网格坐标参数如下：坐标系为 WGS-84，投影为兰伯特投影，中心坐标为 28° 30′N，109° 0′E。

化石燃料固定燃烧源、工艺过程源和扬尘源等点源污染源可直接根据经纬度坐标信息在设定的网格内进行排放量的分配，因此对大气污染物排放量的空间分配主要需解决的是如何对各种按面源方式处理的排放源进行合理的网格权重分配的问题。本次网格化大气污染物排放清单利用 GIS（地理信息系统）技术建立人口格局分配法、标准道路长度分配法、农业用地格局分配法、坐标分配法、代用参数权重分配法等分配方案，将按面源方式处理的各类大气排放源的排放量分配到 3 km × 3 km 的网格中（见表 2-2）。

表 2-2　各类大气排放源的空间分配处理方案

排放源	一级类别	空间分配方法
化石燃料固定燃烧源	电厂	坐标分配法
	工业燃烧	坐标分配法
	民用燃烧	人口格局分配法
工艺过程源	所有行业	坐标分配法
移动源	道路移动源 – 各种类车型	标准道路长度分配法
	非道路移动源 – 各种类机械	代用参数权重分配法
溶剂使用源	工业溶剂使用	坐标分配法
	非工业溶剂使用	人口格局分配法
农业源	畜禽养殖	农业用地格局分配法
	氮肥施用	农业用地格局分配法
	固氮植物	农业用地格局分配法
	土壤本底	农业用地格局分配法

续表

排放源	一级类别	空间分配方法
扬尘源	道路扬尘	标准道路长度分配法
	施工扬尘	代用参数权重分配法
	土壤扬尘	代用参数权重分配法
	堆场扬尘	代用参数权重分配法
生物质燃烧源	生物质锅炉	坐标分配法
	户用生物质炉灶	人口格局分配法
	秸秆露天燃烧	代用参数权重分配法
储存运输源	加油站或储油库	代用参数权重分配法
	油气运输	代用参数权重分配法
废弃物处理源	固废处理	坐标分配法
	污水处理	坐标分配法
	烟气脱硝	坐标分配法
其他排放源	企业餐饮	代用参数权重分配法
	家庭烹饪	人口格局分配法

在排放清单的表征处理当中，本地优化是不可或缺的部分，要依据区域自身的特点对相应的源进行优化处理。比如，在民用燃烧、畜禽养殖、道路扬尘、户用生物质炉灶和企业餐饮等排放源上都需要对空间表征文件进行城区和农村的差异化处理。

针对 SO_2、NO_x、CO、PM_{10}、$PM_{2.5}$、BC、VOCs 和 NH_3 这 8 种污染物，将广西排放源的空间分布形态和数据分配到一定精度的规则网格中，体现排放源清单的动态更新成果。

SO_2 的排放贡献源主要为化石燃料固定燃烧源、工艺过程源与移动源。其中，工艺过程源 SO_2 的排放比重在 50% 以上。SO_2 排放高值点一般出现在工业企业密集的地区，最高值的网格是广西某钢铁集团有限公司所在位置。

NO_x 的排放贡献源主要为化石燃料固定燃烧源、工艺过程源和移动源。NO_x 的排放除了在工业密集的地区较为集中，还在国道、省道和城市公路交叉的交通密集区域呈现出明显的带状分布，这说明机动车的 NO_x 排放不可忽视。

相对于 NO_x 排放的空间分布特征，CO 的排放在空间上更多地集中在工业密集的地区。由于 CO 主要来自燃料的不完全燃烧，所以其排放分布受化石燃料固定燃烧源、移动源和工艺过程源的影响较大。

PM_{10} 排放在工业企业及施工区域密集的区域表现出明显的片区状分布。这是因为

PM_{10} 的主要贡献源为扬尘源和化石燃料固定燃烧源。扬尘源的排放贡献主要来自建筑扬尘和道路扬尘。$PM_{2.5}$ 在空间分布上同 PM_{10} 较为相似，但网格排放量有所区别，其排放贡献主要是来自扬尘源、化石燃料固定燃烧源和工艺过程源。道路扬尘的排放量小于 PM_{10}，其路网分布没有 PM_{10} 明显。

BC 的排放贡献源主要为生物质燃烧源、移动源和工艺过程源。BC 排放高值点主要位于人口密集区和道路交通密集地段。

VOCs 的三大排放贡献源依次为溶剂使用源、移动源和生物质燃烧源。VOCs 排放高值点主要集中在人口密集区域、工业区等区域；在道路交通路网密集分布，部分地段呈现出带状分布。此外，受工艺过程源的影响，其排放也呈散点分布状。

NH_3 的排放在城区周围分布较多。NH_3 的排放主要来自农业源，主要为氮肥施用和畜禽养殖产生的粪便，因此其排放空间分布与农业分布呈现出一定的匹配性。

第三章　广西环境空气质量变化趋势

一、广西环境空气质量监测网络

（一）监测点位及监测指标

广西环境空气质量监测点位分为国控城市点位、区控城市点位，研究类型点位分为颗粒物组分点位和光化学组分点位。

“十三五”时期，广西环境空气质量监测国控城市点位为 50 个（含 6 个清洁对照点），“十四五”时期新增了 12 个国控城市点位。空气质量评价监测项目包括二氧化硫（SO_2）、二氧化氮（NO_2）、可吸入颗粒物（PM_{10}）、一氧化碳（CO）、臭氧（O_3）、细颗粒物（$PM_{2.5}$）6 项。监测频次为每天 24 小时连续监测。

研究类型点位监测项目包括离子色谱、有机碳 / 无机碳（OC/EC）、重金属元素、气溶胶 $PM_{2.5}$、$NO-NO_2-NO_x$、臭氧前体混合物（PAMS）、醛酮类、TO15 物质、甲醛、气态亚硝酸（HONO）、大气 PAN（过氧乙酰硝酸酯）等。

监测手段融合了卫星遥感、地面铁塔及走航监测。

主要监测设备分类、名称及相关功能介绍见表 3–1。

表 3–1　广西环境空气质量监测主要仪器

序号	分类	仪器名称	功能	备注
1	颗粒物在线监测及源解析仪器	六参数测定仪	主要测定空气当中 $PM_{2.5}$、PM_{10}、CO、SO_2、NO、NO_2、O_3 7 种污染物质	常规设备
2		在线气体及气溶胶成分分析仪	可以自动在线监测气体样品中 HCl、HNO_3、HNO_2、SO_2 和 NH_3，以及气溶胶中 NH_4^+、Na^+、K^+、Mg^{2+}、Ca^{2+}、Cl^-、NO_3^-、SO_4^{2-} 等可溶性阴阳离子成分含量	细颗粒物组分
3		有机碳 / 元素碳在线分析仪	用于实时测量大气颗粒物中有机碳和元素碳的含量	颗粒物来源解析
4		在线元素分析仪	可在线分析大气颗粒物质量浓度和颗粒物中 S、Ti、Cr、Mn、Ni、Cu、Zn、Pb、Al、Si、K、Ca、V、Fe、As 等 21 种元素含量	
5		扫描电迁移粒径谱仪	用于实时测量大气颗粒物中颗粒物浓度，实时显示粒径范围为 5 ～ 350 nm，默认为 45 个通道数浓度，明确 $PM_{2.5}$ 粒径谱分布等	细颗粒物粒径分布研究

续表

序号	分类	仪器名称	功能	备注
6		气溶胶激光雷达	主要用于实时监测局部高密度污染源，其特点是对局部污染源以及高密度气团的快速响应	浮尘天气研究
7		高能扫描激光雷达	主要用于测量气溶胶光学厚度、能见度、边界层和颗粒物质量浓度时空分布	污染高值扫描
8		黑碳仪	可同时在 7 个波长上对大气黑碳气溶胶进行长期观测，通过测量气溶胶的光学衰减量，确定大气中黑碳气溶胶的含量	诊断燃烧源
9		大气稳定度仪	用于监测分析大气污染物的扩散情况，提供有关影响大气污染层物理参数的信息	大气扩散条件判断
10		扫描电子显微镜及能谱分析仪	用于大气颗粒物等环境样品的形貌快速观测，并对样品进行元素分析	细颗粒物形貌观察
11	臭氧及前体物在线监测仪器	在线挥发性有机物测定仪	用于监测总挥发性有机化合物（TVOC）和单个挥发性有机化合物（VOC）	
12		过氧乙酰基硝酸酯分析仪	过氧乙酰基硝酸酯是光化学烟雾产生危害的重要二次污染物，大气中测得 PAN 即可作为发生光化学烟雾的依据	
13		大气光解速率分析仪	同时在线连续测量大气中多种物质（如 NO_2、NO_3、HONO、HCHO、H_2O_2）的光解速率，应用于大气光化学污染状况分析	
14		超高分辨率质子传递反应－飞行时间质谱	可定量分析 1000 多种挥发性有机化合物的浓度	
15		太阳紫外辐射计	监测太阳紫外辐射强度，研究城市光化学污染	
16		多轴差分吸收光谱仪	用于实时测量大气中 NO_2、SO_2、O_3 的垂直柱浓度	垂直浓度分布
17	气象参数监测仪器	气象六参数	可测定气温、相对湿度、风、气压、风向和降水量等参数	常规设备
18		城市摄影系统	通过相机来获取灰霾污染的图像资料的系统	
19		能见度仪	通过测量消光系数，转化为人肉眼所需的能见度数值	
20		多普勒风廓线激光雷达	测量东、南、西、北（60 m ～ 3 km）四个径向风速；测量 51 ～ 2507 m 高度的水平风速。通过这些数据检测大气风廓线及边界层与云层	研究垂直风场

（二）监测网络分布

监测网络覆盖地面－空中－天上三个层面，配置的监测设备功能包括常规六参数、气象参数、57 种 VOCs、细颗粒物组分、臭氧高空分布、气溶胶高空分布以及卫星遥感监测等。

地面观测网的布设以131个常规地面监测站为基础，对臭氧污染高发及重点关注区域则增加57种VOCs污染监测，同时在特殊时段开展大气走航监测。在臭氧污染较重的来宾和贵港的大气输送通道上布设2台臭氧激光雷达（见表3–2）。

表3–2　广西环境空气质量监测网络分布状况

监测区域	监测类别	分布
地面	走航车、国控城市站点、区控县级站点、超级站	广西14个设区市、75个县（市、区）
空中	激光雷达	贵港和来宾
天上	卫星遥感监测	—

二、评价基础及分析方法

（一）2015年以前环境空气质量评价标准

1. 评价项目

二氧化硫（SO_2）、二氧化氮（NO_2）、可吸入颗粒物（PM_{10}）。

2. 评价标准

《环境空气质量标准》（GB 3095—1996）。

3. 评价方法

采用单因子对城市环境空气质量进行达标评价；采用空气综合污染指数评价城市环境空气质量总体状况；采用空气污染指数（API）评价每日的环境空气质量状况。

（1）单因子达标评价。

用环境空气监测项目的年平均值对照《环境空气质量标准》（GB 3095—1996）中的分级标准，确定该项目达到的标准级数。达到一、二级标准，则视为符合国家城市环境空气质量年平均浓度要求，即达标；达三级或超三级则未达标。

（2）空气综合污染指数评价。

空气综合污染指数的计算公式为：

$$P = \sum_{i=1}^{n} P_i \tag{3–1}$$

其中：

$$P_i = C_i / S_i \tag{3–2}$$

污染物负荷系数的计算公式为：

$$f_i = P_i / P \tag{3–3}$$

式中，P——空气综合污染指数；

P_i——i 项空气污染物的分指数；

C_i——i 项空气污染物的季或年平均浓度值；

S_i——i 项空气污染物的环境质量标准限值；

n——计入空气综合污染指数的污染物项数；

f_i——污染物 i 的负荷系数。

（3）空气污染指数（API）评价方法。

① 空气污染指数（API）的计算。

取空气污染物的分指数最大者为该区域或城市的空气污染指数，该项污染物即为该区域或城市空气中的首要污染物。

API 的计算公式为：

$$API=\max(I_1, I_2, \cdots, I_X, \cdots, I_n) \quad (3-4)$$

式中，I_X——污染物 X 的分指数；

n——污染物的项目数。

污染物 X 的分指数 I_X，按以下方法计算。对于污染物 X 的第 j 个转折点（$C_{X,j}$，$I_{X,j}$）的分指数值和相应的浓度限值，可由表 3–3 确定。

表 3–3　空气污染指数对应的污染物浓度限值及相应空气质量状况

污染指数 API	污染物浓度（mg/m^3）			污染指数 API 范围	级别	空气质量状况
	SO_2（日平均值）	NO_2（日平均值）	$PM_{2.5}$（日平均值）			
50	0.050	0.080	0.050	0 ~ 50	Ⅰ	优
100	0.150	0.120	0.150	51 ~ 100	Ⅱ	良
200	0.800	0.280	0.350	101 ~ 150 151 ~ 200	Ⅲ 1 Ⅲ 2	轻微污染 轻度污染
300	1.600	0.565	0.420	201 ~ 250 251 ~ 300	Ⅳ 1 Ⅳ 2	中度污染 中度重污染
400	2.100	0.750	0.500	＞300	Ⅴ	重度污染

当污染物 X 的浓度满足 $C_{X,j} < C_X \leqslant C_{X,j+1}$ 时，其分指数为：

$$I_X = \frac{C_X - C_{X,j}}{C_{X,j+1} - C_X}(I_{X,j+1} - I_{X,j}) + I_{X,j} \quad (3-5)$$

式中，I_X——污染物 X 的污染分指数；

C_X——污染物 X 的浓度监测值；

$I_{X,j}$——第 j 个转折点的污染分项指数值；

$I_{X,j+1}$——第 $j+1$ 个转折点的污染分项指数值；

$C_{X,j}$——第 j 个转折点上污染物（对应于 $I_{X,j}$）的浓度限值；

$C_{X,j+1}$——第 $j+1$ 个转折点上污染物（对应于 $I_{X,j+1}$）的浓度限值。

② 空气污染指数（API）分级及浓度限值。

空气污染指数污染物浓度限值、分级和相应的空气质量状况见表 3–3。

API 为 100 时，对应的污染物浓度限值为《环境空气质量标准》（GB 3095–1996）二级标准限值，因此 API ≤ 100 时，即空气质量为优良时，日空气质量达标。

对照《环境空气质量标准》（GB 3095—1996）的年平均标准，SO_2、NO_2 和 PM_{10} 年度达标情况由该项污染物的年平均值确定。达到或好于环境空气质量二级标准为达标，超过二级标准为超标（见表 3–4）。

表 3–4 《环境空气质量标准》（GB 3095—1996）部分污染物浓度限值

污染物名称	取值时间	浓度单位	浓度限值	
			一级标准	二级标准
SO_2	年平均	mg/m^3	0.02	0.06
NO_2	年平均	mg/m^3	0.04	0.08
PM_{10}	年平均	mg/m^3	0.04	0.10

（二）2015 年以后环境空气质量评价标准

1. 评价项目

二氧化硫（SO_2）、二氧化氮（NO_2）、可吸入颗粒物（PM_{10}）、一氧化碳（CO）、臭氧（O_3）、细颗粒物（$PM_{2.5}$）。

2. 评价标准

《环境空气质量标准》（GB 3095—2012）及修改单、《环境空气质量评价技术规范（试行）》（HJ 663—2013）和《环境空气质量指数（AQI）技术规定（试行）》（HJ 633—2012）；达标评价指标为二氧化硫、二氧化氮、可吸入颗粒物、细颗粒物、一氧化碳、臭氧，6 项污染物全部达标则视为空气质量达标。空气质量综合指数计算依据为《城市环境空气质量排名技术规定》（环办监测〔2018〕19 号）。

3. 评价方法

采用单因子对城市环境空气质量进行达标评价；采用空气质量综合指数评价城市环境空气质量总体状况；采用空气质量指数（AQI）评价每日的环境空气质量状况。

（1）单因子达标评价。

用环境空气监测项目的年平均值及特定百分位数对照《环境空气质量标准》（GB 3095—2012）中的分级标准，确定该项目达到的标准级数，选取最低一级标准作为城市环境空气质量达到的标准。达到一、二级标准，则视为符合国家城市环境空气质量年平均浓度要求，即达标；超过二级则未达标。

（2）空气质量综合指数评价。

空气质量综合指数是描述城市环境空气质量综合状况的无量纲指数。它综合考虑了 SO_2、NO_2、PM_{10}、$PM_{2.5}$、CO、O_3 6 项污染物的污染程度，数值越大表明综合污染程度越重。

空气质量综合指数的数学表达式为：

$$I_i = \frac{C_i}{S_i} \tag{3-6}$$

其中：

$$I_{sum} = \sum_{i=1}^{6} I_i \tag{3-7}$$

式中，I_{sum}——空气质量综合指数；

I_i——污染物 i 的单项指数，i 包括全部 6 项指标，即 SO_2、NO_2、PM_{10}、$PM_{2.5}$、CO 和 O_3；

C_i——污染物 i 的评价浓度值；

S_i——污染物 i 的标准限值。

当 i 为 SO_2、NO_2、PM_{10} 和 $PM_{2.5}$ 时，S_i 为污染物的年平均二级标准限值；

当 i 为 O_3 时，S_i 为日最大 8 小时平均的二级标准限值；

当 i 为 CO 时，S_i 为日平均浓度二级标准限值。

（3）空气质量指数（AQI）评价方法。

① 空气质量指数（AQI）的计算。

取各种污染物项目的空气质量分指数最大者为该区域或城市的空气质量指数。当 AQI ＞ 50 时，该项污染物即为该区域或城市空气中的首要污染物。

AQI 的计算公式为：

$$AQI=\max\{IAQI_1，IAQI_2\cdots，IAQI_P\cdots，IAQI_n\} \tag{3-8}$$

式中，$IAQI_P$——污染物项目 P 的空气质量分指数；

n——污染物的项目数。

污染物项目 P 的空气质量分指数 $IAQI_P$，按以下方法计算。

当污染物项目 P 的浓度满足 $BP_{Lo} < C_P \leq BP_{Hi}$ 时，其分指数为：

$$IAQI_P=\frac{IAQI_{Hi}-IAQI_{Lo}}{BP_{Hi}-BP_{Lo}}(C_P-BP_{Lo})+IAQI_{Lo}$$

式中，$IAQI_P$——污染物项目 P 的空气质量分指数；

C_P——污染物项目 P 的浓度监测值；

BP_{Hi}——表 3–4 中与 C_P 相近的污染物浓度限值的高位值；

BP_{Lo}——表 3–4 中与 C_P 相近的污染物浓度限值的低位值；

$IAQI_{Hi}$——表 3–4 中与 BP_{Hi} 对应的空气质量分指数；

$IAQI_{Lo}$——表 3–4 中与 BP_{Lo} 对应的空气质量分指数。

② 空气质量指数（AQI）分级及浓度限值。

空气质量分指数及对应的污染物项目浓度限值见表 3–5。

表 3–5 空气质量分指数及对应的污染物项目浓度限值

空气质量分指数（IAQI）	污染物项目浓度限值					
	二氧化硫（SO_2）24 小时平均 /（μg/m³）	二氧化氮（NO_2）24 小时平均 /（μg/m³）	可吸入颗粒物（PM_{10}）24 小时平均 /（μg/m³）	一氧化碳（CO）24 小时平均 /（mg/m³）	臭氧（O_3）8 小时滑动平均 /（μg/m³）	细颗粒物（$PM_{2.5}$）24 小时平均 /（μg/m³）
0	0	0	0	0	0	0
50	50	40	50	2	100	35
100	150	80	150	4	160	75
150	475	180	250	14	215	115
200	800	280	350	24	265	150
300	1600	565	420	36	800	250
400	2100	750	500	48	（2）	350
500	2620	940	600	60	（2）	500

注：（1）表中只列出城市日空气质量指数计算所涉及的污染物项目；（2）臭氧（O_3）8 小时浓度值高于 800 μg/m³ 的，不再进行其空气质量分指数计算，臭氧（O_3）空气质量分指数按 1 小时平均浓度计算的分指数报告。

AQI 为 100 时，对应的污染物项目浓度限值为《环境空气质量标准》（GB 3095—2012）二级标准限值，因此 AQI ≤ 100 时，即空气质量为优良时，日空气质量达标。

对照《环境空气质量标准》（GB 3095—2012）的年平均标准，SO_2、NO_2、PM_{10} 和 $PM_{2.5}$ 年度达标情况由该项污染物年平均值确定；CO 年度达标情况由 CO 日平均值第 95 百分位数浓度对照 24 小时平均标准确定；O_3 年度达标情况由 O_3 日最大 8 小时平均值第 90 百分位数浓度对照 8 小时平均浓度标准确定。达到或好于环境空气质量二级标准为达标，超过二级标准为超标（见表 3–6）。

表 3-6 《环境空气质量标准》(GB 3095—2012)部分污染物浓度限值

污染物名称	取值时间	浓度单位	浓度限值	
			一级标准	二级标准
SO_2	年平均	μg/m^3	20	60
NO_2	年平均	μg/m^3	40	40
PM_{10}	年平均	μg/m^3	40	70
$PM_{2.5}$	年平均	μg/m^3	15	35
CO	24 小时平均	mg/m^3	4	4
O_3	8 小时平均	μg/m^3	100	160

三、广西环境空气质量总体变化趋势

(一)2015 年以前旧标准环境空气质量

1. 城市环境空气质量达标评价

2005—2014 年，广西环境空气质量达二级标准的城市比例范围逐年提升，可分为三个阶段：第一阶段为 2005 年到 2008 年，达标比例仅为 78.6%；第二阶段为 2009 年到 2011 年，达标比例上升到 92.9%；第三阶段为 2012 年到 2014 年，实现全面达标，持续 3 年均为 100%。2005—2014 年期间，城市环境空气质量均达国家二级标准的城市有南宁、桂林、梧州、北海、防城港、钦州、百色、贺州、来宾和崇左 10 个城市（见图 3-1）。

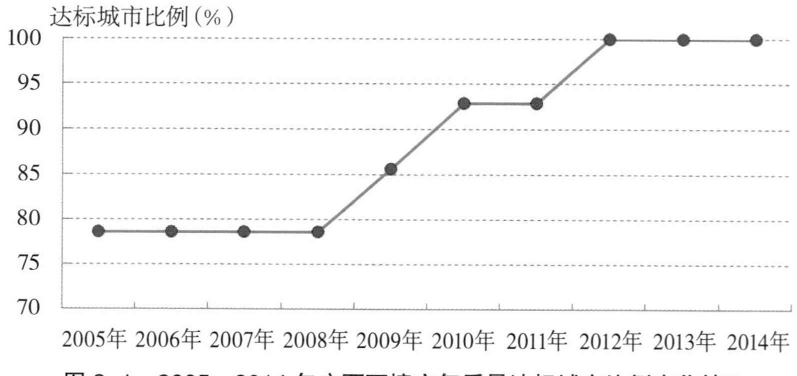

图 3-1 2005—2014 年广西环境空气质量达标城市比例变化情况

2. 主要污染物浓度变化及趋势

2005—2014 年，广西城市空气 SO_2 平均污染水平呈现显著下降趋势，NO_2 污染水平略有上升但上升趋势不显著，PM_{10} 污染水平呈现先下降后上升的趋势（见图 3–2）。

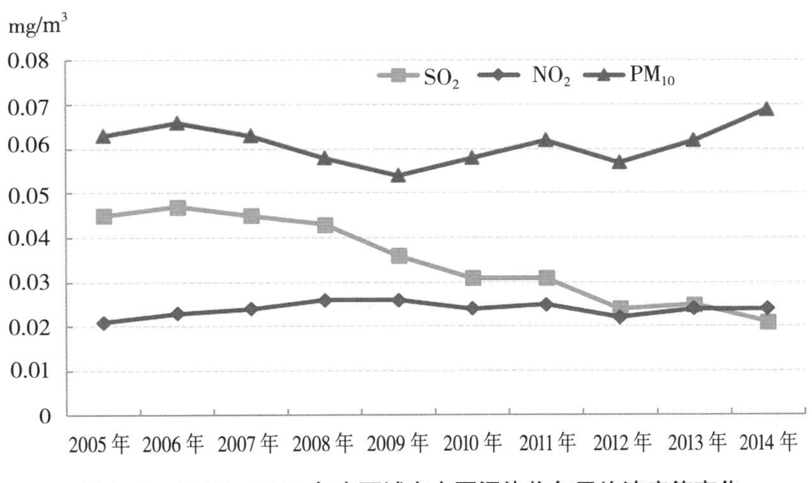

图 3–2　2005—2014 年广西城市主要污染物年平均浓度值变化

3. 城市环境空气综合污染指数年际变化

2005—2014 年，广西 14 个设区市环境空气综合污染指数平均值呈现下降趋势，表明空气质量整体好转。其中，2012 年城市环境空气综合污染指数是 2005—2014 年最低值，环境空气质量最好；2013 年及 2014 年有所反弹（见图 3–3）。

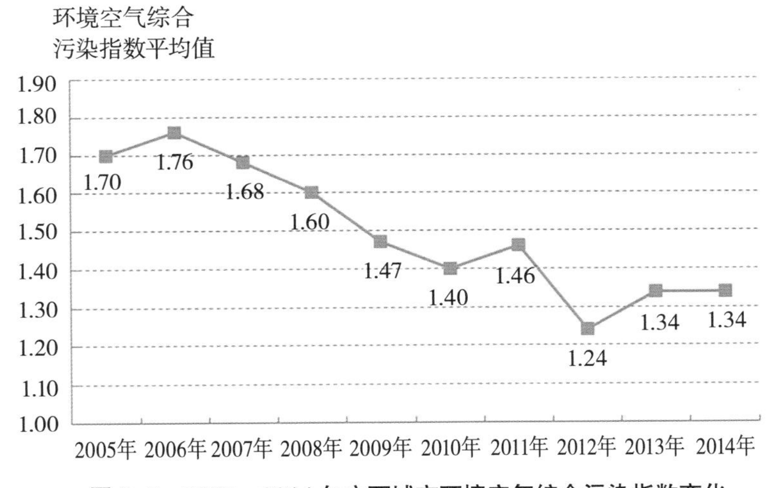

图 3–3　2005—2014 年广西城市环境空气综合污染指数变化

（二）2015 年以后新标准环境空气质量

1. 空气质量达标变化趋势

2015—2022 年，广西空气质量如果按平均浓度评价，已实现连续五年环境空气质量达标。广西环境空气质量达到国家二级标准的城市比例在 35.7% ～ 100%（见图 3–4），达标城市比例呈上升趋势，从 2015 年的 35.7% 升高至 2019 年的 100%，升高 64.3 个百分点，且连续四年达标城市比例为 100%。北海、防城港、钦州和崇左 4 个市连续 8 年环境空气质量达到国家二级标准。各市环境空气质量超标均为细颗粒物浓度超标。

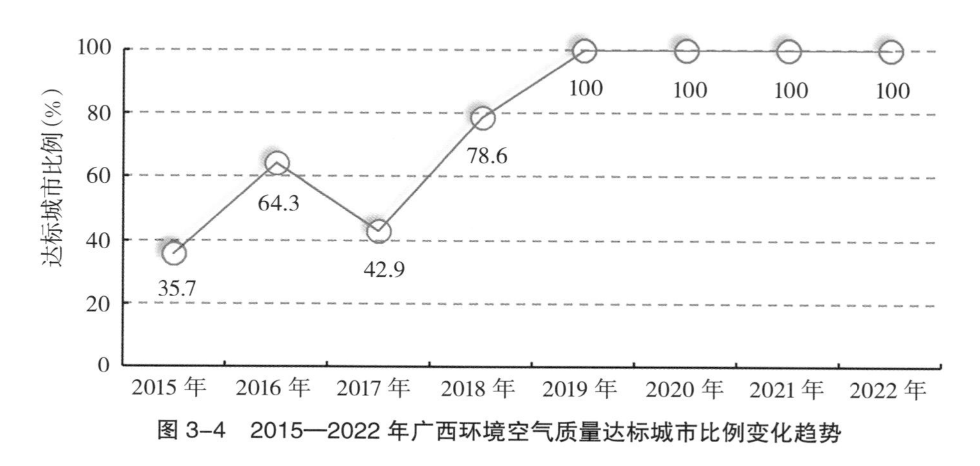

图 3–4　2015—2022 年广西环境空气质量达标城市比例变化趋势

2. 空气质量指数级别变化趋势

2015—2022 年，广西城市环境空气质量优良天数比例为 91.1% ～ 97.7%（见图 3–5），2020 年最高，2015 年最低。与 2015 年相比，2022 年广西城市环境空气质量优良天数比例上升 4.0 个百分点，总体呈上升趋势；14 个设区市城市环境空气质量优良天数比例为 83.8% ～ 99.7%，其中，北海优良天数比例呈不显著下降趋势，南宁、柳州、桂林 3 个市呈显著上升趋势，其他 10 个市呈不显著上升趋势。

2015—2022 年，广西环境空气质量指数级别为优的天数占比范围为 49.4% ～ 59.6%，总体呈上升趋势；良的天数占比范围为 38.1% ～ 44.5%，总体呈下降趋势；轻度污染天数占比范围为 2.1% ～ 7.5%，总体呈下降趋势；中度污染天数占比范围为 0.1% ～ 1.7%，总体呈下降趋势；重度污染天数占比范围为 0.02% ～ 0.5%，总体呈下降趋势；严重污染天数占比范围为 0.0% ～ 0.04%。2019—2022 年无严重污染天气发生。与 2015 年相比，2022 年优的天数占比上升 7.6 个百分点，良的天数占比下降 3.6 个百分点，轻度污染天数占比下降 1.9 个百分点，中度污染天数占比下降 1.6 个百分点，重度污染天数占比下降 0.5 个百分点，严重污染天数占比持平（见图 3–6）。

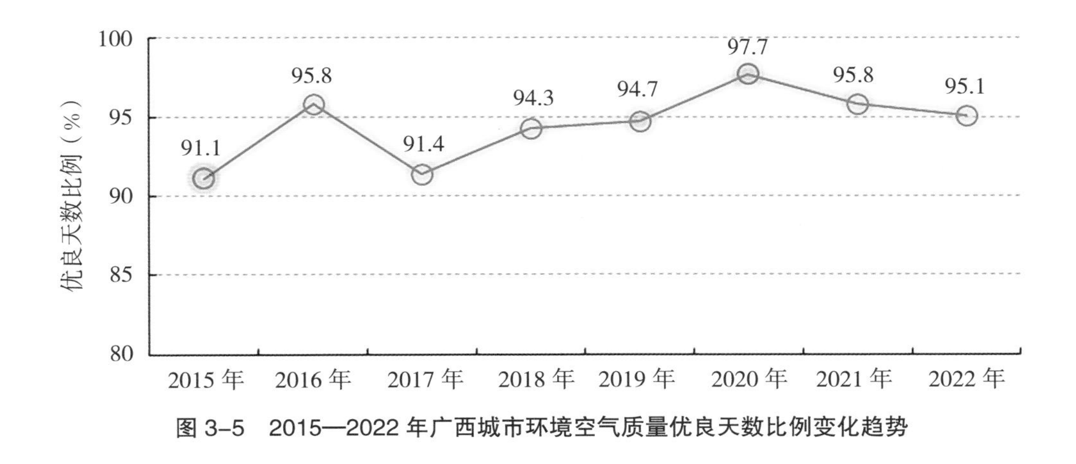

图 3-5　2015—2022 年广西城市环境空气质量优良天数比例变化趋势

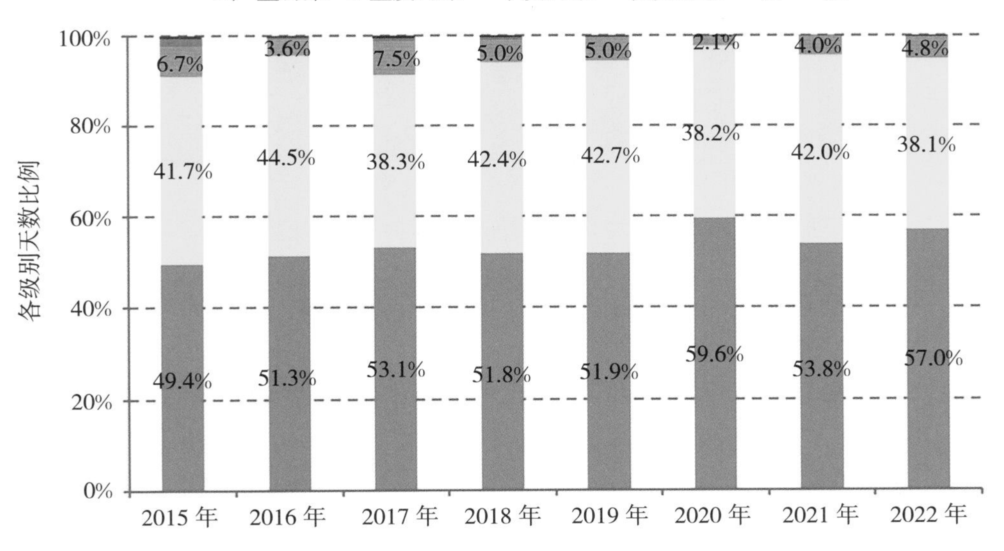

图 3-6　2015—2022 年广西环境空气质量指数级别比例变化趋势

3. 首要污染物变化趋势

2015—2022 年，广西超标天的首要污染物以 $PM_{2.5}$ 和 O_3 为主。其中，以 $PM_{2.5}$ 为首要污染物的占比为 24.1% ～ 93.9%；以 O_3 为首要污染物的占比为 5.9% ～ 75.9%；以 PM_{10} 为首要污染物的占比为 0.0% ～ 9.4%。在 2015 年和 2017 年出现以 SO_2 为首要污染物的污染天气，占比均为 0.2%。仅在 2018 年出现以 NO_2 为首要污染物的污染天气，占比为 0.3%；未出现以 CO 为首要污染物的污染天气。近 8 年来，广西以 $PM_{2.5}$ 为首要污染物的占比呈现波动下降趋势，以 O_3 为首要污染物的占比呈现波动上升趋势。与 2015 年相比，2022 年以 $PM_{2.5}$ 为首要污染物的占比下降 69.5 个百分点，以 O_3 为首要污染物的占比上升 70.0 个百分点。2022 年以 O_3 为首要污染物的占比达历史最高，且首次超过细颗粒物占比，O_3 污染对广西空气质量的影响日益明显。

总体来看，广西大气 O_3 污染对城市环境空气质量的相对影响逐步加大，O_3 已成为影响全区城市大气环境质量的重要污染物。2015—2022 年广西超标天首要污染物占比变化趋势见图 3-7。

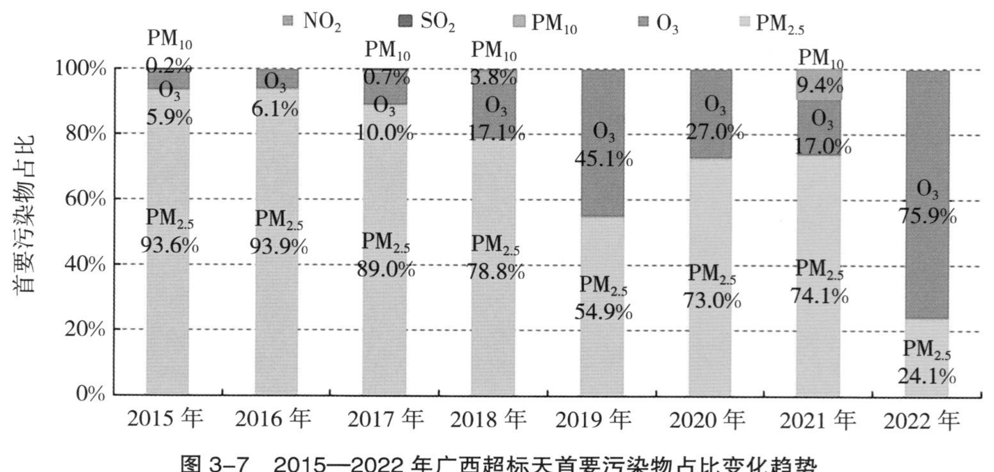

图 3-7　2015—2022 年广西超标天首要污染物占比变化趋势

4. 主要污染物

（1）可吸入颗粒物（PM_{10}）。

2015—2022 年，广西环境空气中 PM_{10} 年平均浓度范围为 44 ～ 56 μg/m^3，最小值出现在 2022 年，最大值出现在 2015 年（见图 3-8）。与 2015 年相比，2022 年广西 PM_{10} 浓度下降 21.4%，PM_{10} 浓度总体呈下降趋势，下降趋势显著（见表 3-7）。

（2）细颗粒物（$PM_{2.5}$）。

2015—2022 年，广西环境空气中 $PM_{2.5}$ 年平均浓度范围为 26 ～ 37 μg/m^3，最小值出现在 2020 和 2022 年，最大值出现在 2015 年。与 2015 年相比，2022 年广西 $PM_{2.5}$ 浓度下降 29.7%，$PM_{2.5}$ 浓度总体呈下降趋势，下降趋势显著。

（3）臭氧（O_3）。

2015—2022 年，广西环境空气中 O_3 日最大 8 小时平均值第 90 百分位数平均浓度范围为 110 ～ 136 μg/m^3，最小值出现在 2016 年，最大值出现在 2022 年。与 2015 年相比，2022 年广西 O_3 浓度上升 21.4%，O_3 浓度总体呈较显著的波动上升趋势。

（4）二氧化硫（SO_2）。

2015—2022 年，广西环境空气中 SO_2 年平均浓度范围为 9 ～ 16 μg/m^3，最小值出现在 2022 年，最大值出现在 2015 年。与 2015 年相比，2022 年 SO_2 浓度下降 43.8%，SO_2 浓度呈逐年下降趋势，下降趋势显著。

（5）二氧化氮（NO_2）。

2015—2022 年，广西环境空气中 NO_2 年平均浓度范围为 17 ～ 21 μg/m³，最小值出现在 2022 年，最大值出现在 2017 年。与 2015 年相比，2022 年广西 NO_2 年均浓度下降 10.5%，NO_2 年均浓度总体呈波动下降趋势。

（6）一氧化碳（CO）。

2015—2022 年，广西环境空气中 CO 24 小时平均第 95 百分位数平均浓度范围为 1.0 ～ 1.7 mg/m³，最小值出现在 2022 年，最大值出现在 2015 年。与 2015 年相比，2022 年广西 CO 浓度下降 41.2%，CO 浓度总体呈下降趋势，下降趋势显著。

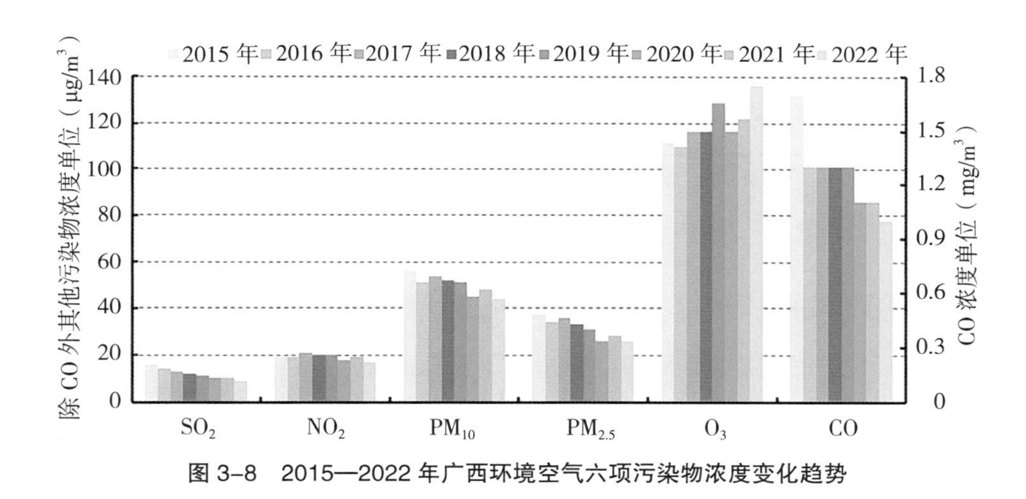

图 3-8　2015—2022 年广西环境空气六项污染物浓度变化趋势

表 3-7　2015—2022 年广西环境空气六项污染物浓度变化趋势

污染物	N	临界值	γ_s 值	变化趋势
PM_{10}	8	0.643	−0.845	显著下降
$PM_{2.5}$			−1.06	显著下降
O_3			0.798	显著上升
SO_2			−1.083	显著下降
NO_2			−0.381	不显著下降
CO			−0.726	显著下降

注：当 N=8 年，判断的临界值为 0.643。Spearman 秩相关系数 γ_s 绝对值大于 0.643 则表示显著变化；正值表示上升，负值表示下降。

5. 环境空气质量综合指数

2015—2022 年，广西环境空气质量综合指数为 3.01 ～ 3.74，最小值出现在 2020 年，最大值出现在 2015 年。与 2015 年相比，2022 年广西环境空气质量综合指数下降 18.7%，呈显著下降趋势，表明 2015 年以来呈现城市空气污染减轻、空气质量整体好转的趋势（见图 3–9）。

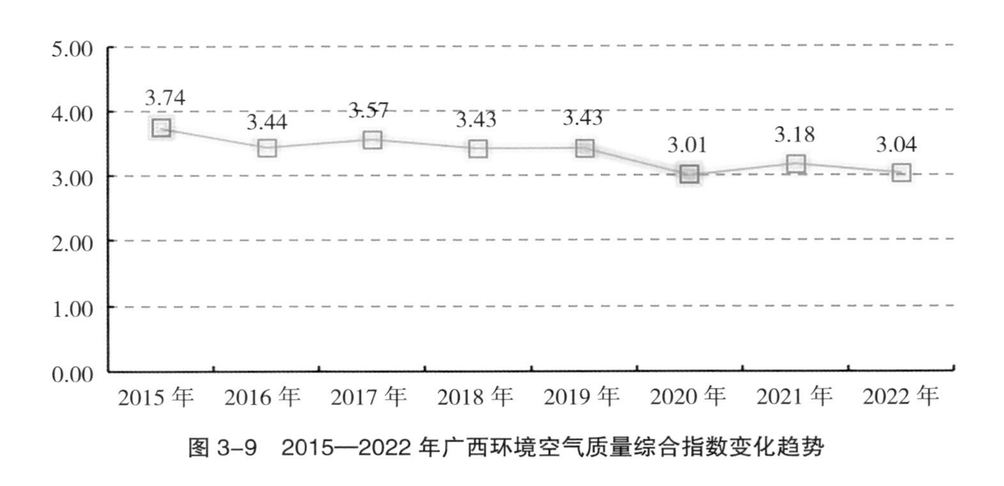

图 3–9　2015—2022 年广西环境空气质量综合指数变化趋势

四、历年来广西环境空气质量污染变化特征

在实施环境空气质量新标准以前，广西环境空气质量污染特征表现为排放影响型。例如，柳州市 2010 年 SO_2 年均浓度达到 0.073 mg/m^3，是 2022 年柳州 SO_2 年均浓度 0.010 mg/m^3 的 7.3 倍，显然当年柳州市燃煤排放对环境空气 SO_2 浓度的影响非常大。2010 年的沿海城市防城港以及 2011 年的桂林、柳州、南宁和来宾，PM_{10} 年平均浓度均超过 0.073 mg/m^3，表明道路扬尘及建筑工地排放贡献较大。2013 年初，广西出现了持续时间较长的重污染天气，连续污染天长达 15 天，南宁市甚至出现连续 5 天的重度污染，大气污染排放明显超过了环境承载容量。2013 年，全区 PM_{10} 年平均浓度较 2012 年的上升幅度最高为 80%，PM_{10} 污染已超过国家二级标准限值。大气污染过程一般是由较差的气象条件引发的，但大气污染源排放才是主因。2012 年广西工业增加值比 2011 年增长 14%，对大气环境影响较大的水泥、火电行业产量分别增加 95% 和 109%，仅南宁、柳州、桂林、北海等 7 个市的锅炉数量就达 1045 台，窑炉数量达 1012 台。在工业快速发展的同时，广西废气污染物排放量也随之增多，2012 年工业废气排放量比 2008 年增长 137%。2012 年以来，广西机动车保有量以 10000 辆 / 月的速度增长，尾气排放量逐年上升。另

外，随着全区城市建设和城镇化进程的加快，楼房建设、房屋拆迁、市政设施维护、道路开挖、园林绿化工程等施工场所在市区随处可见。例如，南宁市施工场所超过 2900 个，周边大气环境颗粒物浓度严重超标。工业的快速发展及城镇化进程的加快和相应的环保设施不匹配所带来的大气污染问题已经引起媒体和公众的广泛关注，改善环境空气质量，已成为人民群众的迫切期盼。

2015 年以来，随着大气污染防治攻坚的深入推进，广西环境空气质量逐年改善，可以说，环境空气质量改善的历程就是大气污染防治攻坚的过程。监测数据分析显示，2018 年是广西大气污染防治攻坚开始取得积极成效的转折点。2018 年以前，广西环境空气质量改善不显著，秸秆焚烧还未纳入监控管控，工业企业大气污染物排放超标现象仍比较突出，环境空气质量改善更多依赖于气象条件。2018 年以后，随着大气污染防治攻坚的深入推进，广西已逐步消除较明显的大气污染排放源影响，秸秆焚烧管控水平明显提升，优良天数比率总体稳步提升，均保持在 94.3% 以上，基本消除了重污染天。广西 $PM_{2.5}$ 年平均浓度自 2020 年开始进入“2 字头”，此阶段秸秆焚烧影响程度有所减小但仍然存在。可以认为，人为减排是广西环境空气质量持续改善的关键。

尽管如此，广西城市环境空气质量总体仍未摆脱“气象影响型”，沙尘天气每间隔 2 ～ 3 年会南下影响广西，影响较为突出的年份分别为 2015 年、2018 年、2021 年和 2023 年，造成广西 PM_{10} 浓度不同程度超标。沙尘天气影响频次虽然呈加密趋势，但程度减轻，桂北城市受影响程度相对较大。高温干旱，台风外围下沉气流等气象条件影响加剧广西臭氧污染，每隔 3 ～ 4 年会影响广西环境空气质量优良天数比率。

五、广西 $PM_{2.5}$ 与 O_3 协同污染变化趋势

从近 8 年广西环境空气质量监测数据可以看出，广西 $PM_{2.5}$ 浓度呈现明显下降趋势，而 O_3 浓度呈现上升趋势（见图 3-10、图 3-11）。从年度数据看，似乎 $PM_{2.5}$ 浓度和 O_3 浓度呈现负相关关系，形成“跷跷板”效应，但实际上从 $PM_{2.5}$ 浓度日均值和 O_3 浓度日均值相关性分析结果看，广西 $PM_{2.5}$ 浓度和 O_3 浓度呈现正相关关系（见图 3-12），臭氧污染较重的 2019 年和 2022 年 $PM_{2.5}$ 浓度和 O_3 浓度正相关系数明显较高，这说明 O_3 浓度上升也会带动 $PM_{2.5}$ 浓度上升。

广西环境空气中 O_3 和 $PM_{2.5}$ 大部分属于二次生成产物，可以认为，O_3 和 $PM_{2.5}$ 的前体物具有同一来源。因此，开展 O_3 和 $PM_{2.5}$ 协同控制是持续改善广西环境空气质量的关键。

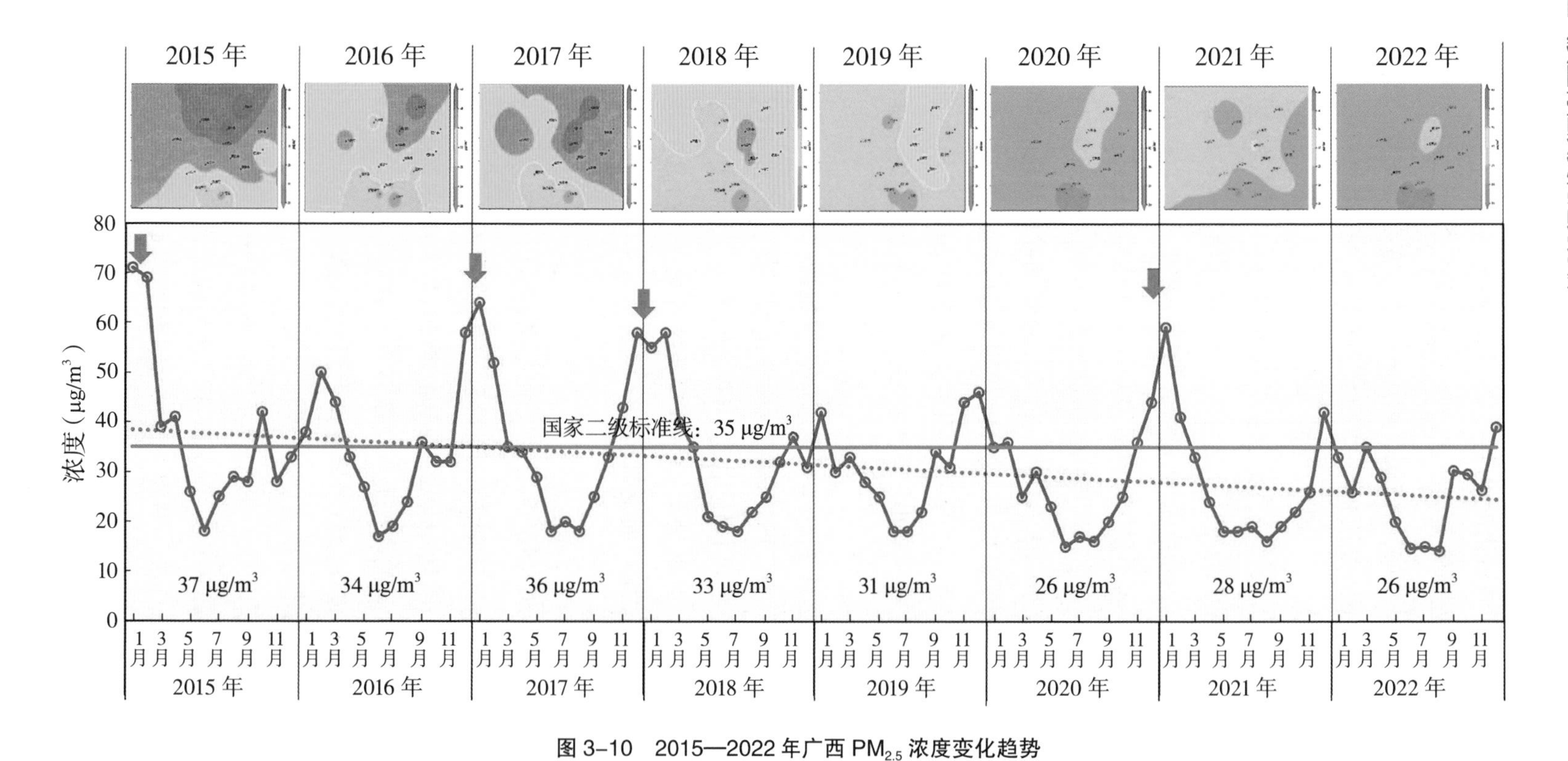

图 3-10　2015—2022 年广西 $PM_{2.5}$ 浓度变化趋势

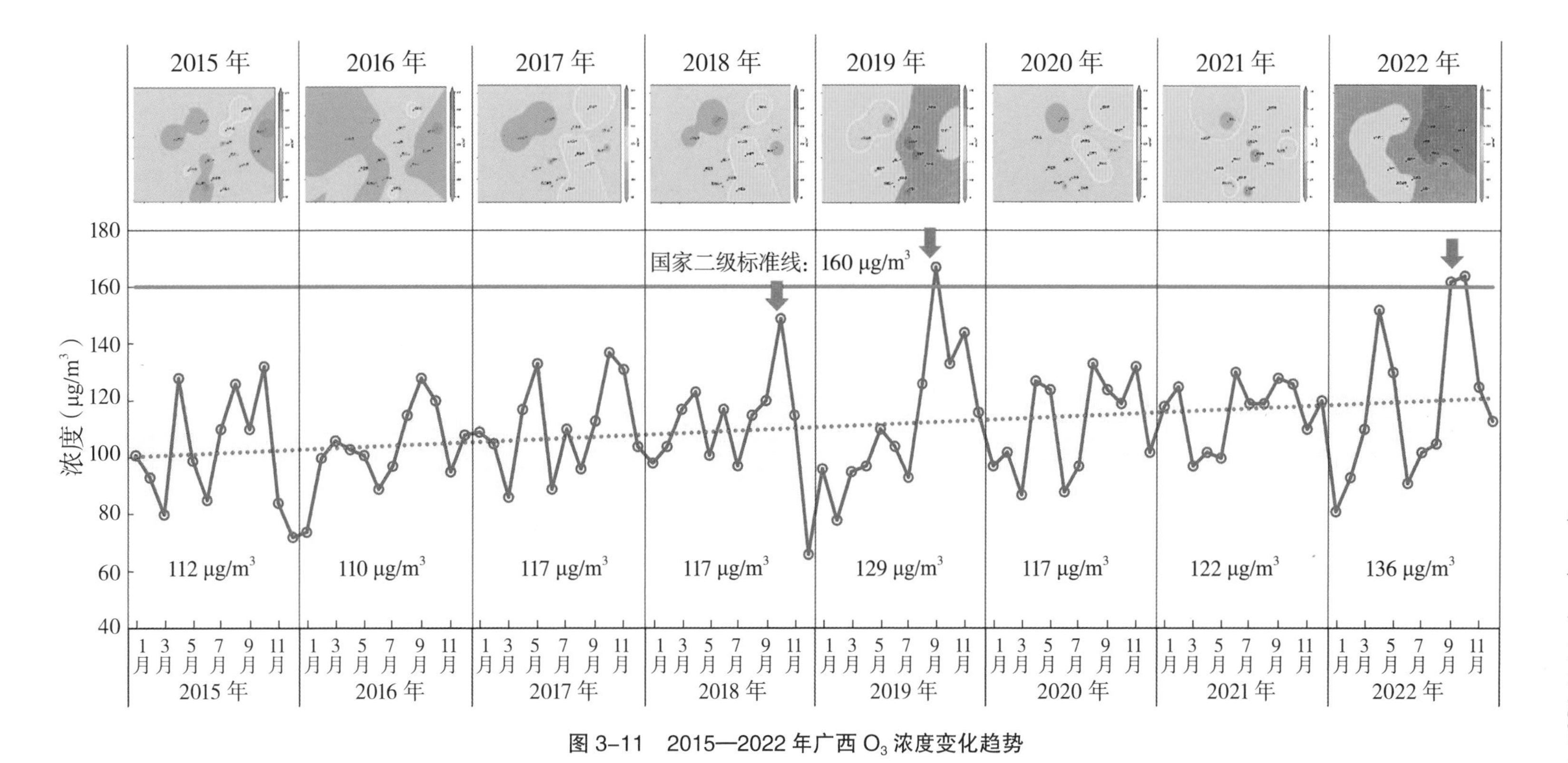

图 3-11　2015—2022 年广西 O_3 浓度变化趋势

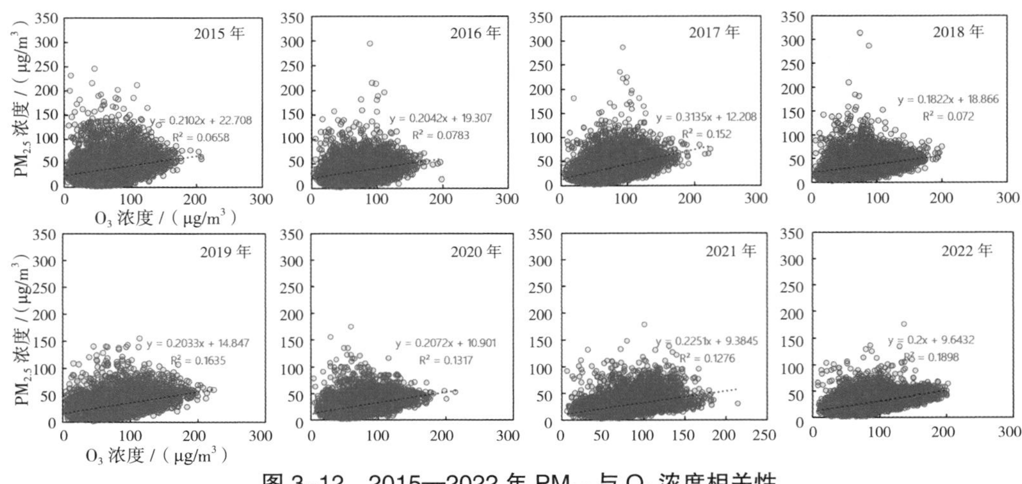

图 3–12　2015—2022 年 $PM_{2.5}$ 与 O_3 浓度相关性

图 3–13 至图 3–20 为 2015—2022 年广西 14 个设区市 $PM_{2.5}$ 浓度和 O_3 浓度散点图，O_3 浓度上升较快，而 $PM_{2.5}$ 浓度下降速度较慢，说明广西面临着日趋严重的 $PM_{2.5}$ 和 O_3 复合型污染问题。从散点图可以看出，O_3 浓度和 $PM_{2.5}$ 浓度整体呈现为“从左下向右上”的斜状图形，也就是说广西各设区市中 $PM_{2.5}$ 浓度高的城市往往 O_3 浓度也高。河池和防城港持续维持低 O_3 和低 $PM_{2.5}$ 的态势，桂林、来宾、柳州、贵港持续维持高 O_3 和高 $PM_{2.5}$ 的态势，首府南宁 $PM_{2.5}$ 和 O_3 协同增长趋势比较明显。

广西的 $PM_{2.5}$ 与 O_3 协同污染具有明显的季节性，这主要与不同季节的气象条件和人类活动的变化有关。冬季的气象条件如静风和逆温层是导致北海、贵港和玉林协同污染高发的重要原因。静风条件下，空气中的污染物不易扩散，导致 $PM_{2.5}$ 和 O_3 浓度协同上升。北海的工业活动、港口运输等排放的大量污染物在冬季得不到有效扩散。贵港和玉林等城市的工业排放也是冬季大气污染的重要来源。秋季的协同污染主要受到农业活动的影响。广西的甘蔗榨季从 11 月到翌年 3 月，大量的露天秸秆焚烧活动增加了 $PM_{2.5}$ 及其他 O_3 生成前体物的浓度，而在秋季光照强度较大的形势下，有利于光化学反应生成 O_3。北海、来宾、玉林、贵港和桂林等城市的协同污染天数明显增加。此外，湘桂走廊传输通道和粤西传输通道也可能将周边地区的污染物带入广西，进一步加剧了本地的污染情况。春季的协同污染相对较少，但百色和梧州仍然面临一定的污染问题。春季是沙尘天气的多发季节，来自北方的沙尘暴可能增加广西地区的 $PM_{2.5}$ 浓度。夏季是广西环境空气质量最好的季节。高温和强光照虽然有助于 O_3 的形成，但夏季大气湿度大、降雨频繁，能够有效清除空气中的颗粒物和抑制 O_3 光化学反应。

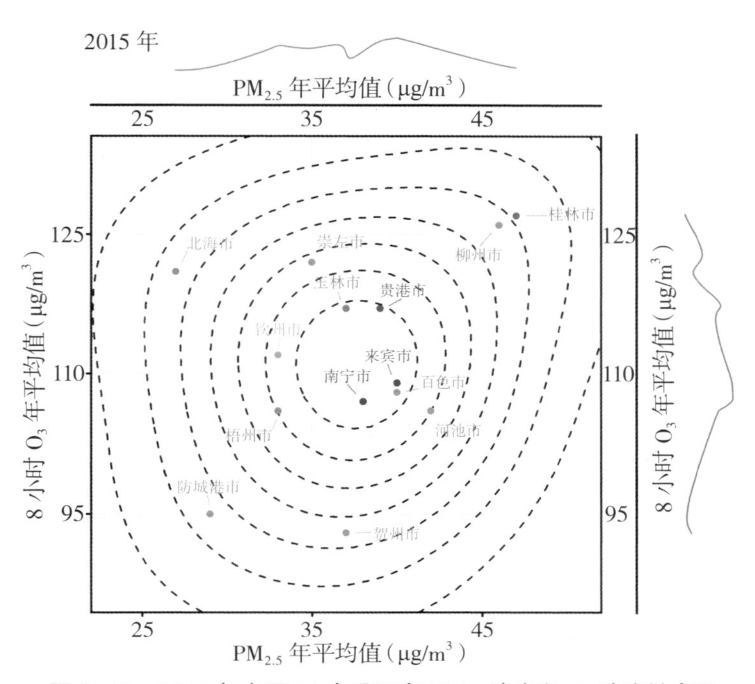

图 3–13　2015 年广西 14 个设区市 $PM_{2.5}$ 浓度和 O_3 浓度散点图

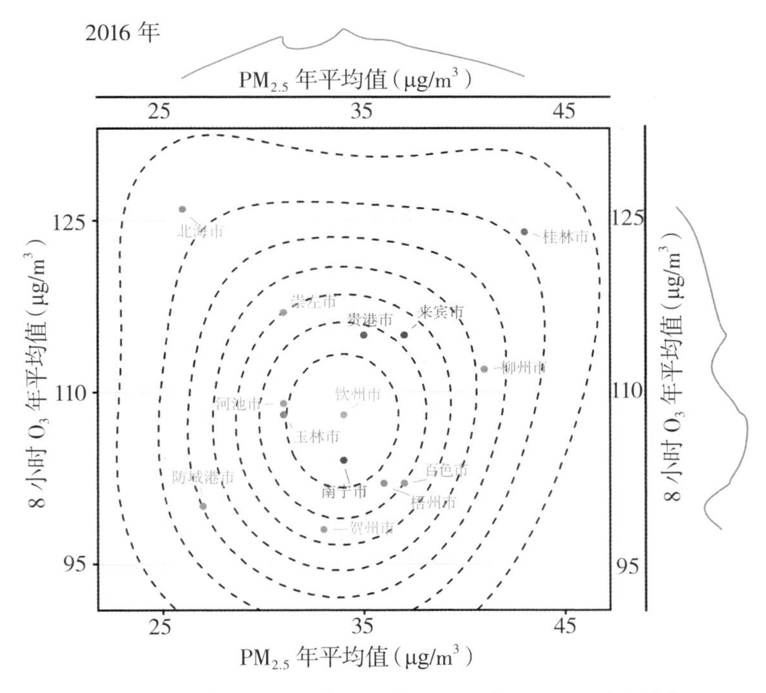

图 3–14　2016 年广西 14 个设区市 $PM_{2.5}$ 浓度和 O_3 浓度散点图

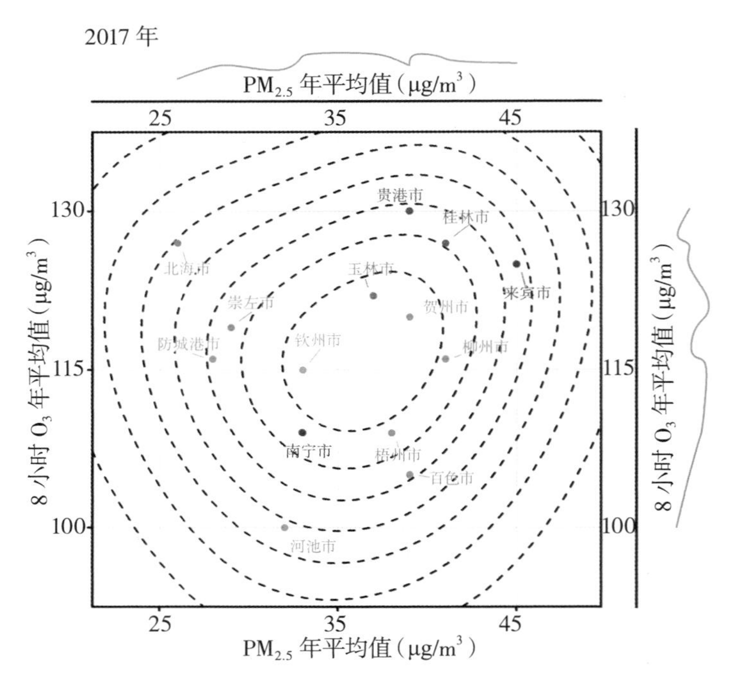

图 3-15　2017 年广西 14 个设区市 $PM_{2.5}$ 浓度和 O_3 浓度散点图

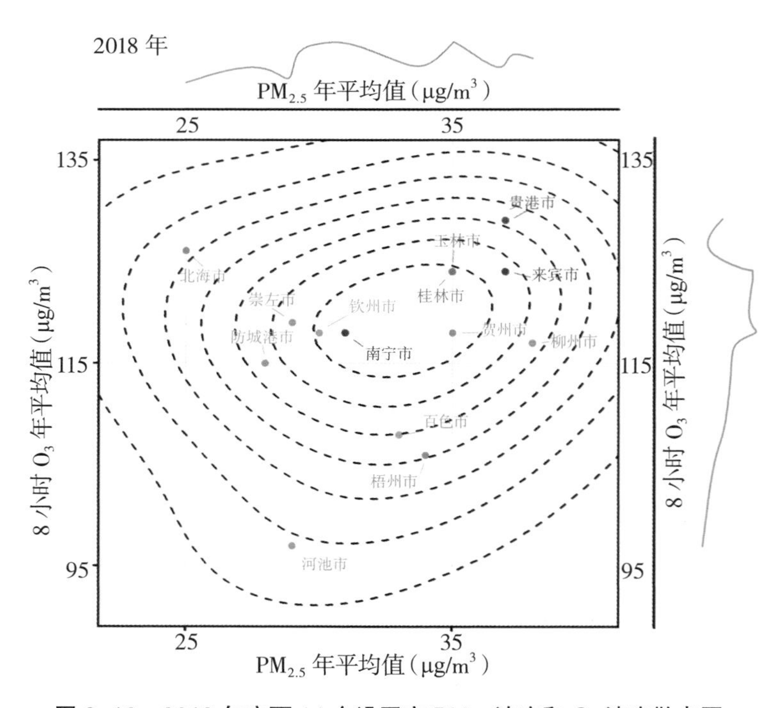

图 3-16　2018 年广西 14 个设区市 $PM_{2.5}$ 浓度和 O_3 浓度散点图

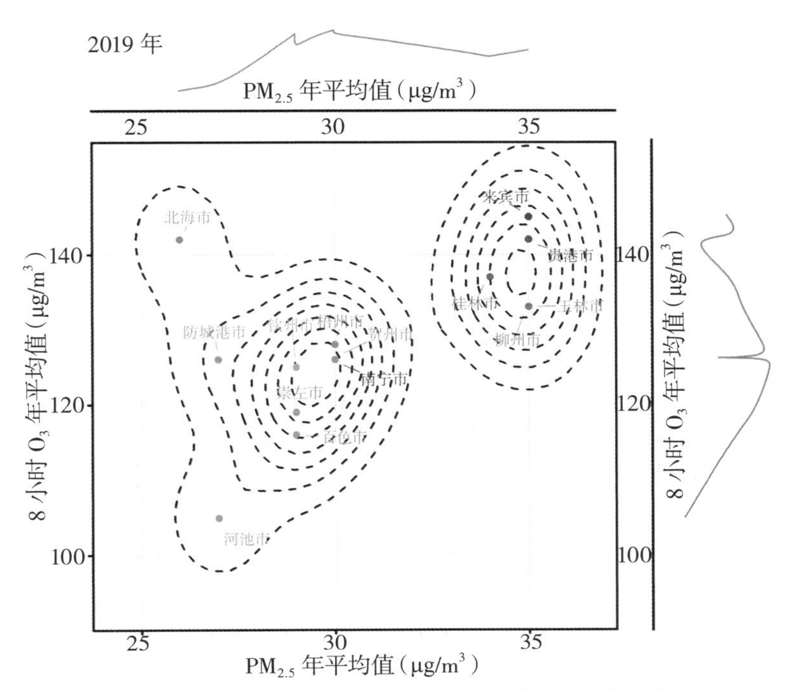

图 3-17　2019 年广西 14 个设区市 $PM_{2.5}$ 浓度和 O_3 浓度散点图

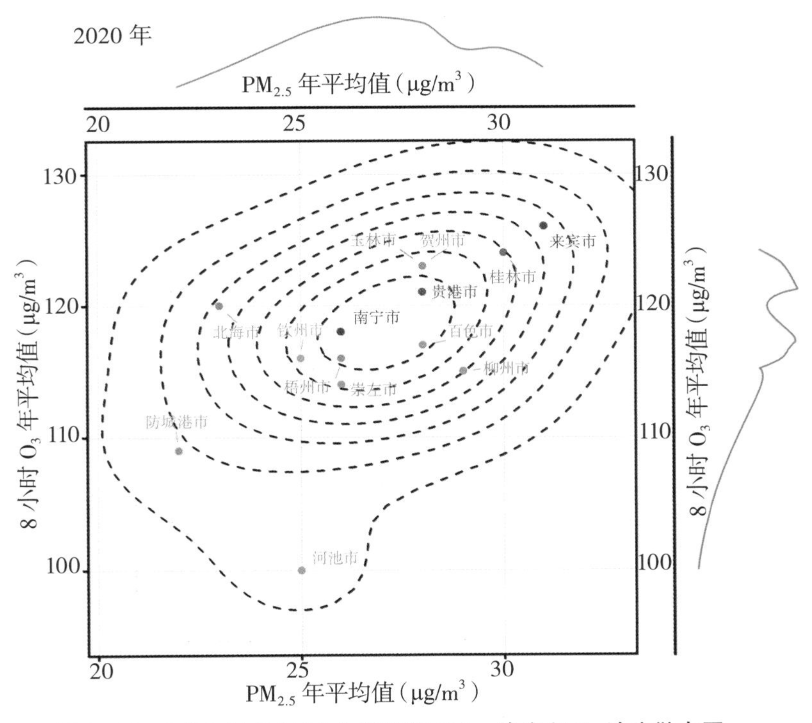

图 3-18　2020 年广西 14 个设区市 $PM_{2.5}$ 浓度和 O_3 浓度散点图

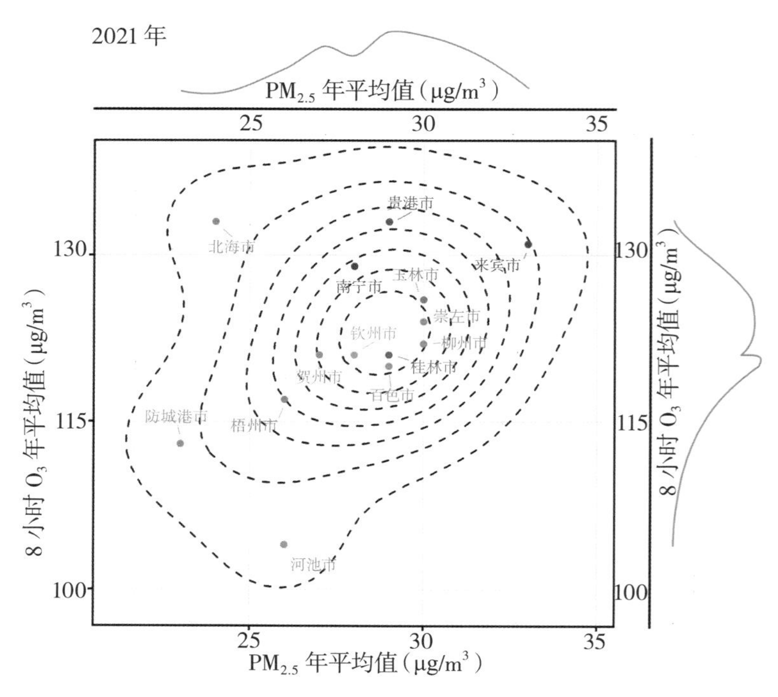

图 3-19　2021 年广西 14 个设区市 $PM_{2.5}$ 浓度和 O_3 浓度散点图

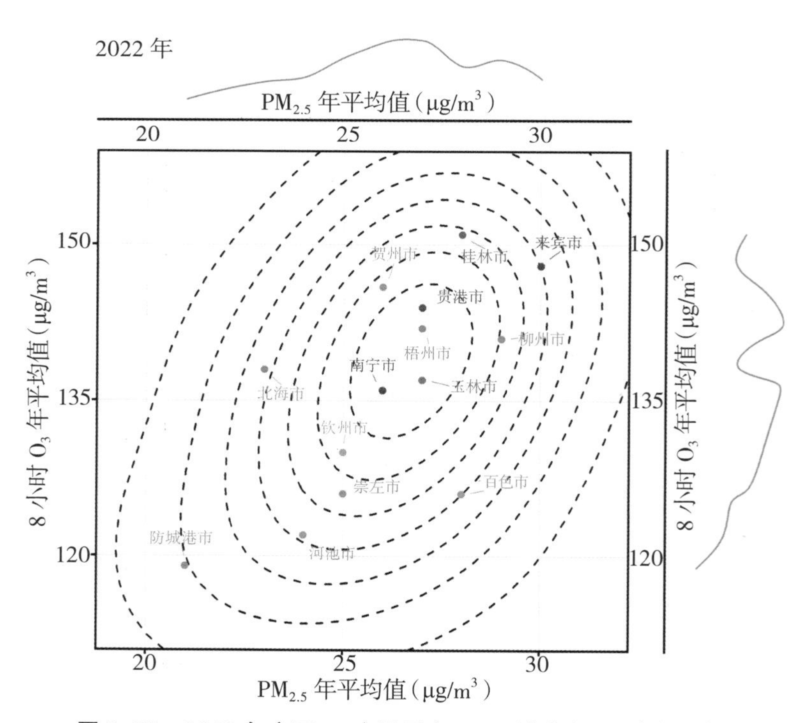

图 3-20　2022 年广西 14 个设区市 $PM_{2.5}$ 浓度和 O_3 浓度散点图

第四章　广西大气污染特征

鉴于气象因素对广西大气污染物浓度的显著影响，深入分析广西气象要素与大气污染物的关系显得尤为重要。本章将详述广西气象要素对污染物变化的影响，包括气象要素变化趋势分析、污染物与气象因素的相关性分析，以及气象条件对污染物贡献分析。通过对长时间尺度的环境空气质量监测数据进行降维分析研究，挖掘广西大气污染特征和规律。本章设置了两个比较特殊的广西大气污染特征专题分析，包括春节期间烟花爆竹燃放对空气质量影响和沙尘输送对空气质量影响。这些研究不仅有助于解析气象条件对大气污染物的影响机制和污染规律，还能为制定科学有效的大气污染防治措施提供重要依据。

一、气象条件对广西环境空气质量的影响

（一）气象要素变化趋势概述

广西属于沿边沿海沿江省份，气候环境复杂多样，受亚热带季风气候的影响，年均气温和降水量都较高。近年来，随着全球气候变暖趋势的加剧及气象要素的变化，广西大气污染物的浓度和分布也发生了一定的变化。

1. 气温变化趋势分析

从总体趋势来看，北海的年平均气温最高，柳州的年平均气温最低。在 2015 年至 2022 年间，北海的年平均气温一直维持在 24℃左右，而柳州的年平均气温则从约 20℃上升至 21.5℃。北海在整个时间段内气温始终较高，2016 年至 2017 年间有所上升，在 2018 年达到约 24.5℃后稍有回落，但总体趋势仍保持上升，到 2022 年年平均气温再次接近 24.5℃。南宁的气温相对稳定，但整体呈现上升趋势，年平均气温从 2015 年的约 22℃到 2022 年突破 23℃，尤其是 2020 年和 2021 年，气温显著上升。桂林气温上升显著，从 2019 年的约 20.0℃上升至 2022 年的 22.3℃。总体来看，广西各设区市的气温在过去几年中呈现出明显的上升趋势，这与全球气候变暖趋势一致。特别是在 2020 年和 2021 年，各设区市气温显著上升，这可能与全球气候异常有关（见图 4–1）。

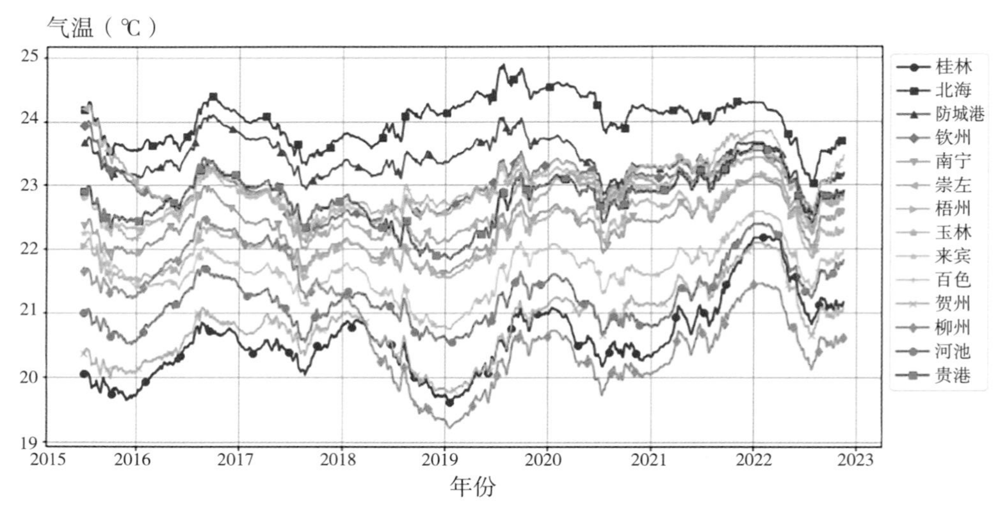

图 4–1　2015—2022 年广西 14 个设区市气温变化趋势

2. 相对湿度变化趋势分析

从总体趋势来看，北海和钦州的相对湿度最高，桂林和贵港的相对湿度最低。在 2015 年至 2022 年间，桂林的相对湿度从约 76% 下降至 65%，而贵港的相对湿度则从约 75% 下降至 72%。其中，桂林的相对湿度在 2016 年至 2018 年间逐渐下降，从约 77% 降至 68%，在 2019 年达到峰值约 78% 后，又出现下降趋势，到 2022 年降至约 65%。玉林的相对湿度在 2018 年至 2020 年间显著增加，从约 78% 上升到 85%，在 2020 年达到峰值后，开始逐渐下降，到 2022 年降至约 75%。河池的相对湿度波动较大，在 2019 年达到峰值约 82% 后，整体呈现下降趋势，到 2022 年降至约 68%。贵港的相对湿度在 2019 年初达到高峰约 81% 后，呈现持续下降的趋势，尤其是在 2020 年后下降明显，到 2022 年降至约 72%。总体来看，各城市的相对湿度在 2019 年达到峰值后，普遍呈现出下降趋势，这可能与全球气候变暖以及区域内气候条件变化有关（见图 4–2）。

3. 降水变化趋势分析

从总体趋势来看，桂林、防城港和钦州的降水量较高，百色和崇左的降水量较低。根据时间序列分解方法，从平均小时降水量总体变化趋势看，在 2015 年至 2022 年间，桂林的平均小时降水量从约 0.35 mm 下降至 0.25 mm，而百色的平均小时降水量则从约 0.17 mm 下降至 0. 08 mm。防城港的降水量总体呈现出较大的波动，尤其是在 2017 年和 2018 年出现了显著的降水增多。此后，降水量有逐渐下降的趋势，到 2022 年降至约 0.20 mm。北海的降水量波动较小，整体趋势相对平稳，从 2016 年的约 0.25 mm 下降至 2022 年的 0.15 mm，但在 2017 年和 2022 年出现了显著的降水峰值。钦州的降水量整体呈现下降趋势，从 2016 年的约 0.30 mm 下降至 2022 年的 0.22 毫米，但在 2022 年前后，降水量显著增加。总体来看，各个城市的降水量在 2020 年和 2021 年普遍出现了峰值，可能与这一时期的异常气候事件有关。自 2022 年起，各城市的降水量有所回落，但仍保持在较高水平（见图 4-3）。

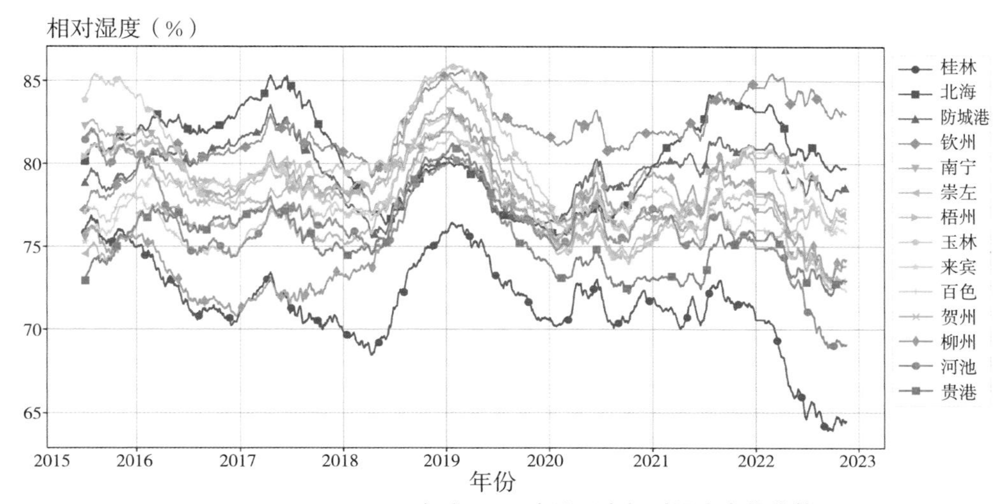

图 4-2　2015—2022 年广西 14 个设区市相对湿度变化趋势

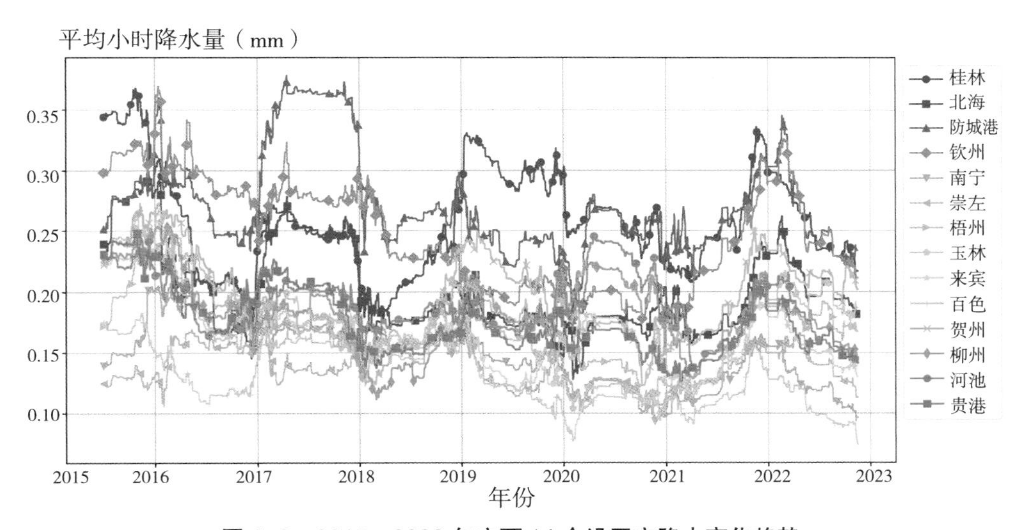

图 4-3　2015—2022 年广西 14 个设区市降水变化趋势

通过对广西 14 个设区市气象变量（气温、相对湿度和降水）的时间序列分解分析，可以看出，过去几年中这些变量的变化趋势明显。在气温方面，广西各城市在过去几年中普遍呈现出上升趋势，尤其是在 2020 年和 2021 年，这一变化趋势尤为显著。高温条件不仅有利于某些大气污染物的化学转化，如 NO_2 和 SO_2 在高温下更易发生光化学反应生成二次污染物，而且可能加剧 O_3 污染问题。近年来，广西大范围臭氧污染事件多发于高温干旱期，且与台风外围下沉气流息息相关。相对湿度的变化同样对大气污染物有显著影响，广西大部分城市的相对湿度在 2019 年达到峰值后普遍下降。相对湿度较高时，颗粒物和气态污染物更易凝结吸湿增长，导致 $PM_{2.5}$ 和 PM_{10} 的浓度明显上升，而湿度下降则有助于减缓这一过程，降低颗粒物的浓度。降水量的变化对大气污染物的清除和稀释起到了关键作用，广西大部分城市在 2020 年和 2021 年的降水量达到了高峰，之后有所回落，但仍保持在较高水平。从环境空气监测结果来看，降水量较大的年份，$PM_{2.5}$ 和 PM_{10} 的浓度明显较低。

（二）气象条件与污染物相关性分析

1. 单变量相关性分析

整体来看，不同污染物与气象参数之间存在显著的相关性，不同城市的相关性表现有所差异。

SO_2 与气温呈负相关。例如，南宁 SO_2 与气温的相关性系数为 –0.406，说明低温时燃煤增加，SO_2 浓度上升。SO_2 与湿度也呈负相关。例如，钦州 SO_2 与湿度的相关性系数为 –0.328，说明在高湿度条件下，SO_2 容易溶于水形成酸雨，浓度降低。SO_2 与风速呈负相关。例如，柳州 SO_2 与风速的相关性系数为 –0.348，说明高风速有助于 SO_2 的扩散。降水对 SO_2 的洗涤作用显著，降水量大时 SO_2 浓度显著降低。

NO_2 与气温的相关性在不同城市表现不一，总体上呈负相关。例如，柳州市 NO_2 与气温的相关性系数为 –0.310。NO_2 与湿度也呈负相关。例如，桂林 NO_2 与湿度的相关性系数为 –0.278，说明在高湿度条件下，NO_2 容易溶于水形成酸雨，浓度降低。NO_2 与风速和降水量的相关性较低，但风速高时，NO_2 浓度降低。这是因为高风速有利于污染物的扩散。

PM_{10} 与气温的相关性在不同城市表现不同。例如，柳州 PM_{10} 与气温的相关性系数为 –0.198，而在贵港，相关性系数为 0.108。PM_{10} 与湿度总体上呈负相关。例如，钦州 PM_{10} 与湿度的相关性系数为 –0.338，说明高湿度条件下，PM_{10} 浓度降低。PM_{10} 与风速和降水量的相关性较高，呈负相关。例如，风速高时，PM_{10} 浓度降低；降水量大时，PM_{10} 浓度也降低。

CO 与气温的相关性总体上呈负相关。例如，南宁 CO 与气温的相关性系数为 –0.227。CO 与湿度也呈负相关。例如，桂林 CO 与湿度的相关性系数为 –0.279，说明高湿度条件下，CO 浓度降低。CO 与风速和降水量的相关性较低，这可能是因为 CO 为温室气体，浓度分布均匀，不溶于水，其受风速和降水量的直接影响相对较小。

2. 多变量相关性分析

气温和相对湿度是影响 O_3 浓度的重要气象因素。柳州和北海的 O_3 浓度都呈现随着气温的升高和相对湿度的降低而升高的趋势（见图 4–4 和图 4–5），说明高温低湿能促进光化学反应，有利于 O_3 的生成；但并非气温越高 O_3 浓度就越高，随着气温升高，O_3 浓度上升并不明显，北海的 O_3 浓度与气温的正相关性明显低于柳州。

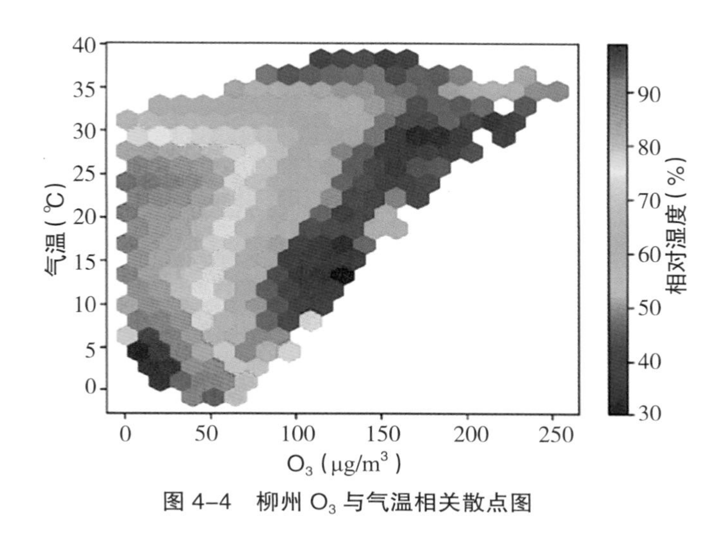

图 4–4　柳州 O_3 与气温相关散点图

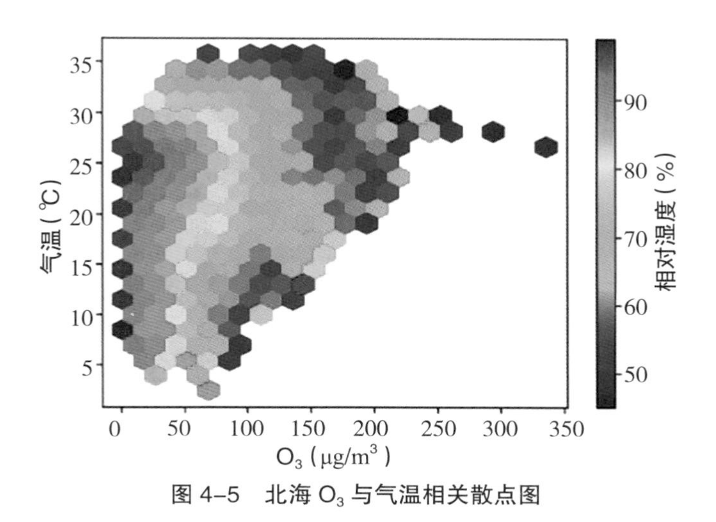

图 4–5　北海 O_3 与气温相关散点图

同样，也不是相对湿度越低 O_3 浓度就越高。内陆城市和沿海城市 O_3 浓度与相对湿度的相关性程度也有一定差异，河池 O_3 浓度与相对湿度的负相关性程度明显高于北海（见图 4–6）。北海由于临海，相对湿度一直较高，O_3 浓度对相对湿度的敏感性就相对较低。

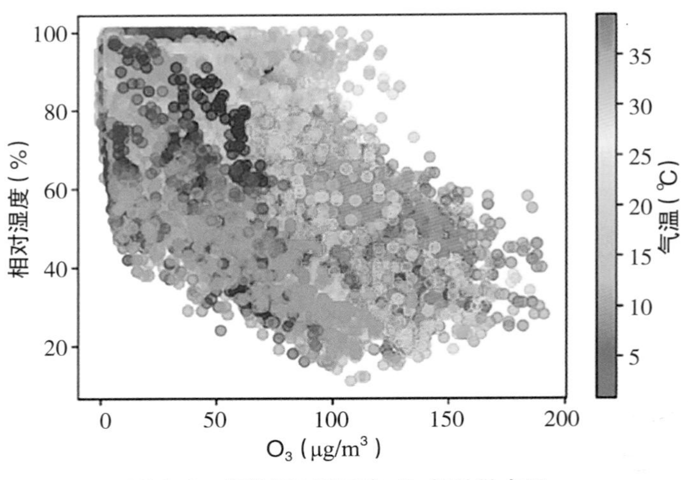

图 4-6　河池相对湿度与 O_3 相关散点图

3. 特殊情况分析

在某些情况下，污染物与气象因素之间存在明显的与经验不符合的相关性，相关系数值过大亦可能表征部分特殊因素。例如，柳州的 O_3 与气温的正相关系数高达 0.508，而与相对湿度的负相关系数达到 -0.633，显示了高温低湿气象因素对柳州 O_3 浓度有着显著的增加作用。此外，某些污染物在不同城市中的相关性既有正值又有负值。例如，河池的 O_3 与风速的相关性为正值，而在其他城市中则通常为负值。这种情况表明，风速在某些特定条件下可以促进污染物的扩散，而在其他情况下则可能抑制其生成。

研究发现，在广西多个城市中，风速与污染物呈正相关的城市和污染物类型相对较少。

在百色，风速与 O_3 和 SO_2 呈正相关关系（见图 4-7 和图 4-8）。这意味着在当风速增加时，O_3 和 SO_2 的浓度也有上升的趋势。这可能是由于某些气象条件或地理特性导致的，如风速增加可能会将这些污染物从其他地区输送到百色市区，或者局部气象条件使得污染物不易扩散。

在崇左，风速与 CO 呈正相关关系（见图 4-9）。这说明在风速较大的时候，CO 浓度有增加的现象。CO 的来源可能是交通尾气、工业排放或秸秆焚烧，风速增加可能会使上风向相关排放源的污染物更容易传输到本地并影响崇左市区。

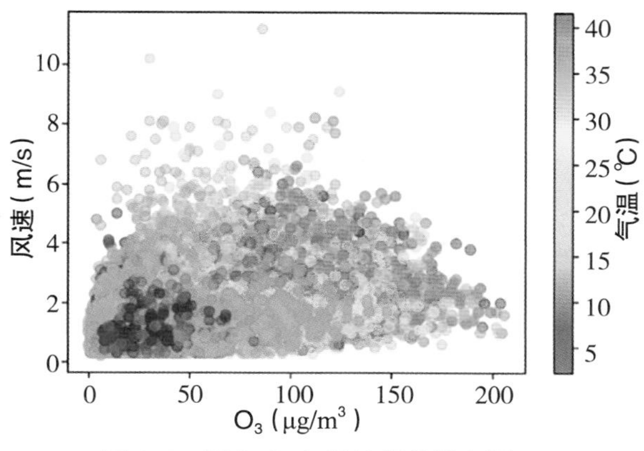

图 4–7　百色 O_3 与风速相关散点图

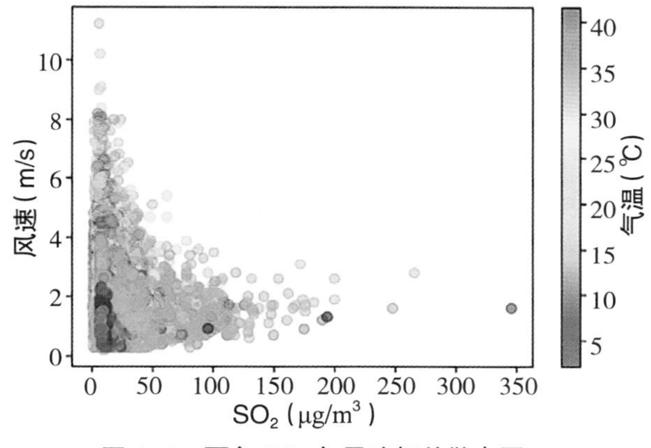

图 4–8　百色 SO_2 与风速相关散点图

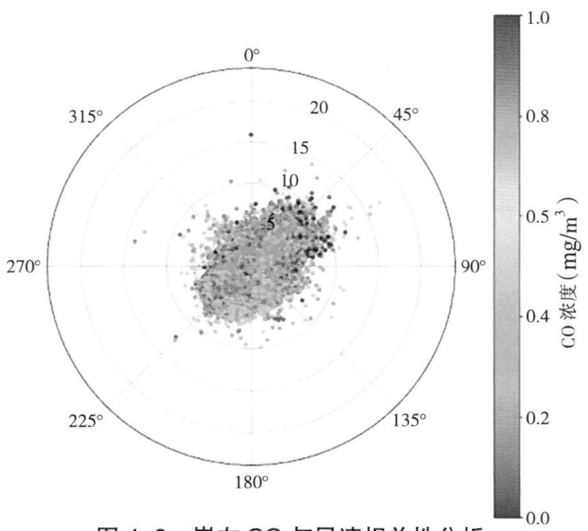

图 4–9　崇左 CO 与风速相关性分析

在河池，风速与 O_3 呈正相关关系（见图 4–10）。与百色类似，河池的风速增加时，O_3 浓度也会上升。这可能与河池的地理位置和风向有关，风速增加可能会将周边区域的 O_3 带到河池市区。

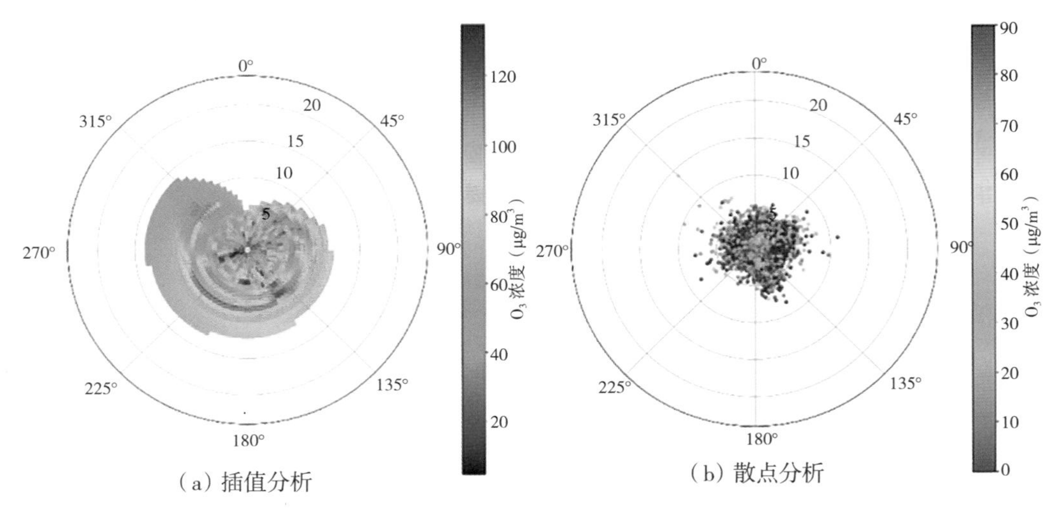

图 4–10　河池 O_3 与风速相关性分析

在百色、北海、崇左、来宾、南宁和钦州这几个城市中，气温上升对 $PM_{2.5}$、CO 和 NO_2 的浓度降低有显著促进作用。尤其是在钦州、北海，气温与 $PM_{2.5}$ 呈现显著负相关（< -0.4），这可能与沿海城市大气扩散条件较好有关。

（三）气象条件对污染物贡献分析

$PM_{2.5}$ 和 O_3 是影响广西城市环境空气质量的主要污染物。虽然排放源是影响污染物浓度高低的决定因素，但气象条件对大气污染物短期变化特征影响非常明显。国家大气重污染成因与治理攻关项目的研究成果表明，气象条件对空气质量的影响占比在 10% 上下。也就是说，同样的污染源排放，由于不同年份气象条件的差异，有的可能拉高 10%，有的可能拉低 10%，个别城市甚至还会达到 15%。另外，研究还发现风速低于 2 m/s，湿度大于 60%，近地面逆温、混合层高度低于 500 m 是最容易造成重污染的不利气象条件。因此，要评估污染物减排措施的效果，有必要将气象条件的影响剥离出来，仅评估排放量的降低对污染物浓度长期变化趋势的影响。

1. 气象要素对污染贡献的分析方法

环境空气 $PM_{2.5}$ 和 O_3 浓度受到气象条件波动的影响较明显，主要体现在高浓度 $PM_{2.5}$ 和 O_3 的形成与累积阶段。同样，气象条件的波动也会在一定程度上影响排放量的变化。一般情况下很难监测到排放量的变化引起环境空气中 $PM_{2.5}$ 和 O_3 浓度的变化，除非排放量的变化是实质性的，否则通过适度减排 $PM_{2.5}$ 和 O_3 实现的空气质量改善都很容易被气象变化所掩盖，因此需要选择稳健的统计方法来跟踪评估监管措施的有效性。我们必须分离气象与 $PM_{2.5}$ 及 O_3 数据时间序列中存在的不同现象，这些现象具有不同的特征，例如长期和短期变化。对气象或污染物数据的精确检查变得极为复杂，因为两者都强烈地相互影响，并对每一方产生虚假影响。为了分析气象学的掩蔽效应，可使用 Kolmogorov–Zurbenko 滤波（简称为 KZ 滤波）进行调整，然后对 $PM_{2.5}$ 及 O_3 浓度最大值和气象变量的平滑序列进行逐步回归分析。

KZ 滤波是一种时间序列分析方法，将原始序列分解为短期分量序列、季节分量序列和长期分量序列。KZ 滤波方法是经 p 次迭代与 m 点滑动平均的低通滤波，计算公式如下：

$$Y_i = \frac{1}{m}\sum_{i=1k}^{k} A_{i+j} \tag{4-1}$$

式（4–1）中，A_i 为经过一次滤波后的时间序列；m 为滑动窗口长度；i 为序列的时间间隔；j 为滑动窗口变量；k 为 X_i 在滤波时两端的滑动窗口长度。

原始时间序列 $X(t)$ 可以表示为

$$X(t) = e(t) + S(t) + W(t) \tag{4-2}$$

式（4–2）中，$e(t)$ 为污染物长期分量；$S(t)$ 为污染物季节分量；$W(t)$ 为污染物短期分量。

KZ（m，p）即滑动窗口为 m 且经过 p 次迭代。调整窗口长度 m 和迭代次数 p 可以控制不同尺度过程的滤波。研究表明，利用 KZ（15，5）滤波可以提取空气质量数据长期和季节成分的总和［$e(t) + S(t)$］，即

$\mathrm{KZ}(15, 5) = e(t) + S(t)$

通过 KZ（365，3）滤波可以获得污染物长期分量 $e(t)$，即

$e(t) = \mathrm{KZ}(365, 3)$

从而推导出

$S(t) = \mathrm{KZ}(15, 5) - \mathrm{KZ}(365, 3)$

$W(t) = X(t) - \mathrm{KZ}(15, 5)$

其中，长期分量主要由污染物排放总量、气候变化和经济活动等因素引起；季节分量主要由气象条件的季节变化和污染源决定；短期分量主要由天气变化和污染物短期排放波动引起。

影响污染物长期分量在其均值附近波动的原因主要有污染物排放量的变化以及各气象条件的变化，利用多元线性逐步回归是消除气象影响的有效手段。

使用不同时间尺度下的污染物浓度序列进行逐步回归，建立不同时间尺度下的大气污染物与气象要素之间的关系模型。各尺度下回归模型预测值与各分量的残差序列 $\varepsilon(t)$ 代表经气象调整后的污染物浓度序列，代表由污染源排放引起的污染物浓度波动变化。在回归时还需考虑未参与拟合的其他气象因子的影响，因此使用 KZ（365，3）对 $\varepsilon(t)$ 再次进行滤波，用 $\varepsilon_{LT}(t)$ 来表示仅由污染源排放变化所引起的污染物长期变化趋势。$\varepsilon_{LT}(t)$ 虽经过滤波，但仍是残差序列，因此需要对 $\varepsilon_{LT}(t)$ 进行重建，从而获得仅由污染源排放所引起的污染物长期分量变化情况：

$$X_{lt,a}(t)=X_{LT}(t)+\varepsilon_{LT}(t) \tag{4-3}$$

式中，$\varepsilon_{LT}(t)$ 为 $\varepsilon(t)$ 经 KZ（365，3）滤波后的结果；$X_{LT}(t)$ 为污染物长期分量均值；$X_{lt,a}(t)$ 为调整重建的污染物长期分量时间序列，该序列消除气象要素影响，仅与污染源排放有关。

此外，计算各分量的解释方差，其计算公式如下：

$$VE=\left(\frac{var\,X(t)-var\,\varepsilon(t)}{var\,X(t)}\right) \tag{4-4}$$

式中，VE 为解释方差；$var\,X(t)$ 为污染物原始序列方差；$var\,\varepsilon(t)$ 为残差序列方差。解释方差越大，气象要素对原序列的影响越大，解释能力越强。

2. 气象条件对 O_3 贡献分析

（1）基于 KZ 滤波分解广西 O_3 污染数据。

2015—2022 年，广西 14 个设区市的 O_3 日平均浓度变化存在一定上升趋势，但气候倾向率不明显（见图 4-11）。大部分城市于 2017 年或 2019 年或 2022 年秋季观测到近年来 O_3 浓度最大值，整体上呈现出季节循环的特征，且此特征在季节分量的时间序列上更为明显（见图 4-12）。各市 O_3 日平均浓度几乎在每年的 9 ～ 10 月达到一年中的峰值，且其峰值存在逐年上升趋势，在 2019 年秋季各市均观测到季节分量最大值。短期分量的振幅较大，于 2019 秋季更为显著，说明 2019 年的 O_3 污染与短期天气变化可能有一定关联（见图 4-13）。长期分量可被认为一定程度上过滤了中短期气象要素变化的影响，可看出 8 年间各市的 O_3 日平均浓度均呈升高趋势，其中南宁、来宾、百色、贵港、贺州、防城港等市升高趋势较为明显，北海和崇左等市的波动变化则较平缓。这表明广西大部分城市整体上 O_3 及其前体物的排放量在增加（见图 4-14）。

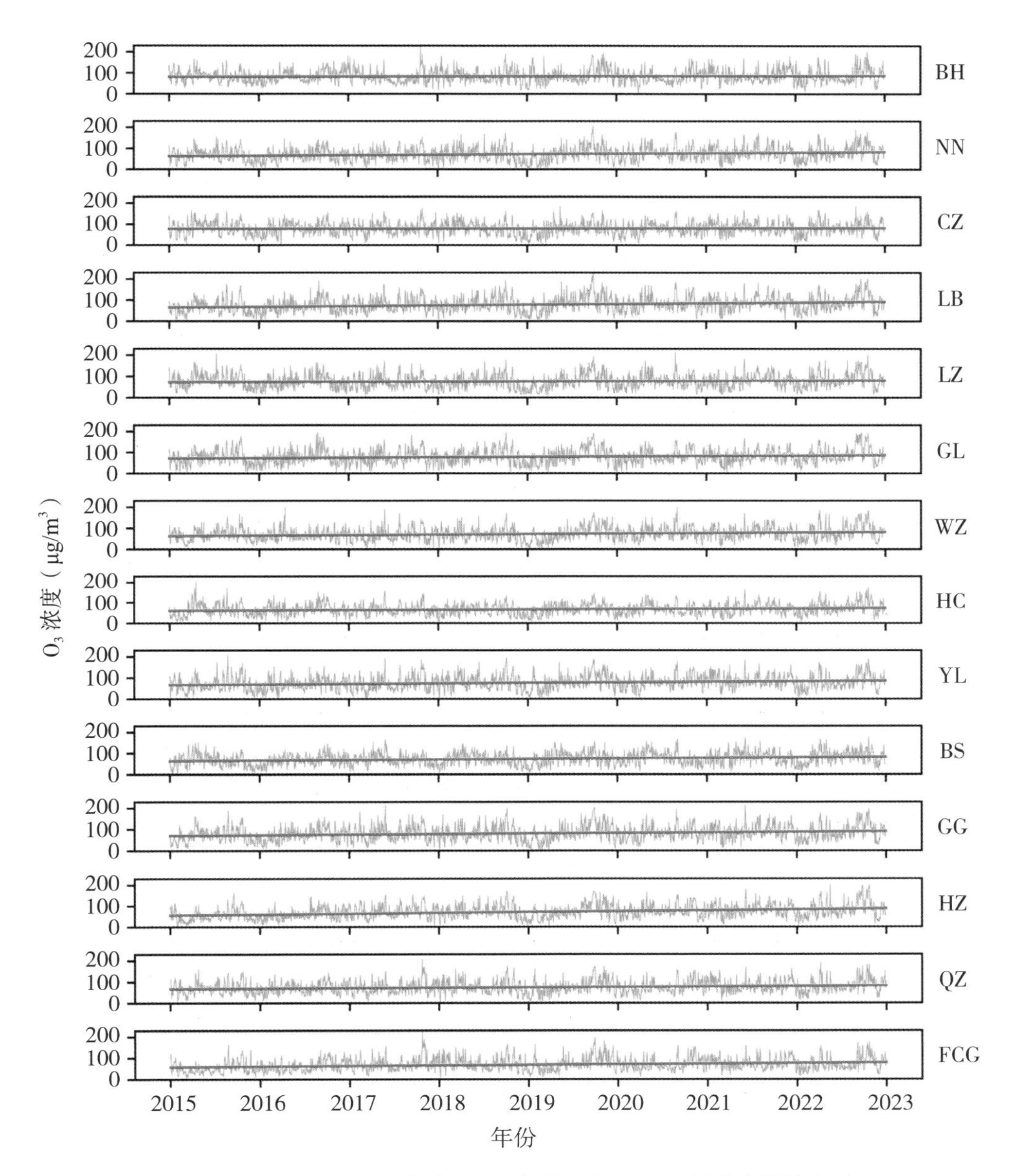

图 4-11　2015—2022 年广西 14 个设区市 O_3 日平均浓度原始序列

（BH 代表北海；NN 代表南宁；CZ 代表崇左；LB 代表来宾；LZ 代表柳州；GL 代表桂林；WZ 代表梧州；HC 代表河池；YL 代表玉林；BS 代表百色；GG 代表贵港；HZ 代表贺州；QZ 代表钦州；FCG 代表防城；下同）

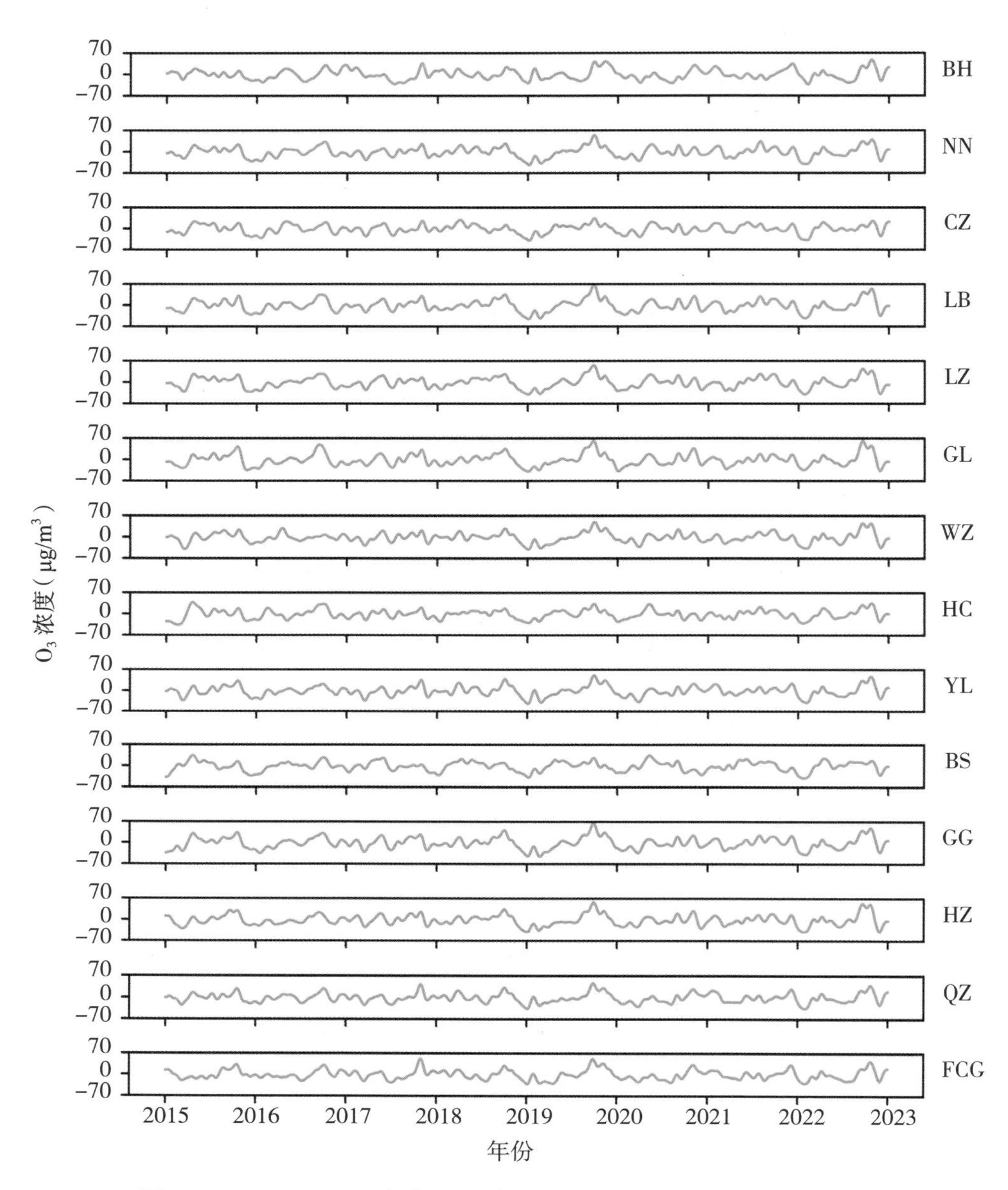

图 4-12　2015—2022 年广西 14 个设区市 O_3 日平均浓度季节分量序列

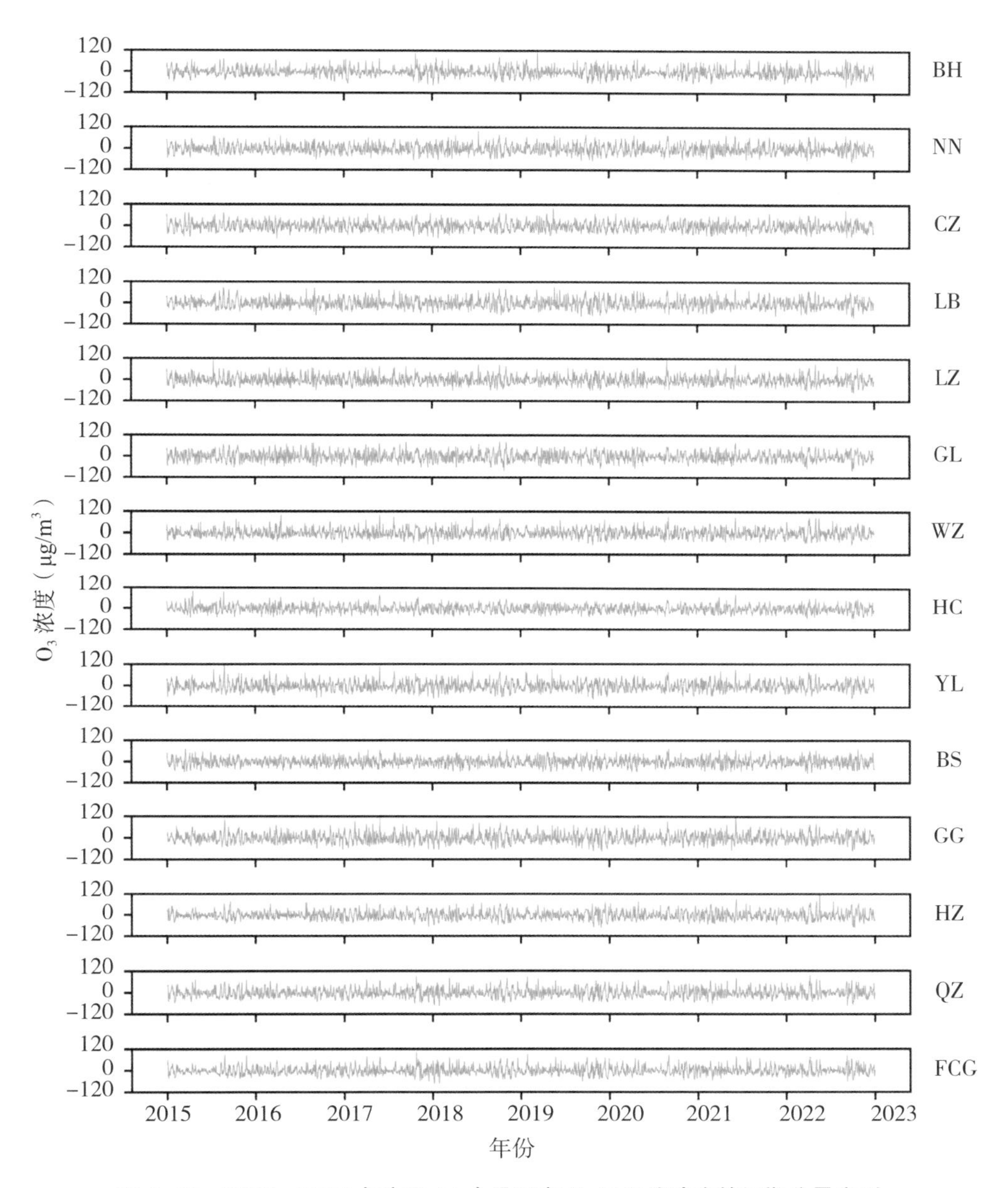

图 4-13　2015—2022 年广西 14 个设区市 O_3 日平均浓度的短期分量序列

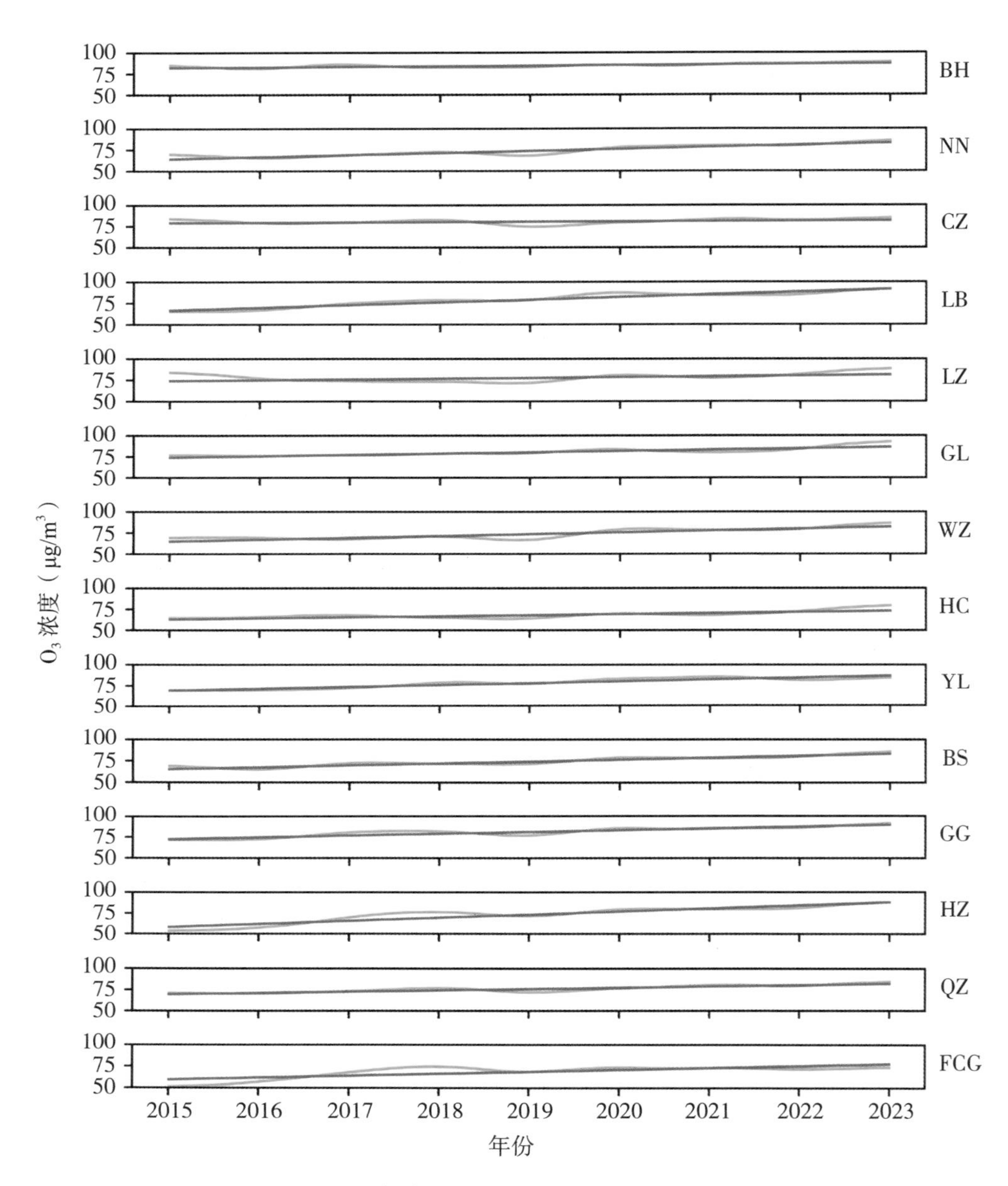

图 4-14　2015—2022 年广西 14 个设区市 O_3 日平均浓度长期分量序列

表 4–1 为广西 14 个设区市的 O_3 日平均浓度各分量方差及其总和。可见各市分量方差之和均为 88% 左右，基本满足分量独立性要求，说明所使用 KZ 滤波器对 O_3 日平均浓度有较良好的分解效果。各市的短期分量方差贡献明显占较大比重，均在 50% 以上，长期分量的方差贡献最小，为 0.36% ～ 7.82%。由此得知原始 O_3 日平均浓度序列的波动主要是短期和季节分量所贡献，其浓度变化主要由排放源及气象要素的中短期变化引起。

表 4–1 2015—2022 年广西 14 个设区市 O_3 日平均浓度各分量方差及其总和

城市	短期分量	季节分量	长期分量	分量方差之和
北海	62.06%	26.29%	0.36%	88.71%
南宁	59.85%	24.93%	3.13%	87.91%
崇左	65.54%	21.90%	0.70%	88.14%
来宾	56.10%	27.50%	4.45%	88.05%
柳州	58.23%	29.01%	1.80%	89.04%
桂林	56.09%	30.40%	1.40%	87.89%
梧州	58.93%	24.83%	3.36%	87.12%
河池	59.04%	26.77%	1.74%	87.55%
玉林	61.42%	23.64%	2.66%	87.72%
百色	60.19%	26.97%	3.42%	90.58%
贵港	57.70%	27.94%	2.27%	87.90%
贺州	52.37%	26.66%	7.82%	86.84%
钦州	63.24%	22.71%	1.72%	87.66%
防城港	56.80%	25.68%	5.07%	87.55%

（2）气象要素与 O_3 浓度相关性分析。

广西各市由于 O_3 浓度存在明显的季节性波动，因此有必要对不同季节不同气象要素与 O_3 浓度进行相关性分析。广西地处华南亚热带地区，在一定程度上气象要素对各市的影响趋于一致。图 4–15 至图 4–28 展示了 2015—2022 年的 8 年间，广西各市不同季节（MAN、JJA、SON、DJF 分别代表春季、夏季、秋季、冬季）各气象要素与 O_3 浓度的散点分布及相关系数。整体而言，广西各市 O_3 浓度与气温（T）呈正相关，与气压（P）、相对湿度（RH）、风速（W）和降水量（PRE）呈负相关。除百色外，大部分城市 O_3 浓度与气压（P）相关性较弱；百色气压越低，O_3 浓度越高。除贺州外，大部分城市 O_3 浓度与风速（W）相关性较弱；贺州风速越低，O_3 浓度越高，说明本地源排放影响较大。玉林和河池 O_3 浓度与相对湿度的相关系数最高（均通过置信度为 99% 的显著性检验），达到 0.71。百色和柳州 O_3 浓度与气温的相关系数最高（均通过置信度为 99% 的显著性检验），达到 0.51。玉林 O_3 浓度与降水量相关系数最高（均通过置信度为 99% 的显著性检验），达到 –0.5，说明降水对玉林 O_3 浓度改善较明显。

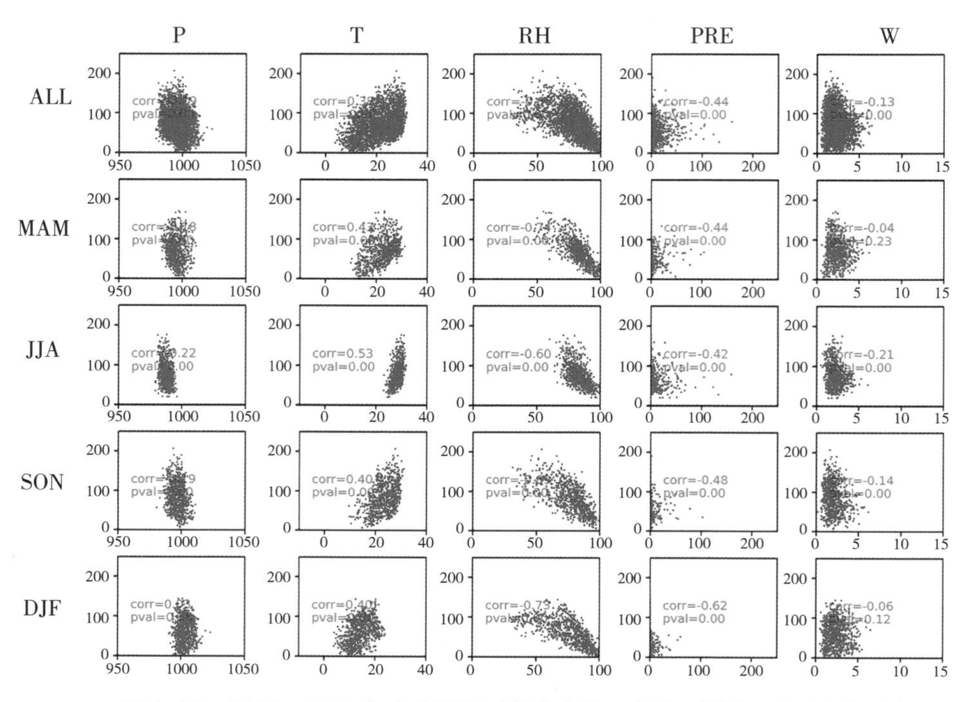

图 4-15　2015—2022 年南宁不同时段（全部、春季、夏季、秋季和冬季）气象各要素与 O_3 浓度散点分布及相关系数

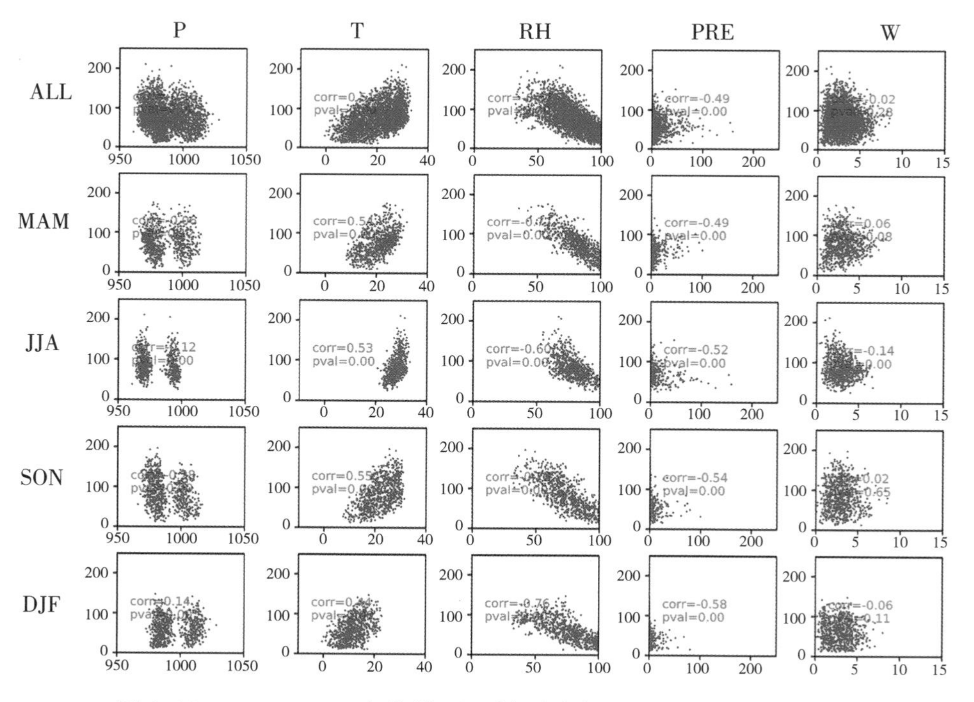

图 4-16　2015—2022 年柳州不同时段（全部、春季、夏季、秋季和冬季）气象各要素与 O_3 浓度散点分布及相关系数

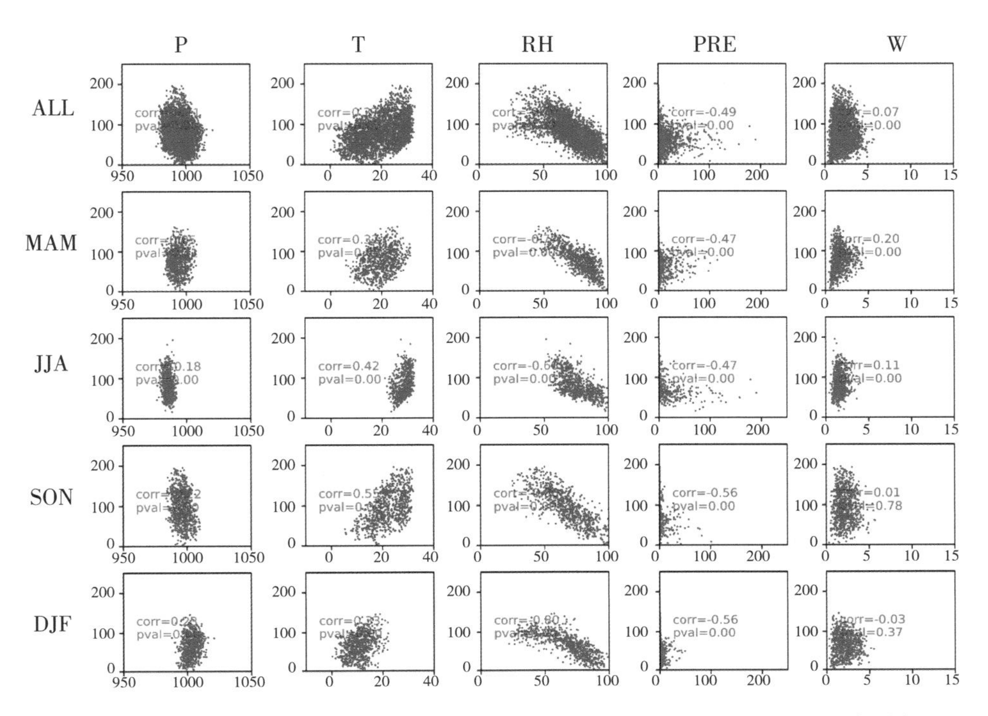

图 4-17　2015—2022 年桂林不同时段（全部、春季、夏季、秋季和冬季）气象各要素与 O_3 浓度散点分布及相关系数

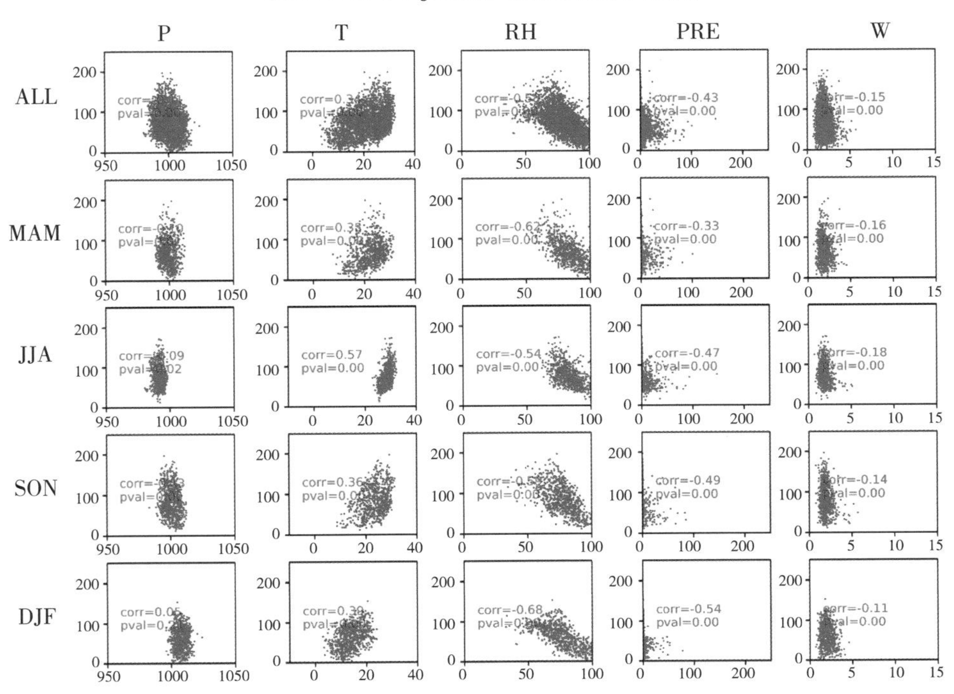

图 4-18　2015—2022 年梧州不同时段（全部、春季、夏季、秋季和冬季）气象各要素与 O_3 浓度散点分布及相关系数

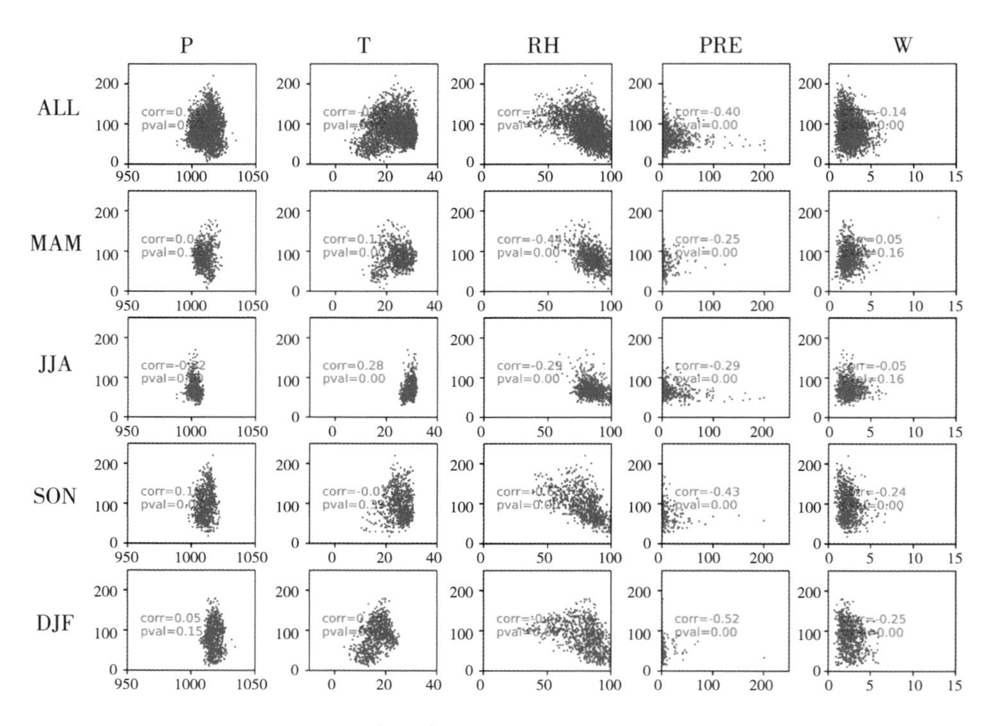

图 4–19　2015—2022 年北海不同时段（全部、春季、夏季、秋季和冬季）气象各要素与 O_3 浓度散点分布及相关系数

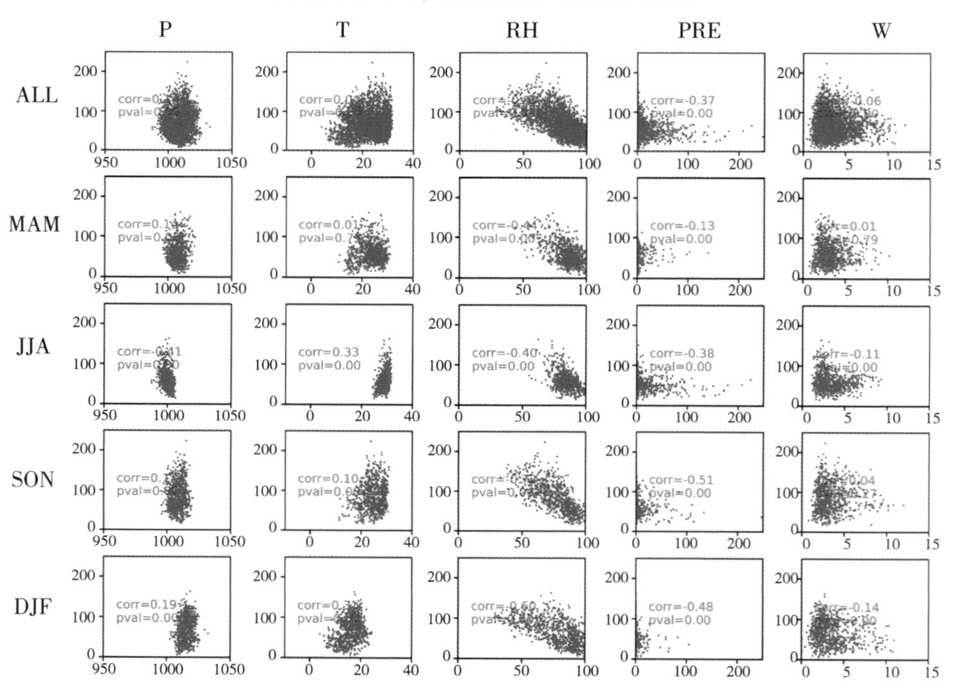

图 4–20　2015—2022 年防城港不同时段（全部、春季、夏季、秋季和冬季）气象各要素与 O_3 浓度散点分布及相关系数

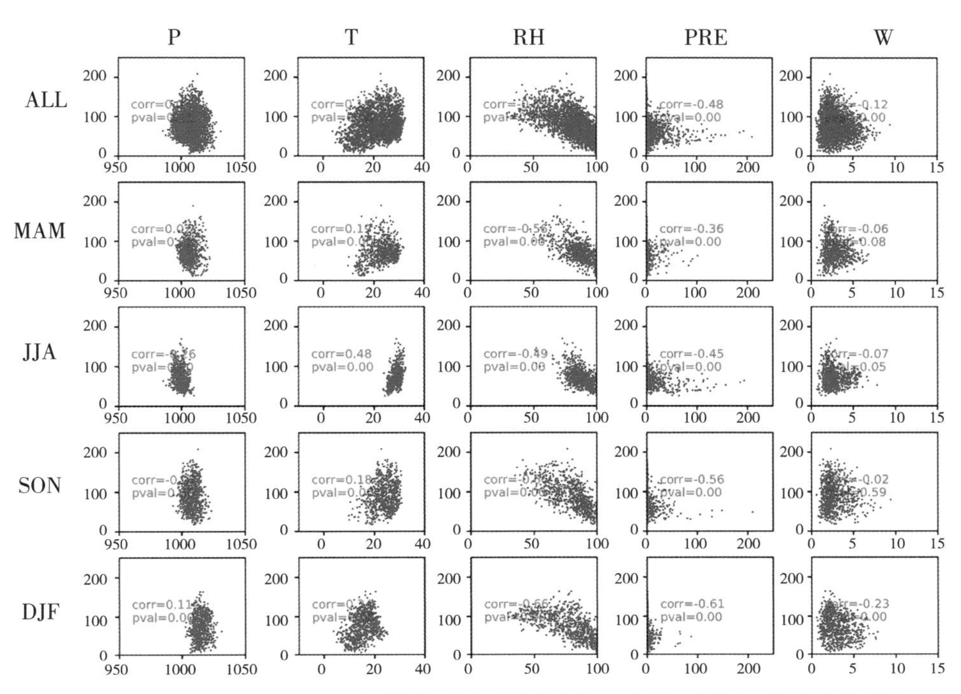

图 4-21　2015—2022 年钦州不同时段（全部、春季、夏季、秋季和冬季）气象各要素与 O_3 浓度散点分布及相关系数

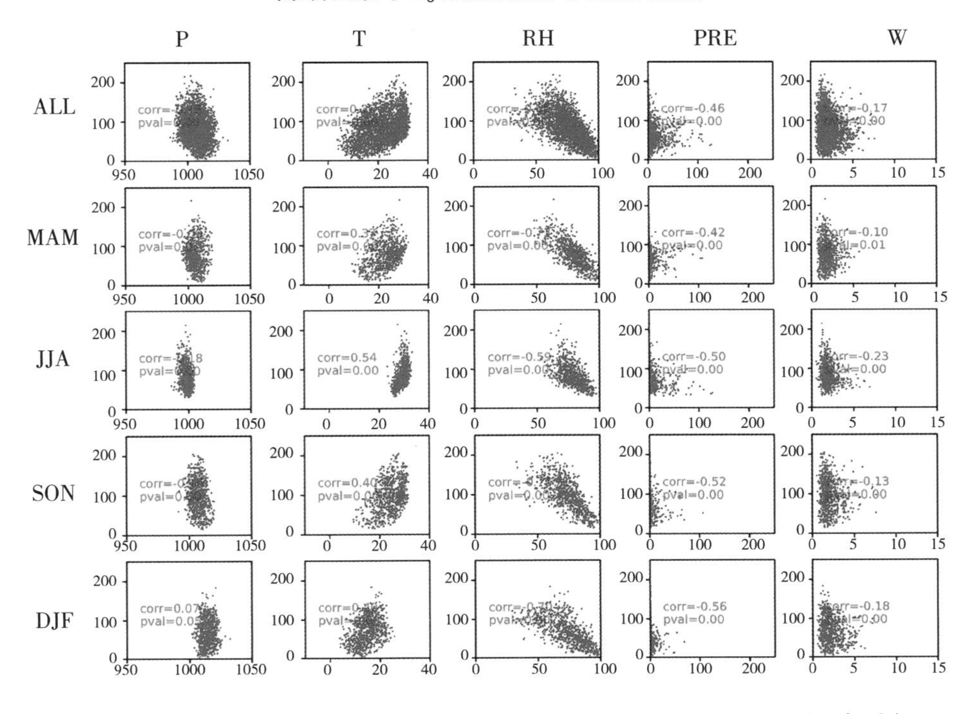

图 4-22　2015—2022 年贵港不同时段（全部、春季、夏季、秋季和冬季）气象各要素与 O_3 浓度散点分布及相关系数

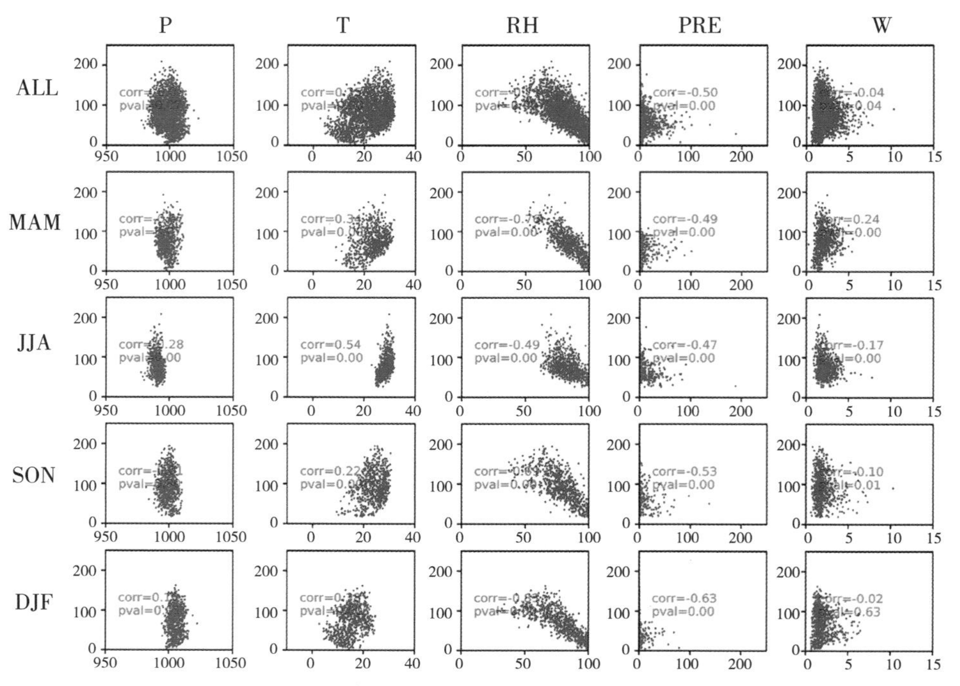

图 4-23　2015—2022 年玉林不同时段（全部、春季、夏季、秋季和冬季）气象各要素与 O_3 浓度散点分布及相关系数

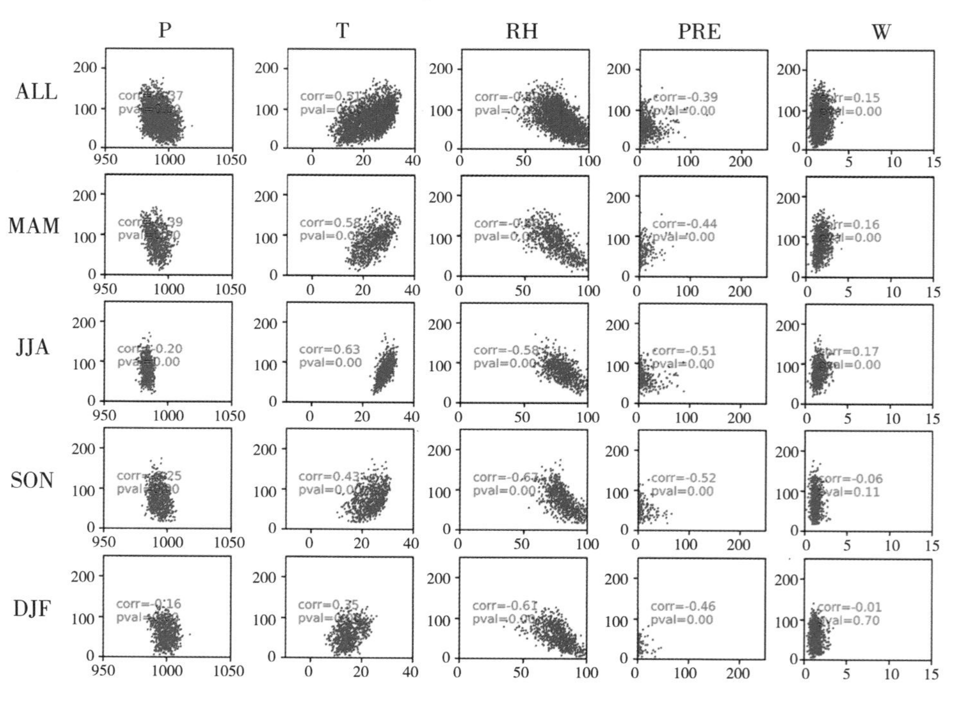

图 4-24　2015—2022 年百色不同时段（全部、春季、夏季、秋季和冬季）气象各要素与 O_3 浓度散点分布及相关系数

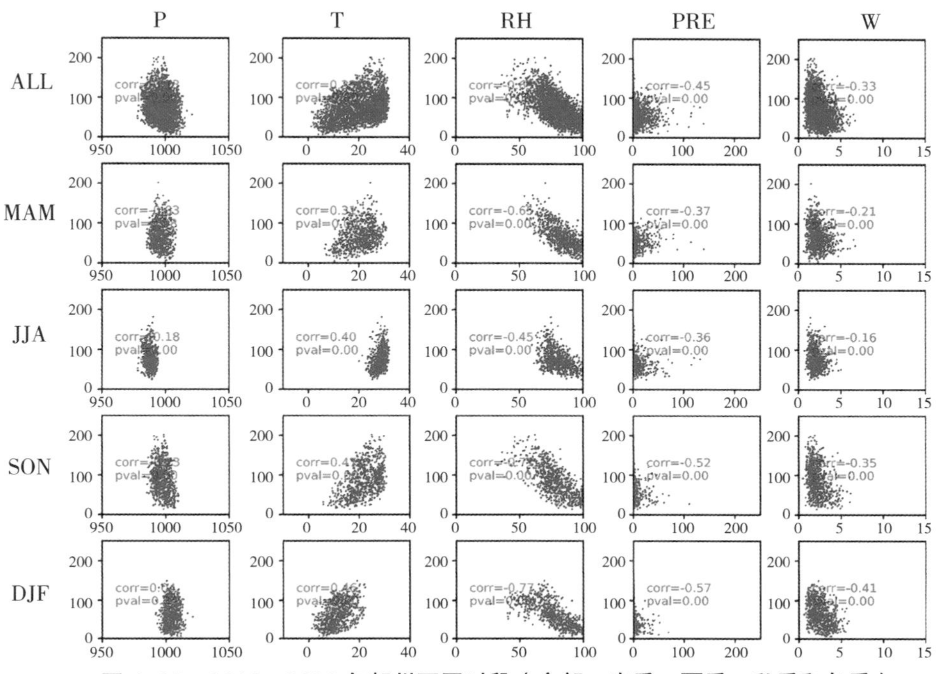

图 4-25　2015—2022 年贺州不同时段（全部、春季、夏季、秋季和冬季）气象各要素与 O_3 浓度散点分布及相关系数

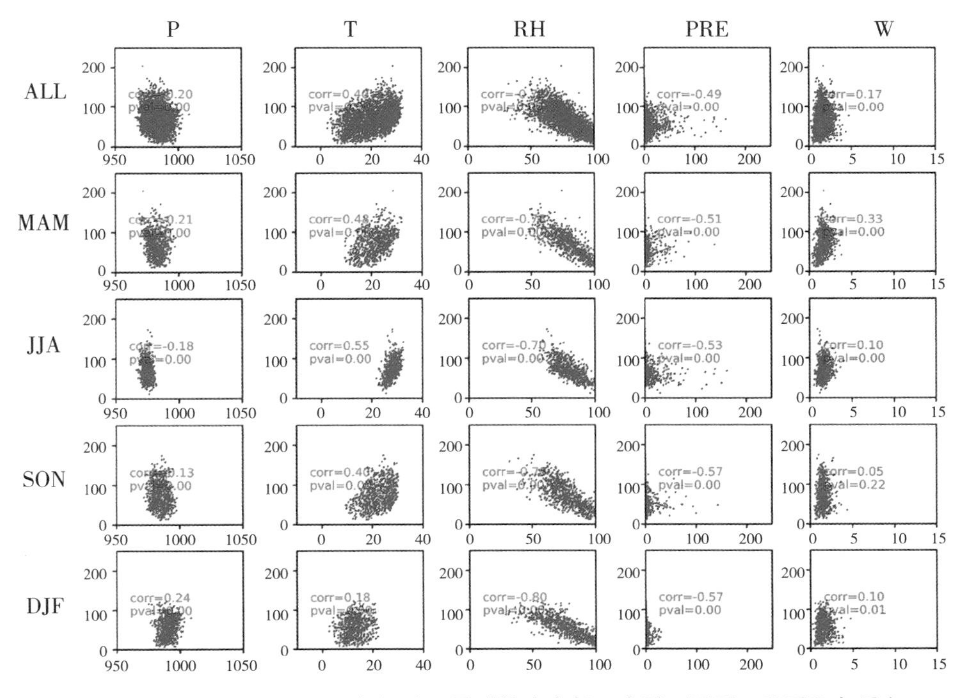

图 4-26　2015—2022 年河池不同时段（全部、春季、夏季、秋季和冬季）气象各要素与 O_3 浓度散点分布及相关系数

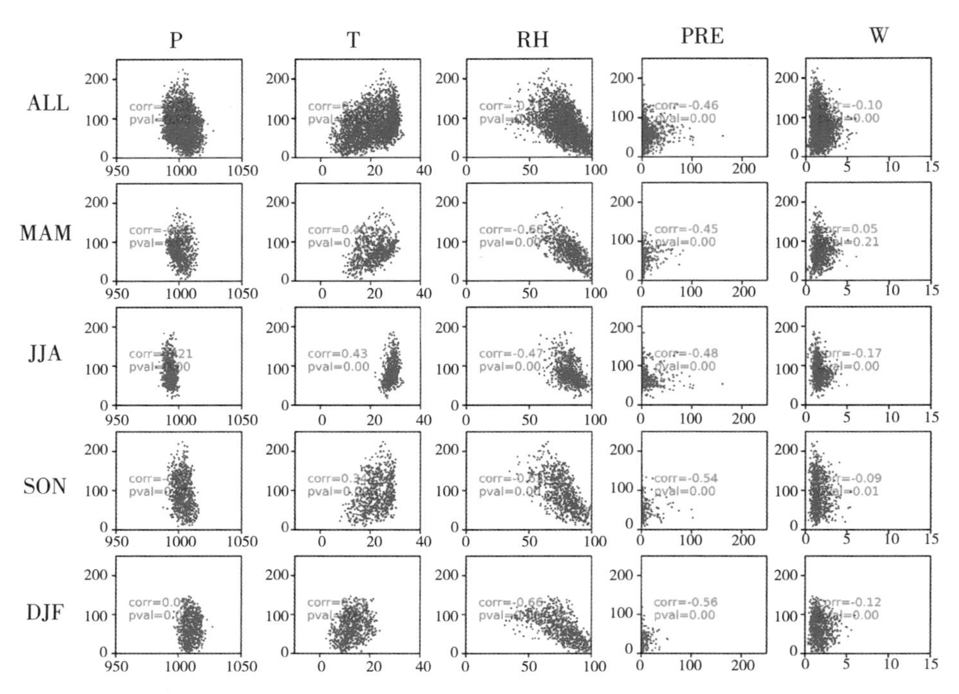

图 4-27　2015—2022 年来宾不同时段（全部、春季、夏季、秋季和冬季）气象各要素与 O_3 浓度散点分布及相关系数

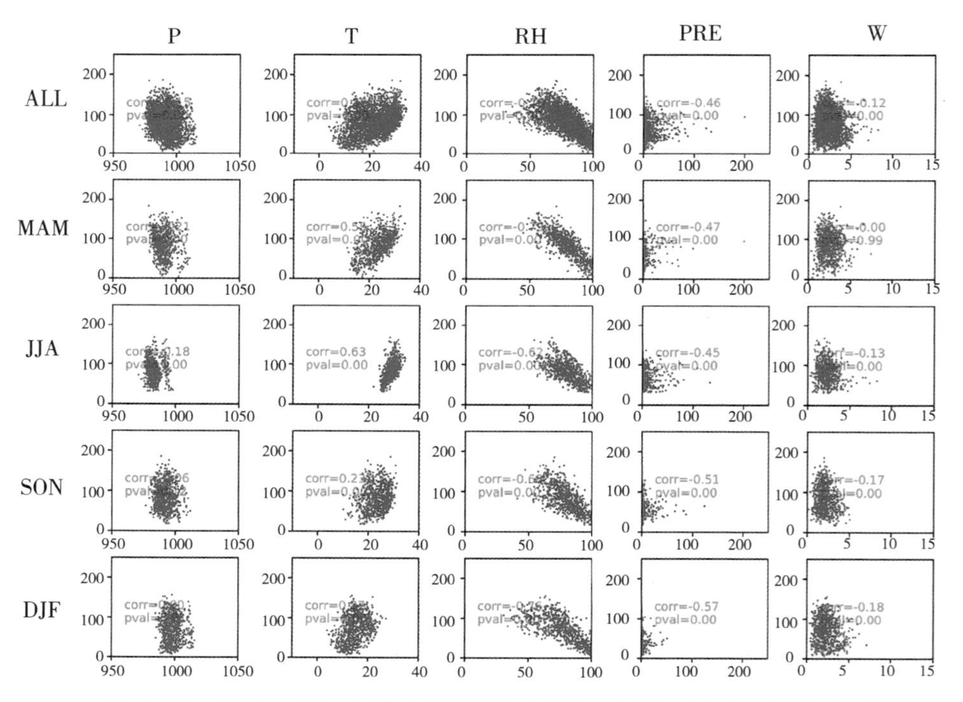

图 4-28　2015—2022 年崇左不同时段（全部、春季、夏季、秋季和冬季）气象各要素与 O_3 浓度散点分布及相关系数

（3）剔除气象要素的 O_3 浓度变化趋势。

基于 O_3 浓度与气象要素相关性分析建立回归方程。多元线性回归中使用气压（P）、气温（T）、相对湿度（RH）、降水（PRE）、风速（W）对 O_3 在短期尺度与基线尺度进行构建，分别取其残差序列相加，即得到了总残差序列。对于获得的残差序列，再次进行 KZ（365，3）滤波，在长期尺度上消除可能存在的其他气象要素影响。将滤波后的残差序列叠加到长期分量的平均值上，即获得重建后的长期分量，尽可能剔除气象条件的影响。将重建前后的长期分量相比较，即可获得气象条件在长期尺度上对 O_3 浓度的影响贡献。

图 4–29 为 2015—2022 年广西 14 个设区市 O_3 日平均浓度长期分量序列与经气象调整后的长期分量序列对比，呈现了原始长期分量序列与经过气象调整（即剔除长期气象要素波动影响）重建后的 O_3 浓度长期分量序列的对比及二者差值。正值说明无气象条件的 O_3 浓度更高，气象条件有利于 O_3 浓度降低；反之，为负值时，说明气象条件不利于 O_3 浓度降低。统计数据显示，长期分量存在上升趋势的城市，其重建长期分量亦都呈现出升高趋势，但各市两者差值变化存在差别：南宁、来宾、柳州、桂林、梧州、河池、玉林、百色、贵港、贺州等 10 个城市二者的差值呈明显的负值转正值趋势，说明 8 年间这些城市的气象条件其实是不利于 O_3 浓度降低的；北海、崇左、钦州和防城港气象条件贡献不明显。

3. 气象条件对细颗粒物贡献分析

（1）基于 KZ 滤波分解广西细颗粒物结果。

从广西 14 个设区市 $PM_{2.5}$ 原始时间序列可以看出（见图 4–30），广西各市在各年的年初和年末都有明显高值，表明 $PM_{2.5}$ 浓度受季节变化特征明显，其中来宾、柳州和桂林高值特别明显。由图 4–30 可知，2015—2022 年广西 14 个设区市的 $PM_{2.5}$ 日平均浓度变化呈现下降趋势；多市于 2017 年或 2018 年初观测到近年来 $PM_{2.5}$ 浓度最大值，整体上呈现出季节循环的特征，且此特征在季节分量的时间序列上更为明显（见图 4–31）；各市 $PM_{2.5}$ 日平均浓度几乎在每年的 1 ～ 2 月达到一年中的峰值，来宾在 2017 年冬季观测到季节分量最大值，其他市大部分在 2018 年冬季观测到季节分量最大值。短期分量（见图 4–32）的振幅明显高于季节分量，来宾、桂林、百色和柳州 2017 年冬季振荡幅度最大，而玉林和贺州等 8 个市 2018 年冬季振荡幅度最大，说明 2017 年和 2018 年的 $PM_{2.5}$ 污染除与排放源有关外，与短期天气变化可能有一定关联。长期分量（见图 4–33）可被认为一定程度上过滤了中短期气象要素变化的影响，可看出 8 年间各市的 $PM_{2.5}$ 日平均浓度均呈下降趋势，其中来宾、梧州、玉林、百色、贵港和贺州呈现个别年份反弹波动较大的情况，但总体呈下降趋势，其他城市下降趋势非常显著。这表明广西各市影响 $PM_{2.5}$ 浓度的排放量在减少。

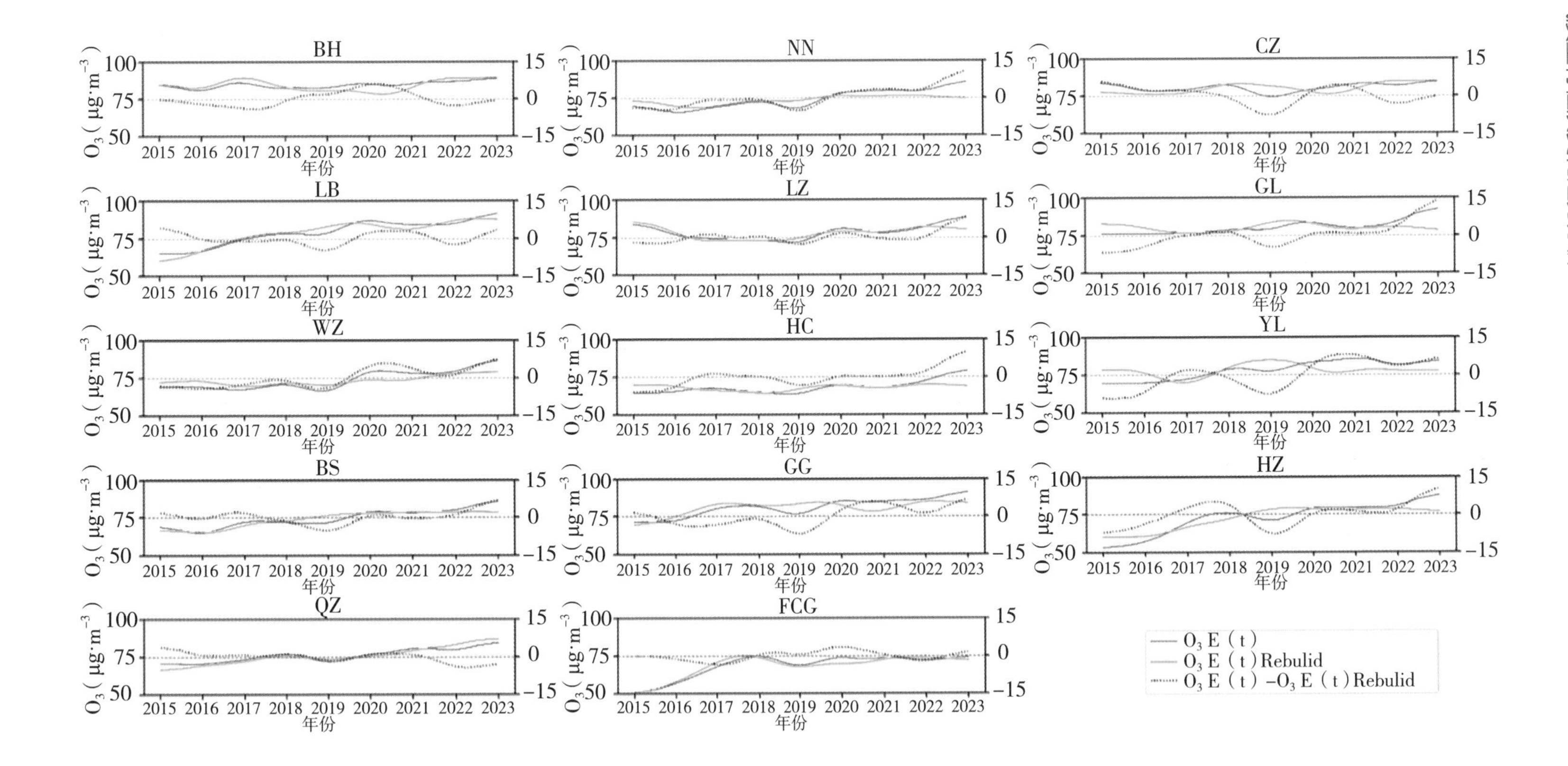

图 4-29　2015—2022 年广西 14 个设区市 O_3 日平均浓度长期分量序列与经气象调整后的长期分量序列对比

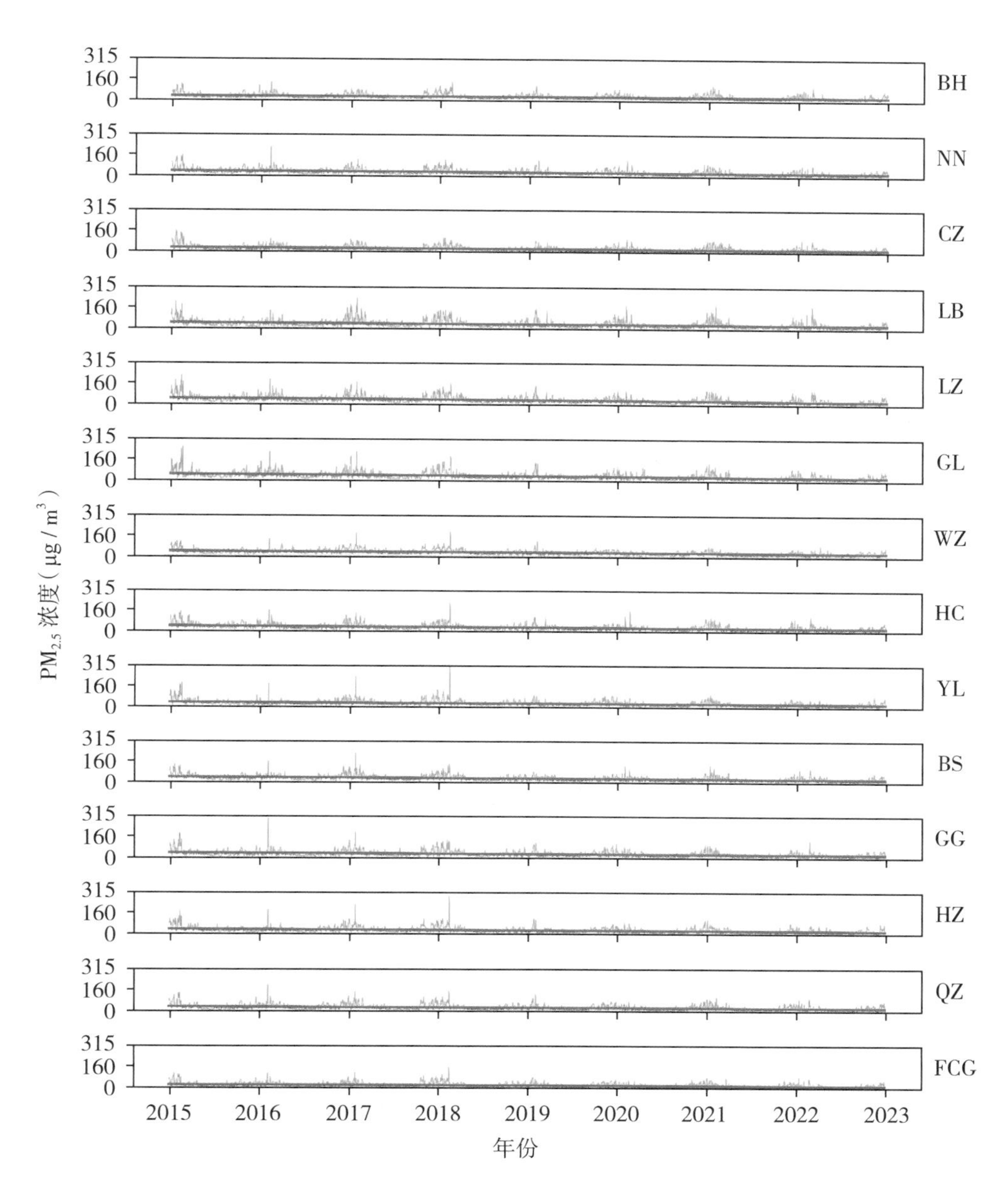

图 4-30　2015—2022 年广西 14 个设区市 $PM_{2.5}$ 日平均浓度原始分量序列

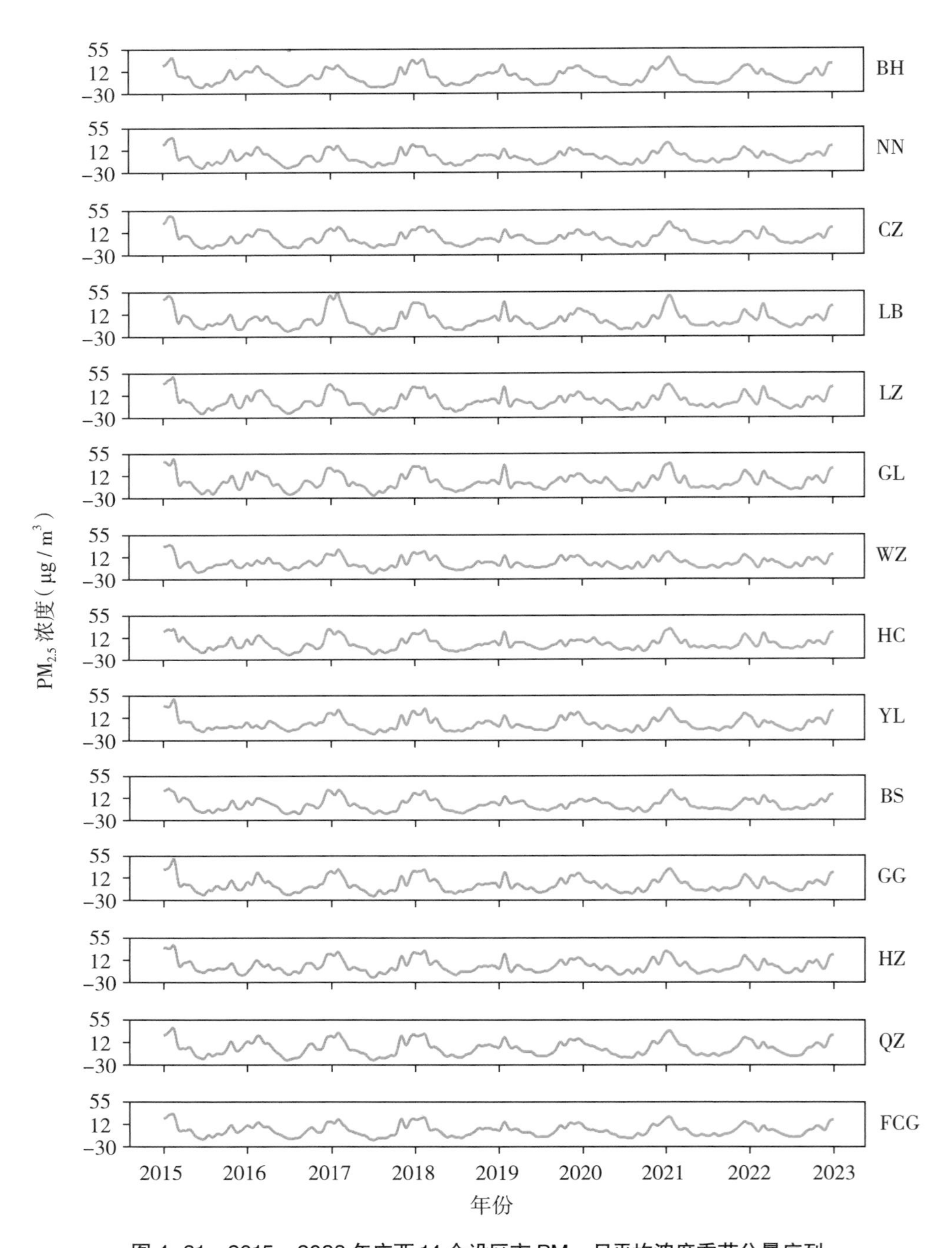

图 4-31 2015—2022 年广西 14 个设区市 $PM_{2.5}$ 日平均浓度季节分量序列

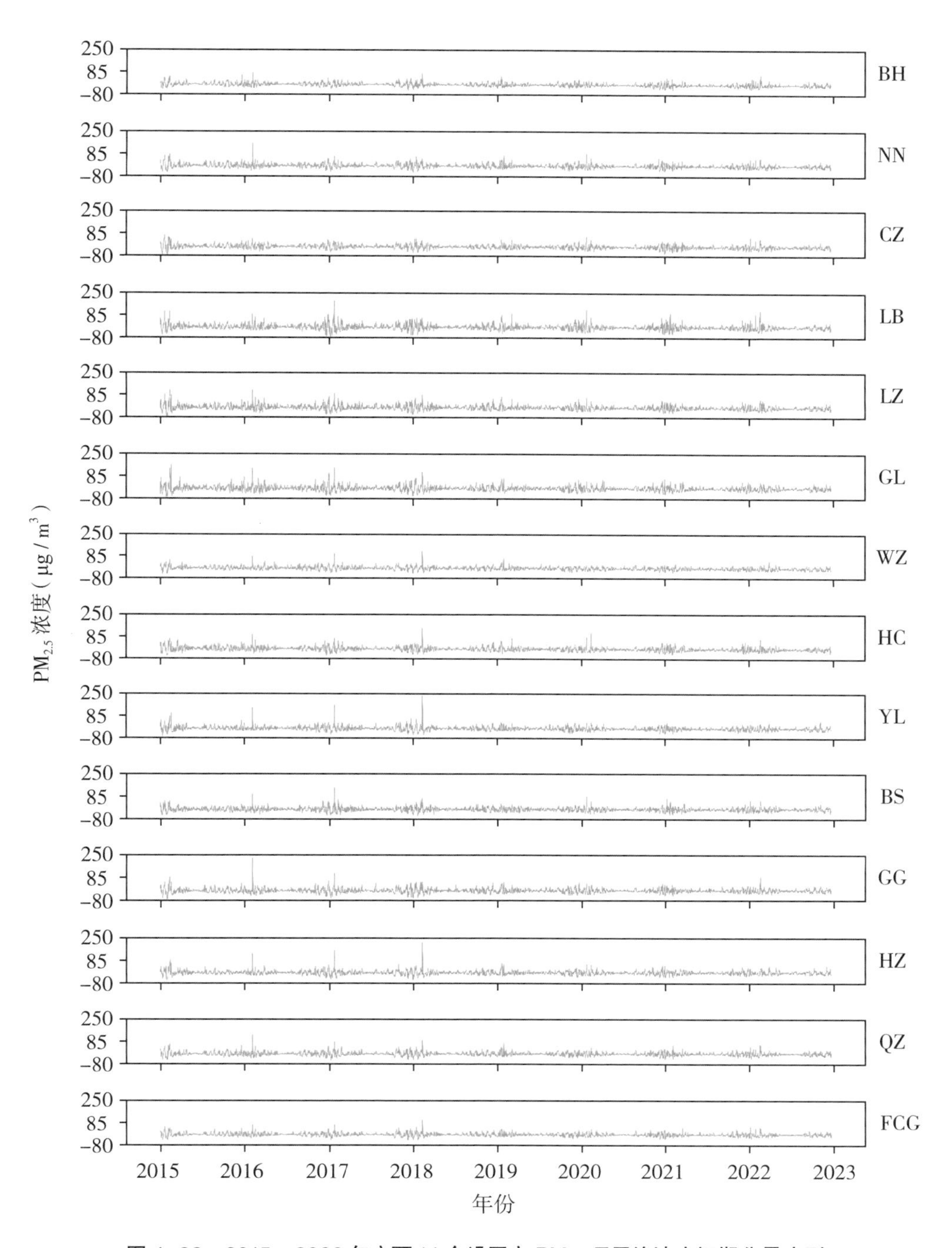

图 4-32　2015—2022 年广西 14 个设区市 $PM_{2.5}$ 日平均浓度短期分量序列

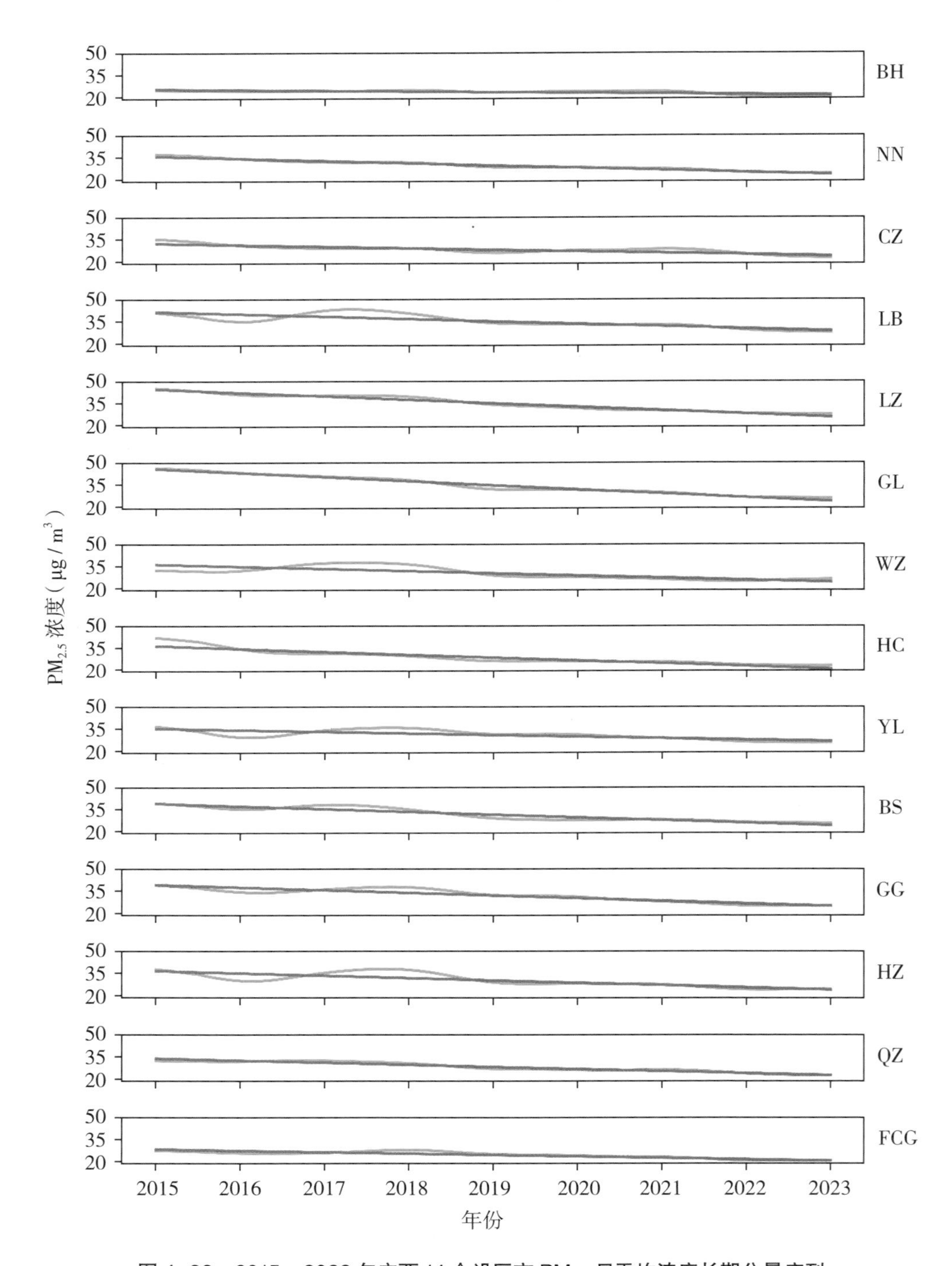

图 4-33　2015—2022 年广西 14 个设区市 $PM_{2.5}$ 日平均浓度长期分量序列

表4-2为2015—2022年广西14个设区市$PM_{2.5}$日平均浓度各分量方差及其总和。由该表可见，各市各分量方差之和均为90%左右，基本满足分量独立性要求，说明研究所使用KZ滤波对$PM_{2.5}$日平均浓度有较良好的分解效果。除北海外，各市贡献率从大到小均依次为短期分量、季节分量、长期分量。北海$PM_{2.5}$日平均浓度季节分量贡献率更高，表明北海$PM_{2.5}$浓度受季节变化影响较明显，即$PM_{2.5}$浓度的高值和低值都是季节性变化。考虑北海北部的合浦县及铁山港区冬季甘蔗秸秆焚烧在东北气流影响下对市区$PM_{2.5}$浓度影响较大，而夏季主导西南季风，干净的海洋性气流使得北海$PM_{2.5}$浓度较低，这种现象非常符合这一季节性变化特征。作为沿海城市的钦州和防城港在一定程度上也表现出类似于北海的季节性变化特征。总体上，广西各市的短期分量方差贡献明显占较大比重，基本在50%以上，长期分量的方差贡献最小，仅为0.62%～6.26%不等，其中桂林、梧州、河池、百色和柳州长期分量方差贡献相对较大，均超过5.3%，表明这些城市污染物排放相对较高。从各分量方差贡献看，原始$PM_{2.5}$日平均浓度序列的波动主要由短期和季节分量所贡献，其浓度变化主要由排放源及气象要素的中短期变化引起。

表4-2　2015—2022年广西14个设区市$PM_{2.5}$日平均浓度各分量方差及其总和

城市	短期分量	季节分量	长期分量	分量方差之和
北海	41.80%	50.48%	0.62%	92.89%
南宁	55.99%	32.66%	3.26%	91.91%
崇左	53.38%	36.62%	1.94%	91.94%
来宾	54.27%	34.18%	2.85%	91.30%
柳州	54.72%	30.87%	5.30%	90.89%
桂林	56.53%	28.15%	6.26%	90.95%
梧州	53.21%	30.45%	6.04%	89.70%
河池	57.13%	27.69%	5.70%	90.52%
玉林	57.35%	30.65%	2.35%	90.35%
百色	55.84%	31.46%	5.39%	92.68%
贵港	54.32%	32.71%	3.73%	90.77%
贺州	53.23%	31.10%	4.15%	88.48%
钦州	47.63%	42.64%	2.50%	92.77%
防城港	51.12%	39.30%	2.14%	92.56%

（2）气象要素与 $PM_{2.5}$ 浓度相关性分析。

图 4–34 至图 4–47，展示了 2015—2022 年广西 14 个设区市 8 年间不同季节（MAM 代表春季，JJA 代表夏季，SON 代表秋季，DJF 代表冬季）各气象要素与 $PM_{2.5}$ 浓度的散点分布及相关系数。整体而言，全区各市 $PM_{2.5}$ 浓度与气压（P）呈正相关，与气温（T）、相对湿度（RH）、风速（W）和降水量（PRE）呈负相关。北海 $PM_{2.5}$ 浓度与气压相关系数最高（通过置信度为 99% 的显著性检验），达到 0.69，说明高压不利于北海 $PM_{2.5}$ 浓度改善。具体表现为冷高压影响下，偏北气流南下遇到北部湾海洋气流形成辐合，污染物容易累积，易二次生成。北海 $PM_{2.5}$ 浓度与气温相关系数最高（通过置信度为 99% 的显著性检验），达到 −0.64，说明北海气温越高，$PM_{2.5}$ 浓度越低。具体表现为，在夏季，北海盛行西南季风，气温高、边界层高，大气扩散条件有利，$PM_{2.5}$ 浓度较低；而在冬季，北海是典型的海边城市，气温越高，海洋性气候越明显，$PM_{2.5}$ 浓度越低。梧州 $PM_{2.5}$ 浓度与相对湿度相关系数最高（通过置信度为 99% 的显著性检验），达到 −0.46，说明梧州相对湿度越高越有利于 $PM_{2.5}$ 浓度的降低。梧州扬尘源贡献较明显，夜间 PM_{10} 浓度较高，$PM_{2.5}$ 同步高，因此湿度高有利于颗粒物沉降。崇左 $PM_{2.5}$ 浓度与降水量相关系数最高（通过置信度为 99% 的显著性检验），达到 −0.5，说明降水对崇左 $PM_{2.5}$ 浓度改善较明显。柳州和贵港 $PM_{2.5}$ 浓度与风速相关系数最高（通过置信度为 99% 的显著性检验），相关系数均为 −0.34，说明柳州和贵港 $PM_{2.5}$ 浓度变化对风速敏感性比其他城市高。

从不同季节看，各市 $PM_{2.5}$ 浓度与气象要素的相关性又有些差异，大部分城市春季 $PM_{2.5}$ 浓度与降水量和风速相关性较强；夏季与相对湿度和风速相关性较强；秋季与相对湿度和降水量相关性较强；冬季与降水量和风速相关性较强。总体上，南宁、桂林、柳州、来宾和贵港各季节 $PM_{2.5}$ 浓度与各气象要素相关性总体一致；钦州、北海和防城港沿海 3 市各季节 $PM_{2.5}$ 浓度与各气象要素相关性总体一致；河池、百色和崇左各季节 $PM_{2.5}$ 浓度与各气象要素相关性总体一致；贺州、梧州和玉林各季节 $PM_{2.5}$ 浓度与各气象要素相关性总体一致。

分季节与全部时段相关性分析差别较大的是气温，$PM_{2.5}$ 浓度与全时段气温呈负相关，但在冬季大部分城市 $PM_{2.5}$ 浓度与气温呈正相关，特别是柳州、桂林、梧州、贵港、玉林、百色、贺州、河池、来宾和崇左等市。在盛行东北风的冬季，气温越高说明冷空气影响已经趋于结束，大气扩散条件逐步转差，故 $PM_{2.5}$ 会逐步累积而升高浓度。

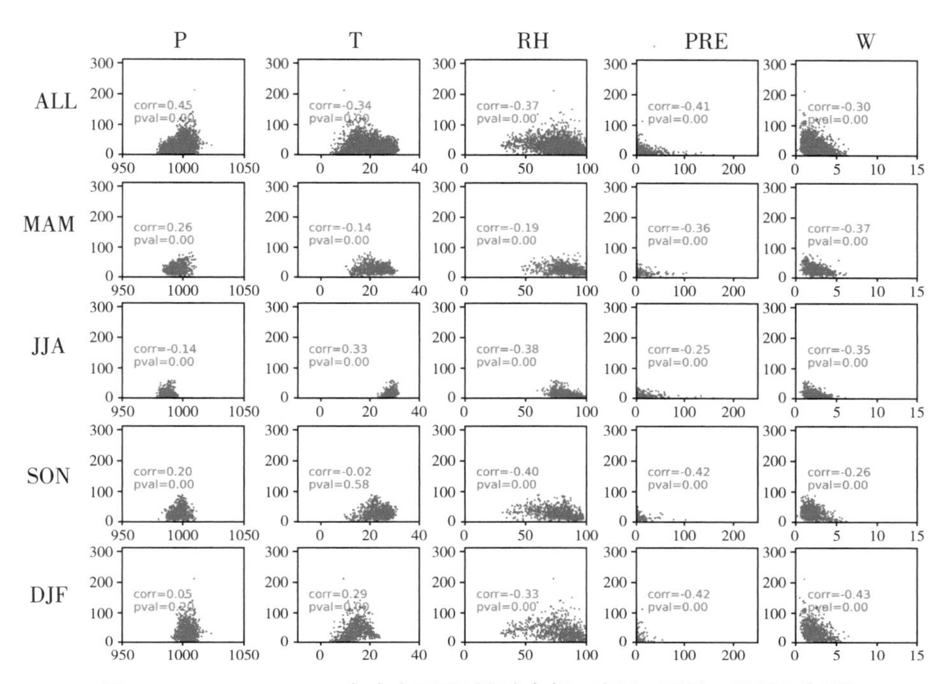

图 4-34　2015—2022 年南宁不同时段（全部、春季、夏季、秋季和冬季）气象各要素与 $PM_{2.5}$ 浓度散点分布及相关系数

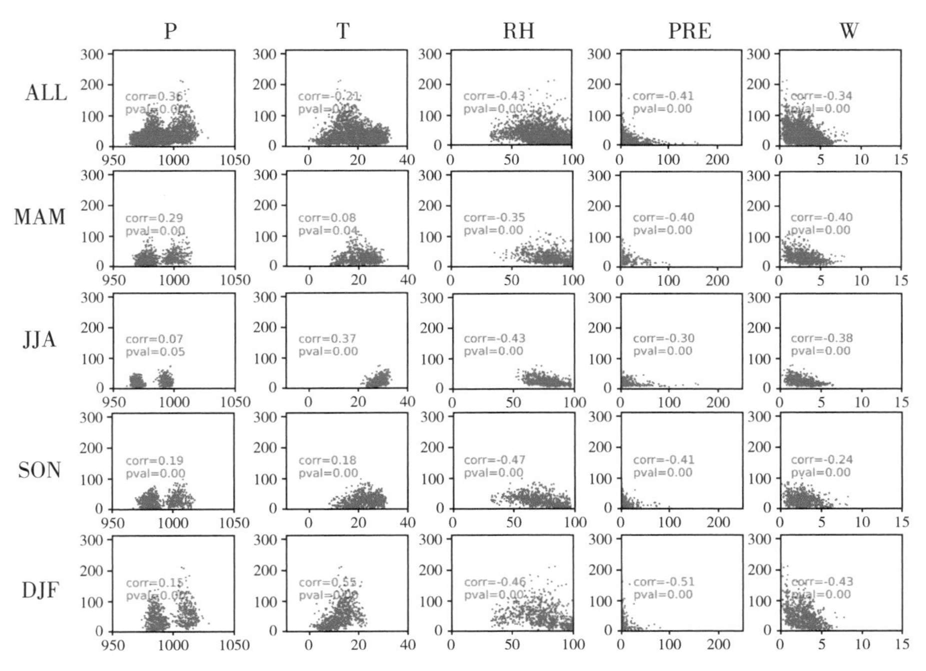

图 4-35　2015—2022 年柳州不同时段（全部、春季、夏季、秋季和冬季）气象各要素与 $PM_{2.5}$ 浓度散点分布及相关系数

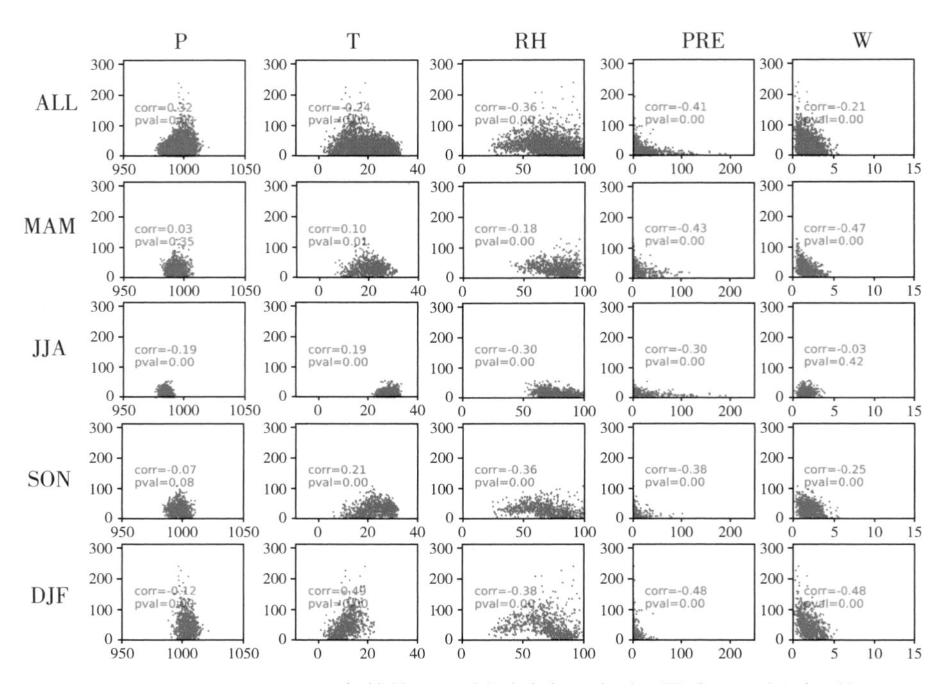

图 4-36　2015—2022 年桂林不同时段（全部、春季、夏季、秋季和冬季）气象各要素与 $PM_{2.5}$ 浓度散点分布及相关系数

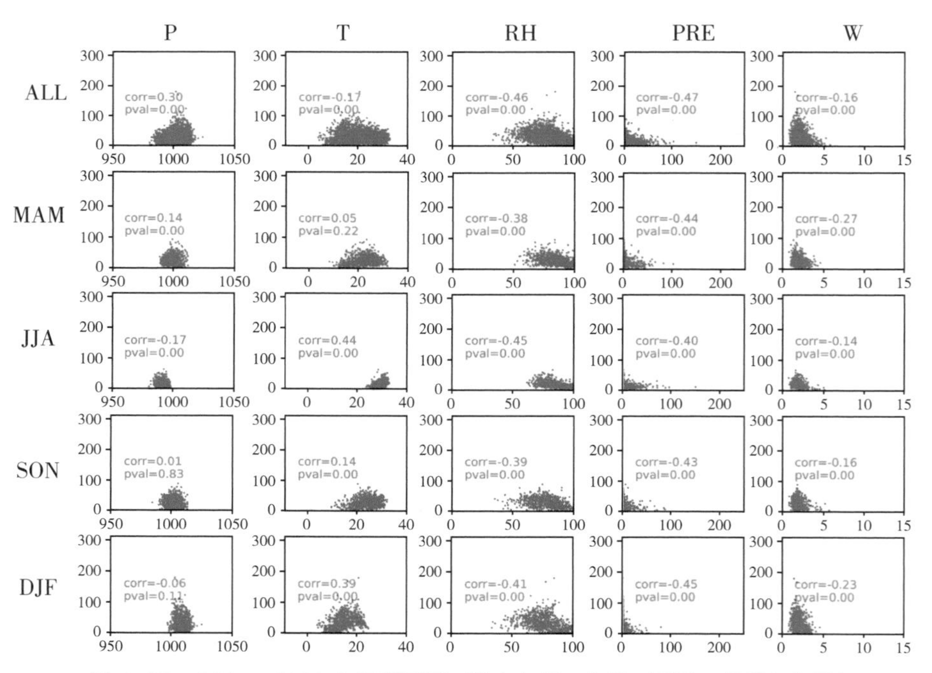

图 4-37　2015—2022 年梧州不同时段（全部、春季、夏季、秋季和冬季）气象各要素与 $PM_{2.5}$ 浓度散点分布及相关系数

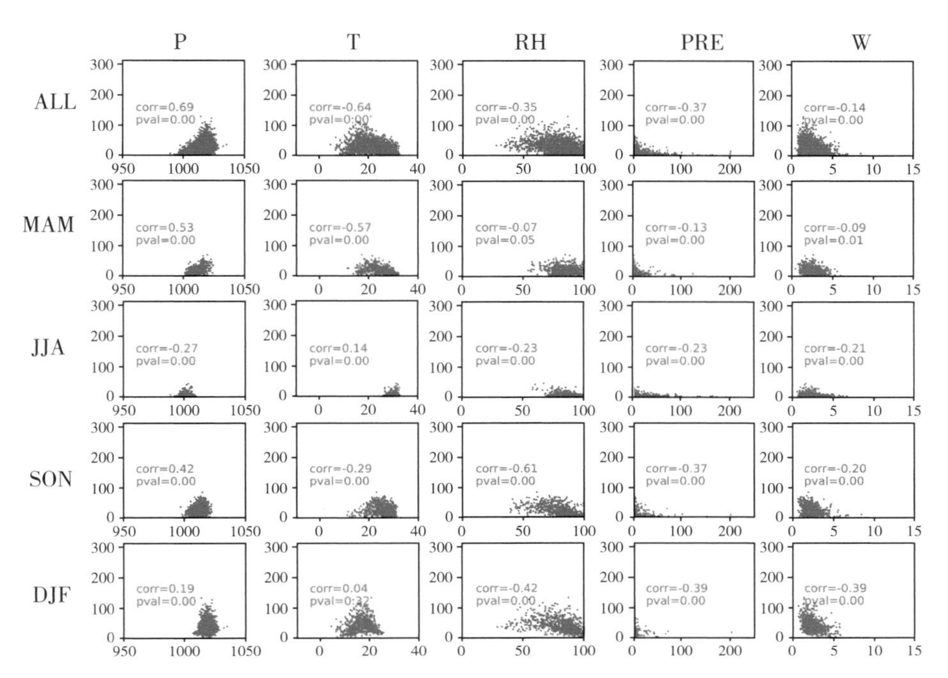

图 4-38　2015—2022 年北海不同时段（全部、春季、夏季、秋季和冬季）气象各要素与 $PM_{2.5}$ 浓度散点分布及相关系数

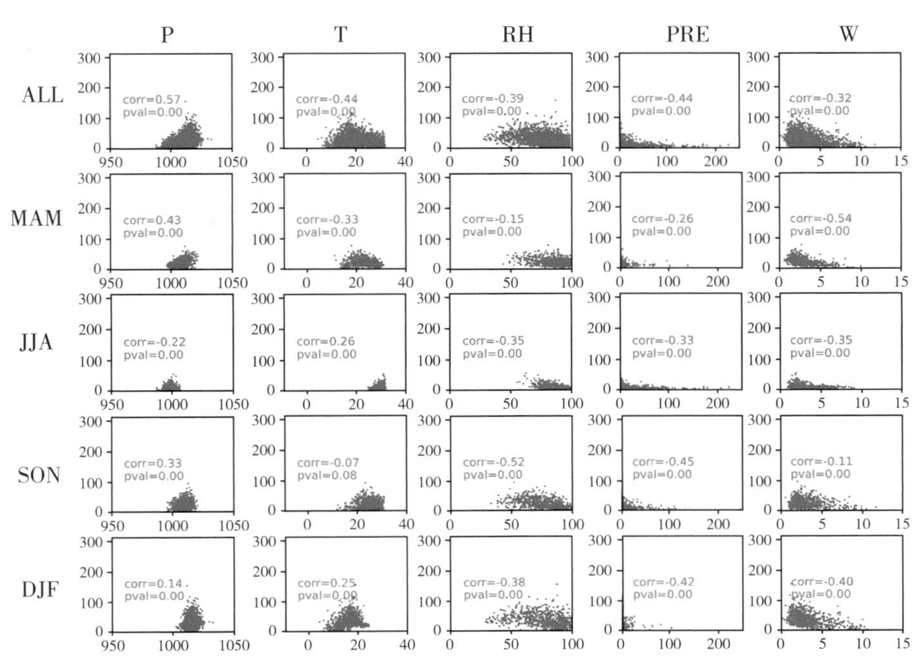

图 4-39　2015—2022 年防城港不同时段（全部、春季、夏季、秋季和冬季）气象各要素与 $PM_{2.5}$ 浓度散点分布及相关系数

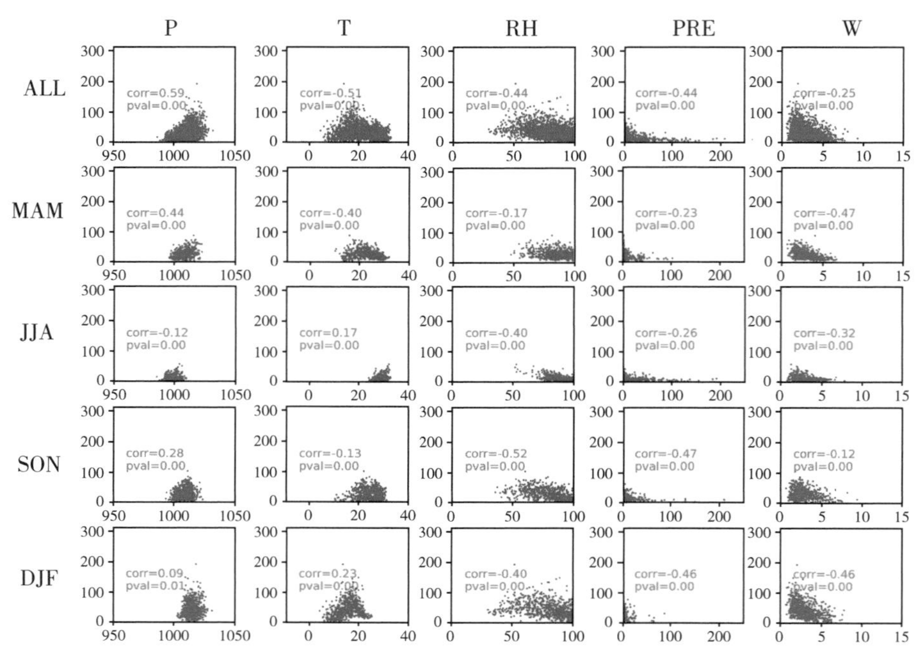

图 4-40　2015—2022 年钦州不同时段（全部、春季、夏季、秋季和冬季）气象各要素与 $PM_{2.5}$ 浓度散点分布及相关系数

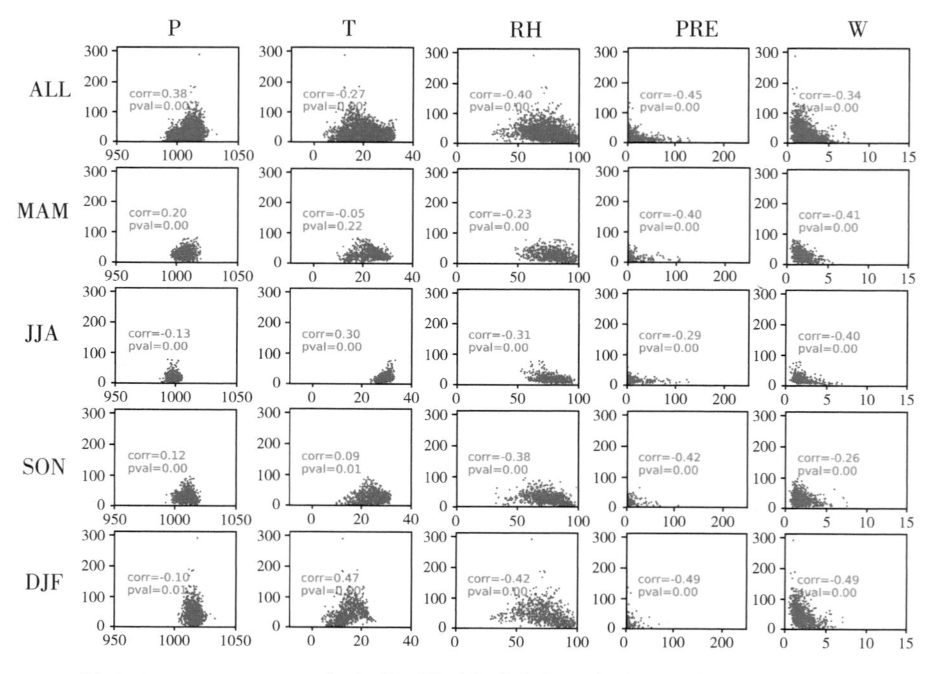

图 4-41　2015—2022 年贵港不同时段（全部、春季、夏季、秋季和冬季）气象各要素与 $PM_{2.5}$ 浓度散点分布及相关系数

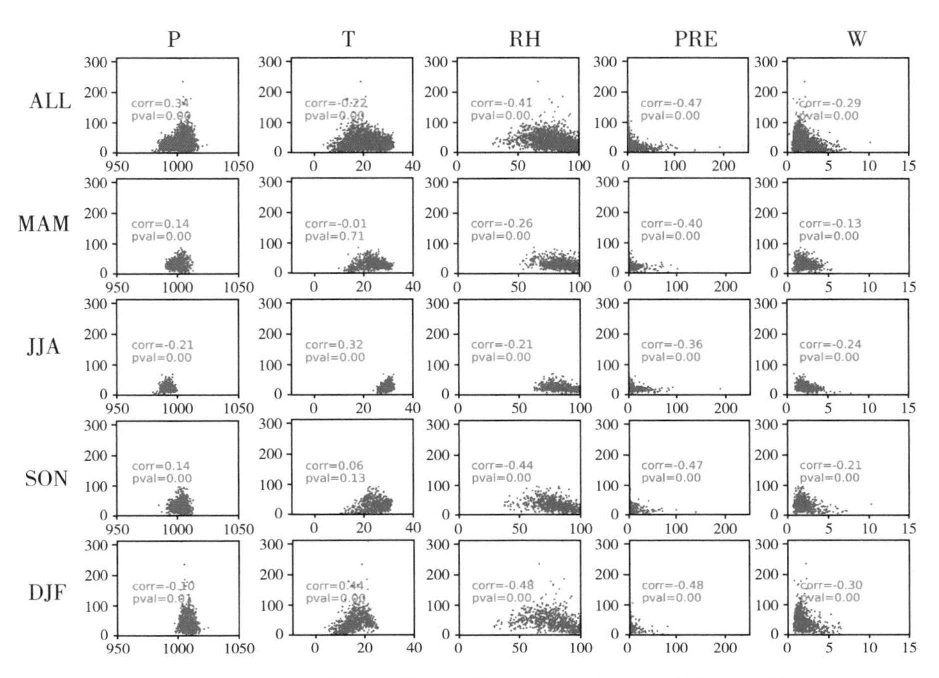

图 4-42　2015—2022 年玉林不同时段（全部、春季、夏季、秋季和冬季）气象各要素与 $PM_{2.5}$ 浓度散点分布及相关系数

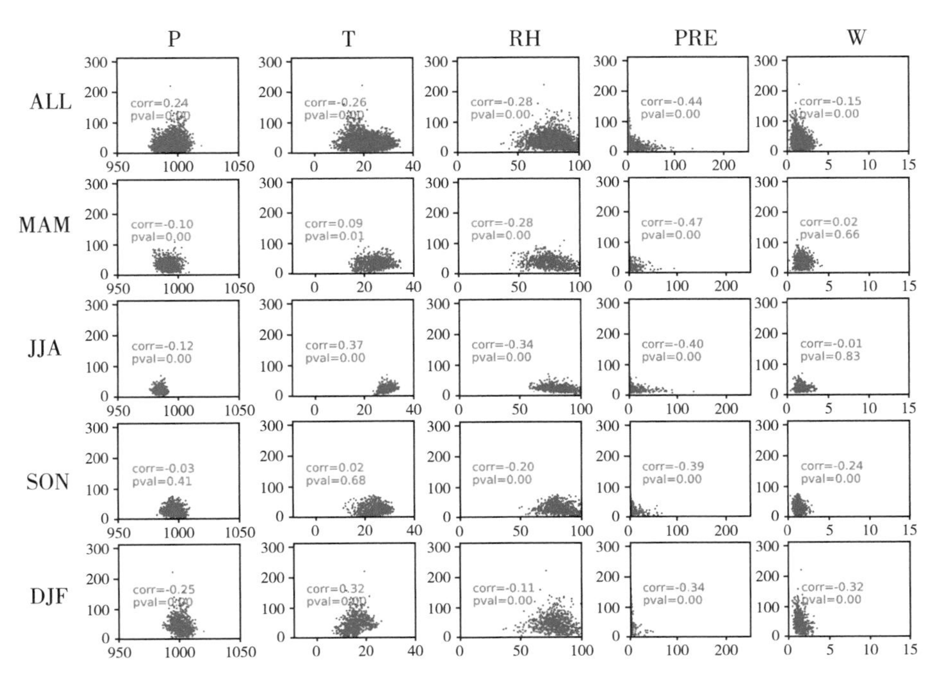

图 4-43　2015—2022 年百色不同时段（全部、春季、夏季、秋季和冬季）气象各要素与 $PM_{2.5}$ 浓度散点分布及相关系数

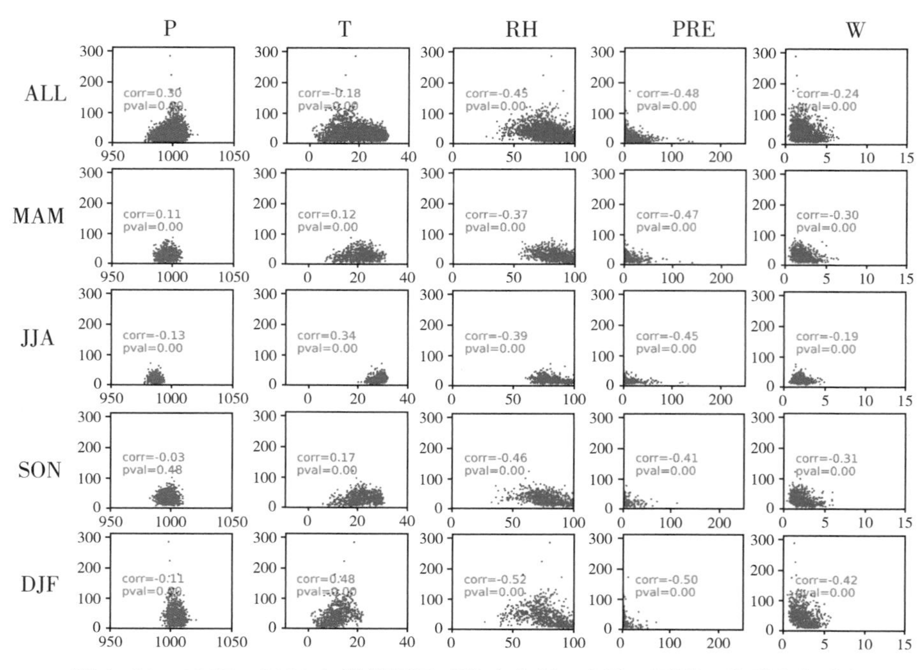

图 4-44　2015—2022 年贺州不同时段（全部、春季、夏季、秋季和冬季）气象各要素与 $PM_{2.5}$ 浓度散点分布及相关系数

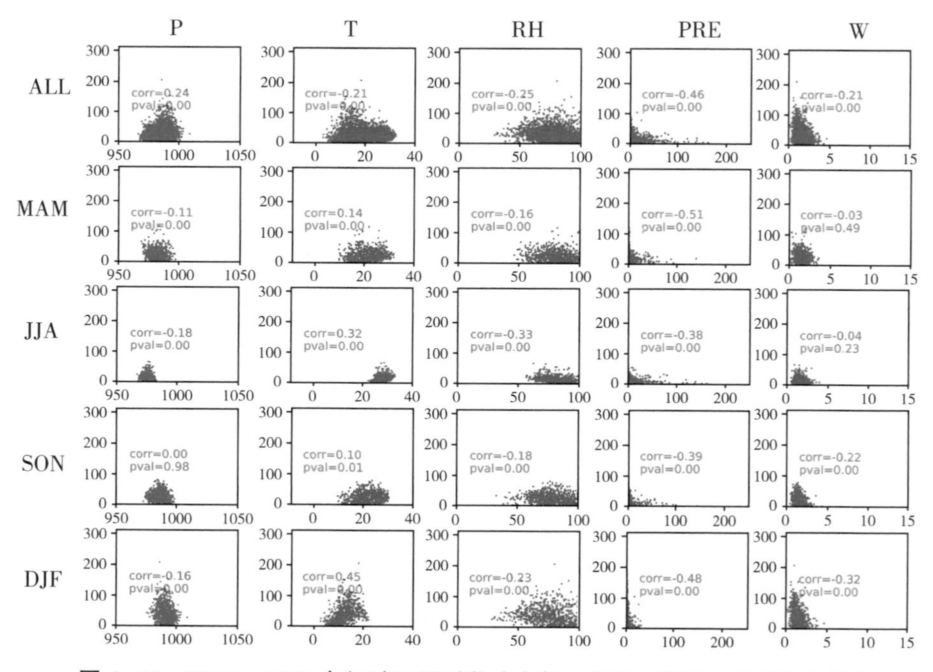

图 4-45　2015—2022 年河池不同时段（全部、春季、夏季、秋季和冬季）气象各要素与 $PM_{2.5}$ 浓度散点分布及相关系数

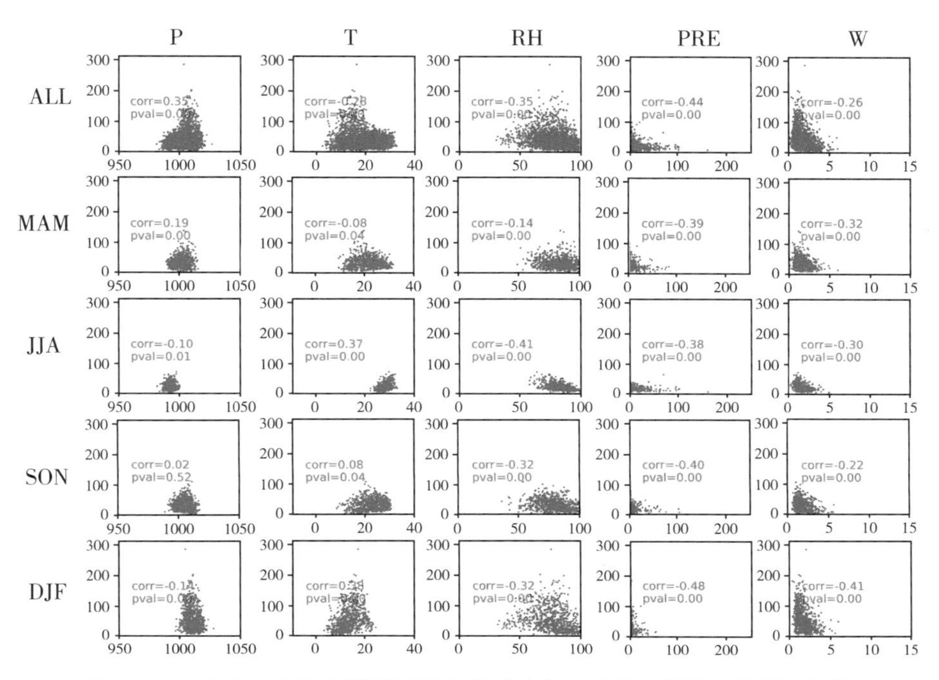

图 4–46　2015—2022 年来宾不同时段（全部、春季、夏季、秋季和冬季）气象各要素与 $PM_{2.5}$ 浓度散点分布及相关系数

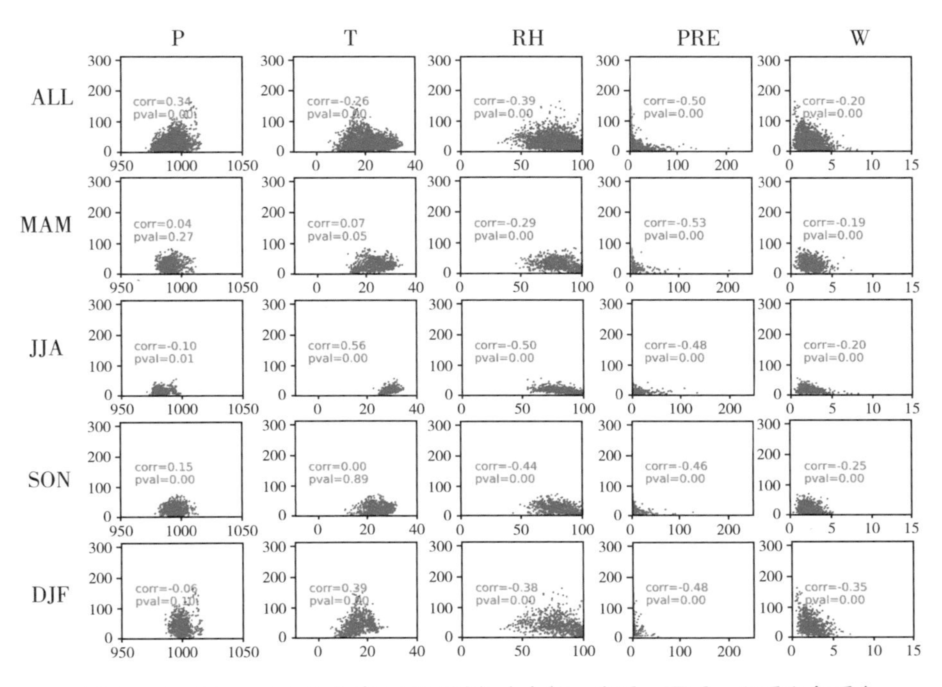

图 4–47　2015—2022 年崇左不同时段（全部、春季、夏季、秋季和冬季）气象各要素与 $PM_{2.5}$ 浓度散点分布及相关系数

（3）剔除气象要素的 $PM_{2.5}$ 浓度变化趋势。

基于 $PM_{2.5}$ 浓度与气象要素相关性分析建立回归方程，多元线性回归中使用气压（P）、温度（T）、相对湿度（RH）、降水（PRE）、风速（W）对 $PM_{2.5}$ 在短期尺度与基线尺度进行构建，分别取其残差序列进行相加，即得到了总残差序列。对于获得的残差序列，再次进行 KZ（365，3）滤波，在长期尺度上消除可能存在的其他气象要素影响。将滤波后的残差序列叠加到长期分量的平均值上，即获得了重建后的长期分量序列，尽可能剔除气象条件的影响。将重建前后的长期分量序列相比较，即可获得气象条件在长期尺度上对 $PM_{2.5}$ 浓度的影响贡献。

由上述分析可得，长期分量的分离对研究 $PM_{2.5}$ 浓度长期变化趋势具有重要作用。图 4-48 为 2015—2022 年广西 14 个设区市 $PM_{2.5}$ 日平均浓度长期分量序列与经气象调整后的长期分量序列对比，呈现了原始长期分量序列与经过气象调整（即剔除长期气象要素波动影响）重建后的 $PM_{2.5}$ 浓度长期分量序列的对比及二者差值。正值说明无气象条件的 $PM_{2.5}$ 浓度更高，气象条件有利于 $PM_{2.5}$ 浓度降低；反之，为负值时，说明气象条件不利于 $PM_{2.5}$ 浓度降低。从图中可见，长期分量存在下降趋势的城市，其重建长期分量亦呈现出下降趋势，但各市两者差值变化存在差别：钦州、南宁、柳州、贵港和防城港 5 个市二者的差值呈明显的正值转负值趋势，说明 8 年间这些城市的气象条件其实是不利于 $PM_{2.5}$ 浓度降低的；北海、崇左、来宾、桂林、梧州、河池、玉林、百色和贺州 9 个市气象条件贡献不明显。

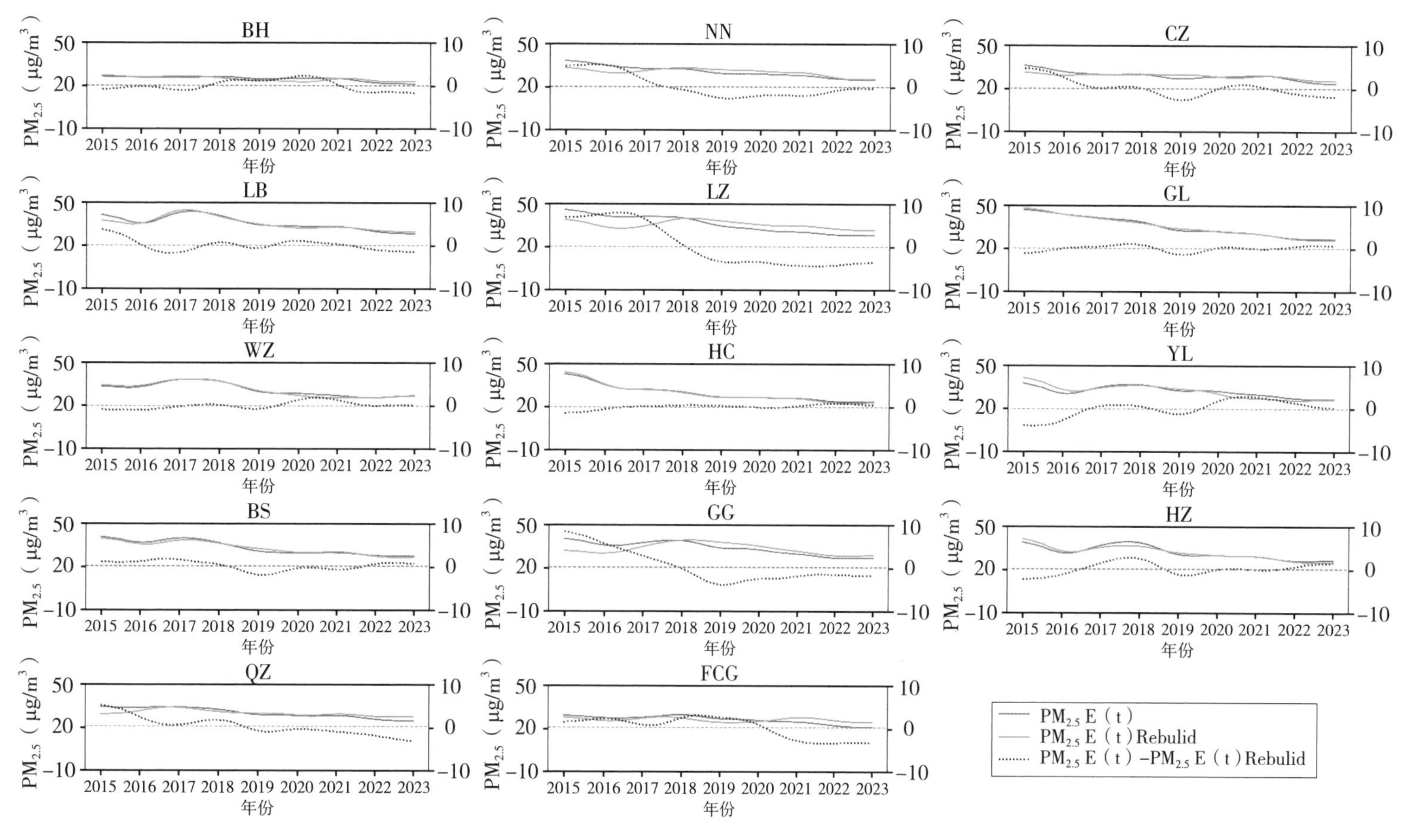

图 4-48　2015—2022 年广西 14 个设区市 $PM_{2.5}$ 日平均浓度长期分量序列与经气象调整后的长期分量序列对比

二、广西大气污染特征分析

（一）技术方法

运用 EOF（经验正交分解）方法可对 2015—2022 年广西各市 O_3 和 $PM_{2.5}$ 浓度进行分解研究和分析。EOF 是对时空数据进行降维分析的方法，在气象领域应用较广泛，主要研究气象要素场的时空分布规律。它将大量观测数据的要素场分解为只依赖于时间函数和空间函数的乘积之和，从而客观定量地反映要素场的变化，其基本原理是将由 m 个空间点 n 次观测（样本时间长度）构成的变量矩阵 X_{mn} 合引体分解为空间特征向量矩阵 V 和对应时间系数矩阵 Z 的线性组合。在环境学数据分析中，特征向量对应空间样本，称为空间模态；主成分对应时间变化，称为时间系数。

将广西 14 个设区市 2015—2022 年逐日 O_3 监测数据分解为空间特征向量矩阵 V 和相应时间系数矩阵 Z 的线性组合，即

$$X_{mn}=\begin{bmatrix} v_{11} & v_{12} & \cdots & v_{1n} \\ v_{21} & v_{22} & \cdots & v_{2n} \\ \vdots & \vdots & & \vdots \\ v_{m1} & v_{m2} & \cdots & v_{mn} \end{bmatrix}\begin{bmatrix} z_{11} & z_{12} & \cdots & z_{1n} \\ z_{21} & z_{22} & \cdots & z_{2n} \\ \vdots & \vdots & & \vdots \\ z_{m1} & z_{m2} & \cdots & z_{mn} \end{bmatrix} \tag{4-5}$$

式中，X_{mn} 为第 m 个城市空间点的第 n 次观测值。通过 MATLAB 软件将 X_{mn} 作距平处理，求出实对称矩阵的特征根 λ_m 和特征向量 v_m，计算第 i 个特征向量的方差贡献率 ρ_i 和前 p 个特征向量的累积方差贡献率 P_i。

$$\rho_i=\frac{\lambda_i}{\sum_{i=1}^{m}\lambda_i} \tag{4-6}$$

$$P_i=\frac{\sum_{i=1}^{p}\lambda_i}{\sum_{i=1}^{m}\lambda_i} \tag{4-7}$$

（二）O_3 污染时空变化特征

用 MATLAB 软件对 2015—2022 年广西 14 个设区市 O_3 浓度日平均值进行 EOF 经验正交分解，得到前 3 个特征向量的方差贡献率分别为 73.2%、8.6% 和 5.0%，基本反映了广西 O_3 浓度变化的时空模态的主要特征。各模态的时间系数作为特征向量的权重，反映了不同时间对这种空间分布贡献的大小。根据计算结果，总累计方差贡献率为 86.8%，其中第 1 特征向量方差贡献率为 73.2%，远大于其他特征向量贡献率，表明该 EOF 分析结果比较理想。

EOF 第一模态的方差贡献率为 73.2%，反映了 2015—2022 年 O_3 浓度的平均状态，代表了 8 年来广西 O_3 浓度随时间变化特征的分布场。由图 4–49 可见，第 1 特征向量呈一致的正值，表明广西 O_3 浓度空间变化趋势具有同步性，高值区位于广西中部的贵港和来宾，低值区位于广西西部的百色和河池，反映出多年来广西 O_3 浓度形成以贵港和来宾为高值中心，逐渐向东北部及东南部扩散的趋势。第一模态时间系数振荡幅度在 -300 ～ 400 范围内，时间系数周期性振荡现象比较明显。每年 9 ～ 11 月和 4 ～ 5 月的时间系数较大，说明该时间段的 O_3 浓度对全区 O_3 浓度场的贡献率最大，恰好该时段是广西 O_3 污染天气频发时段，O_3 浓度相对较高；每年 12 月至翌年 3 月的时间系数为负值，时值广西秋冬季，气温较低，O_3 浓度变化小，污染概率低（见图 4–50）。

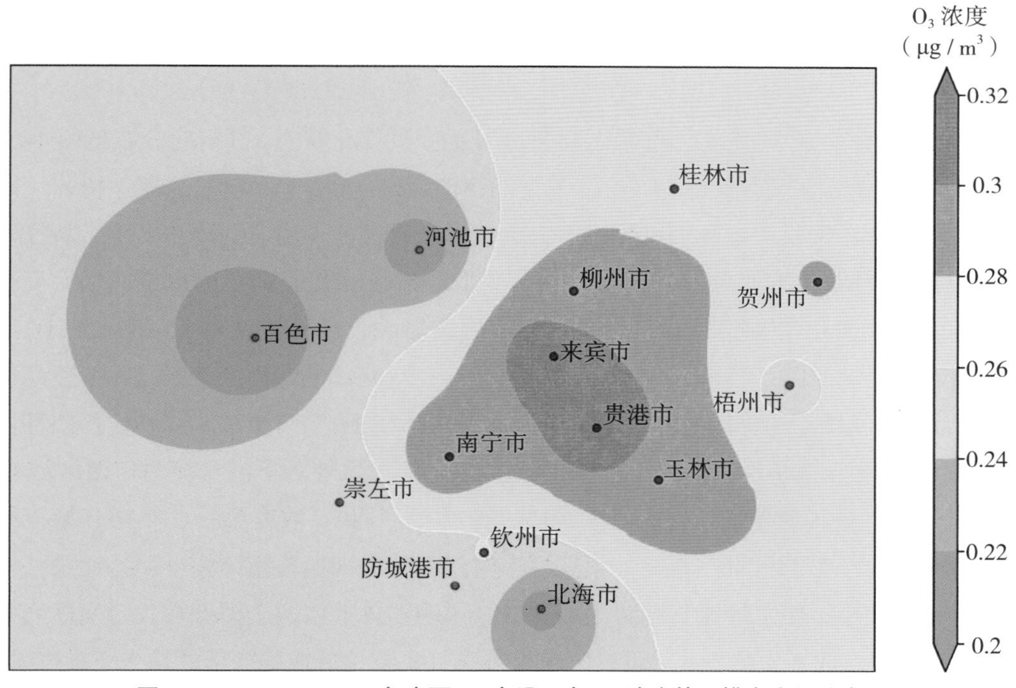

图 4–49　2015—2022 年广西 14 个设区市 O_3 浓度第一模态空间分布

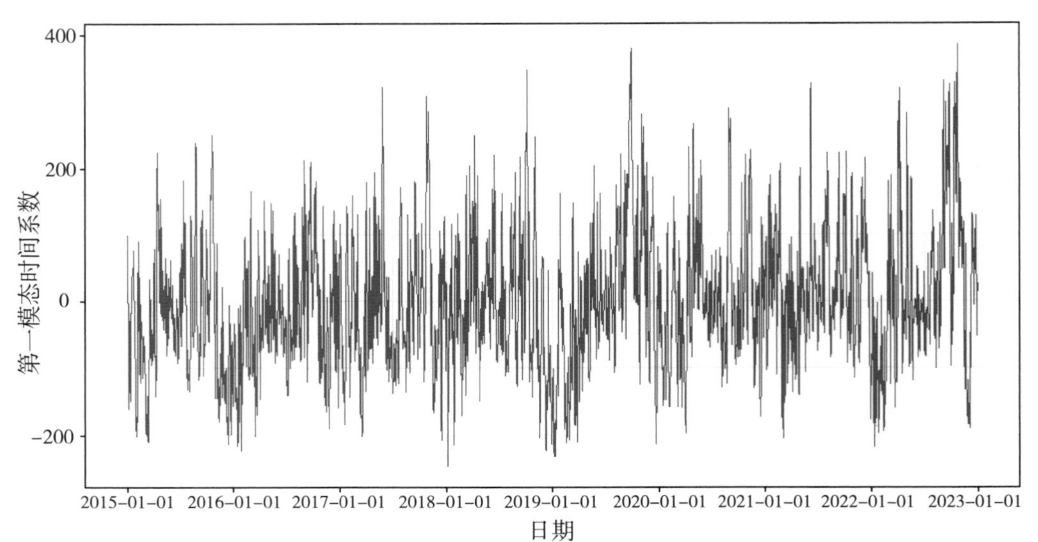

图 4-50　2015—2022 年广西 14 个设区市 O_3 浓度第一模态时间系数

EOF 第二、第三模态反映了 O_3 浓度差异的空间变化状态，其空间分布见图 4-51 和 4-52。第二模态贡献率为 8.6%，广西东南沿海区域城市，包括北海、梧州、防城港、贵港、钦州和玉林特征值为正，其他区域特征值自南向北逐步变小，特征值均为负，说明 O_3 浓度南北异常呈反相位，即北部 O_3 浓度低时，南部则较高，反映的是区域地理和气候特征对局部区域 O_3 浓度的影响，进一步说明了东南沿海 O_3 浓度相对较高的原因；第三模态贡献率为 5.0%，桂东北部的桂林和贺州是特征值高值点，其他区域特征值自桂东北向桂西南逐步变小，说明广西桂东北部和桂西南部也存在 O_3 浓度异常呈反相位的特征，该特征反映了台风外围下沉气流对广西区域 O_3 空间分布特征的影响。图 4-53 为 2015—2022 年广西 O_3 浓度第一、第二、第三模态时间系数。由图可见，第二、第三模态时间系数周期振荡整体幅度明显比第一模态时间系数小，但总体变化趋势是一致的，说明整体上该两个模态在长时间序列中表现不明显，或者贡献不大，可以解释为特殊气象条件造成的区域性输送贡献影响。

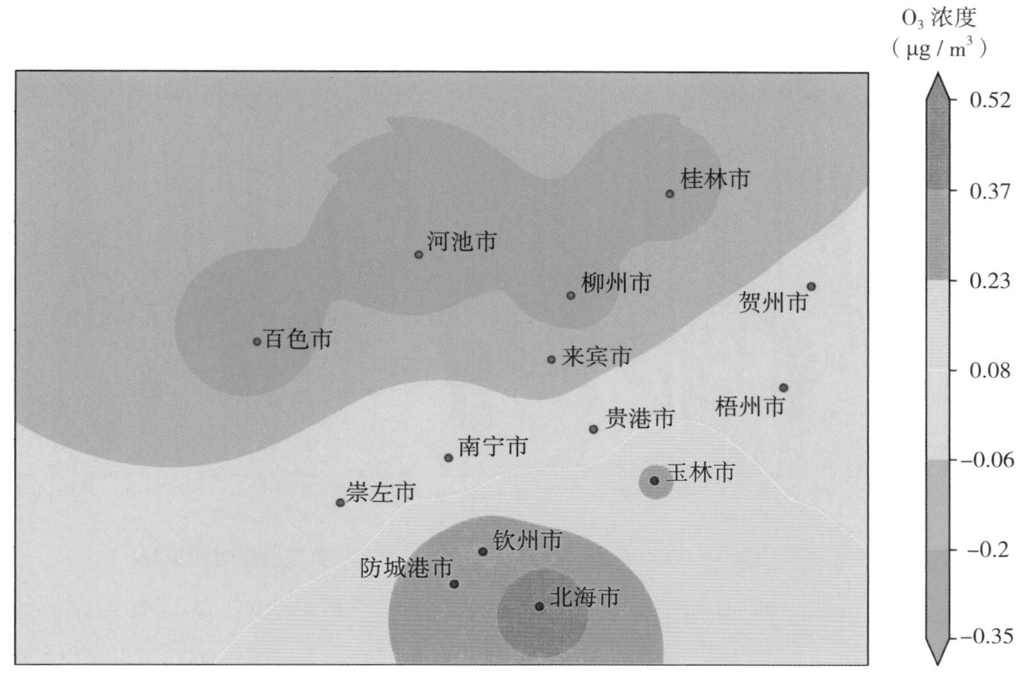

图 4–51　2015—2022 年广西 14 个设区市 O_3 浓度第二模态空间分布

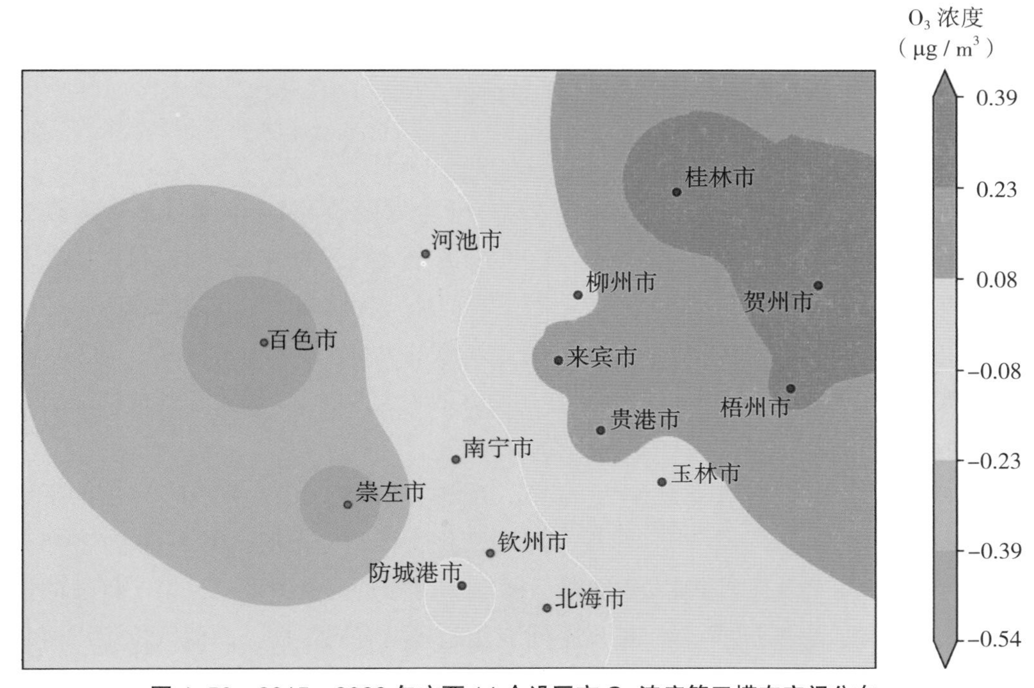

图 4–52　2015—2022 年广西 14 个设区市 O_3 浓度第三模态空间分布

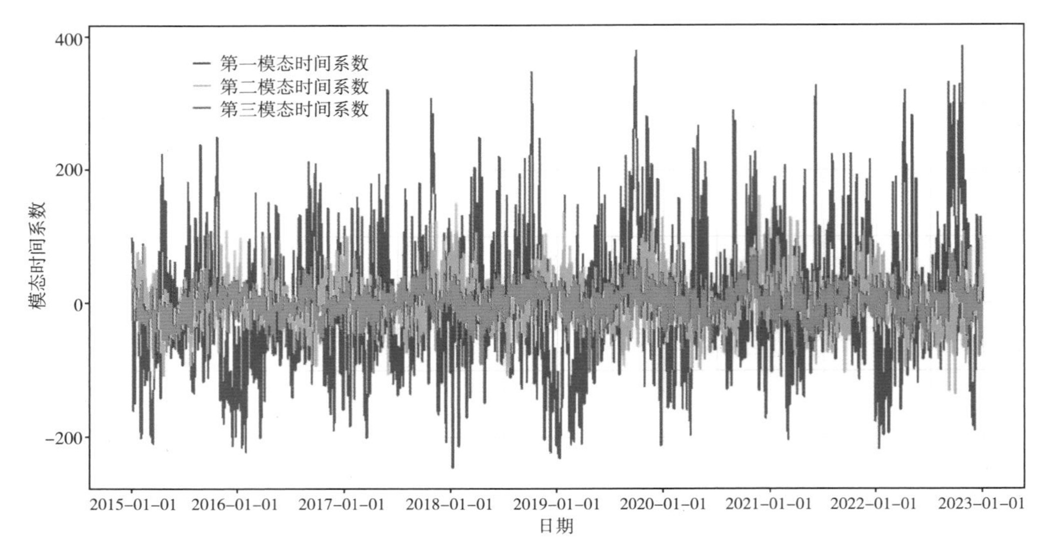

图 4-53　2015—2022 年广西 O_3 浓度第一、第二、第三模态时间系数

从 EOF 第一、第二、第三模态 O_3 浓度变化特征可以看出，第一模态 O_3 浓度以本地生成为主，浓度波动受大区域大气环流影响较小。2015—2022 年广西 O_3 浓度平均超标率仅为 1.3%，从 O_3 污染的典型天气和 O_3 污染发生的区域推测，该部分的污染天应该是属于第二和第三模态居多，反映的是区域地理和气候特征对局部区域 O_3 浓度的影响，进一步说明了广西 O_3 污染主要受气象因素影响，特别是台风外围影响，这也是广西 O_3 污染的最主要的特征。

（三）$PM_{2.5}$ 污染时空变化特征

用 MATLAB 软件对 2015—2022 年广西 14 个设区市 $PM_{2.5}$ 浓度日平均值进行 EOF 经验正交分解，前 3 个特征向量的方差贡献率分别为 80.4%、5.8% 和 3.4%，基本反映了广西 $PM_{2.5}$ 浓度变化时空模态的主要特征。各模态的时间系数作为特征向量的权重，反映了不同时间对这种空间分布贡献的大小。根据计算结果，总累计方差贡献率为 89.5%，其中第 1 特征向量方差贡献率为 80.4%，远大于其他特征向量贡献率，表明该 EOF 分析结果比较理想。

EOF 第一模态的方差贡献率为 80.4%，反映了 2015—2022 年 $PM_{2.5}$ 浓度的平均状态，代表了 8 年来广西 $PM_{2.5}$ 浓度随时间变化特征的分布场。图 4-54 为 2015—2022 年广西 14 个设区市 $PM_{2.5}$ 浓度第一模态空间分布。由图可见，第 1 特征向量呈一致的正值，表明广西 $PM_{2.5}$ 浓度空间变化趋势具有同步性，高值区位于广西北部的桂林、柳州及中部的来宾，低值区位于南部的防城港、北海，东部的梧州和西部的百色，反映出广西 $PM_{2.5}$ 浓度形成以来宾、柳州和桂林为高值中心，逐渐向中部及南部扩散的趋势。图 4–55 为 2015—2022 年广西 $PM_{2.5}$ 浓度第一模态时间系数。由图可见，当对应的时间系数大于 0 时，广西各城市 $PM_{2.5}$ 浓度普遍较高，时间系数周期性振荡现象比较明显，每年 1—2 月、2016 年 2 月及 12 月的时间系数较大，说明该时间段的 $PM_{2.5}$ 浓度对广西 $PM_{2.5}$ 浓度场的贡献率最大。该时段正值广西秋冬季，大气边界层相对较低，大气扩散条件差，叠加广西秸秆焚烧和烟花爆竹集中燃放影响，区域性大气污染过程频发；每年 5—8 月的时间系数为负值，与广西该时段降水充沛、大气扩散条件有利、空气质量较好相对应。

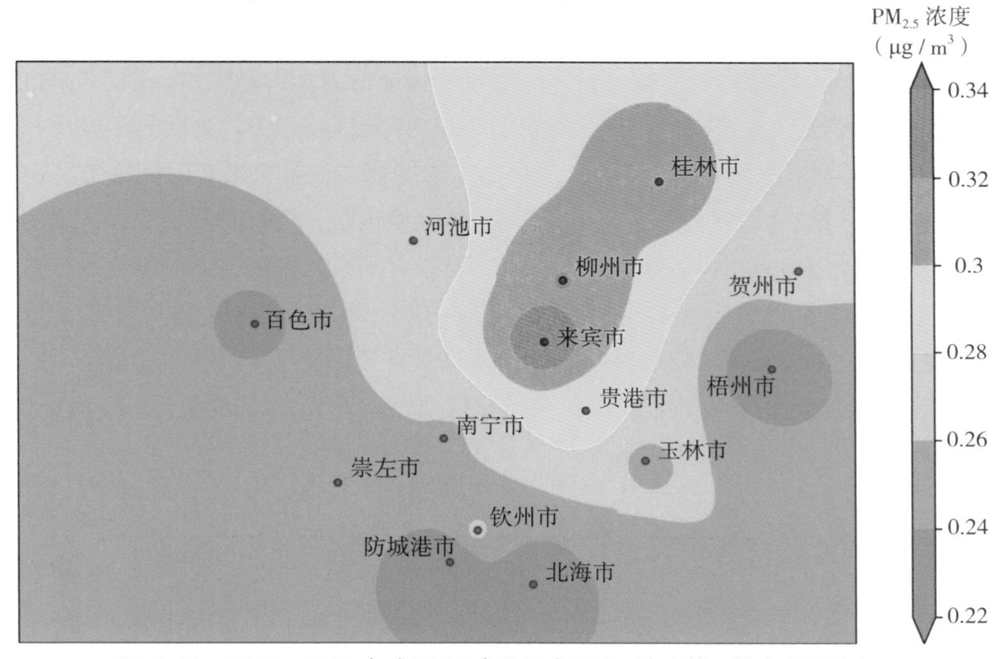

图 4–54　2015—2022 年广西 14 个设区市 $PM_{2.5}$ 浓度第一模态空间分布

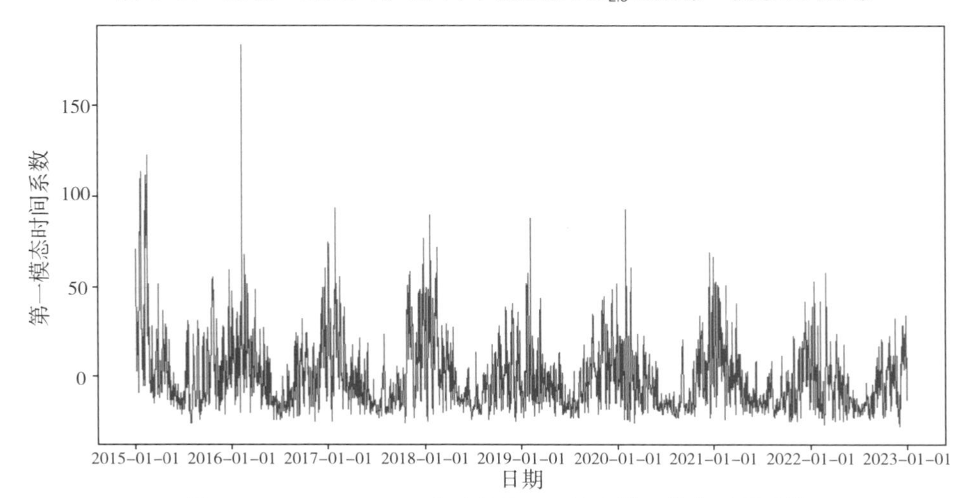

图 4–55　2015—2022 年广西 $PM_{2.5}$ 浓度第一模态时间系数

EOF 第二、第三模态反映了 $PM_{2.5}$ 浓度差异的空间变化状态，其空间分布见图 4–56 和 4–57。第二模态贡献率为 5.8%，该模态空间分布将广西分成南北两个特征区域。广西东部和西部城市特征值接近 0，在该模态下对区域其他城市的污染特征无贡献。广西北部的桂林、柳州、贺州、河池的特征值为正，广西南部的南宁、崇左、北海、防城港、钦州和玉林的特征值为负，说明南北 $PM_{2.5}$ 浓度异常呈反相位，即北部 $PM_{2.5}$ 浓度降低时，南部升高。上述南北地区恰好是东北和西南两个方向，即东北风和西南风都能加剧该模态的南北差异，进一步说明了该模态下广西区域呈现大气污染南北输送特征。第三模态贡献率为 3.4%，该模态空间分布将广西分成东西两个特征区域，以贺州、桂林、玉林、梧州的特征值为正的最大值，西部的百色、河池和崇左特征值为负的最小值，说明广西东西部也存在 $PM_{2.5}$ 浓度异常呈反相位的特征。图 4–58 为 2015—2022 年广西 $PM_{2.5}$ 浓度第二、第三模态时间系数，由图可见，第二、第三模态时间系数周期振荡整体幅度比第一模态时间系数大，说明整体上该两个模态贡献小但表现特征更明显。模态时间系数振幅较大时段也是在每年 1—2 月（2016 年为 2 月及 12 月），结合模态空间分布特征判断，这可能是受冷空气过境影响，由东北风转偏东风再转偏南风的气象变化过程导致的，这也是冷空气影响广西气象演变的典型特征。该气象变化特征导致了 $PM_{2.5}$ 浓度差异的空间变化。

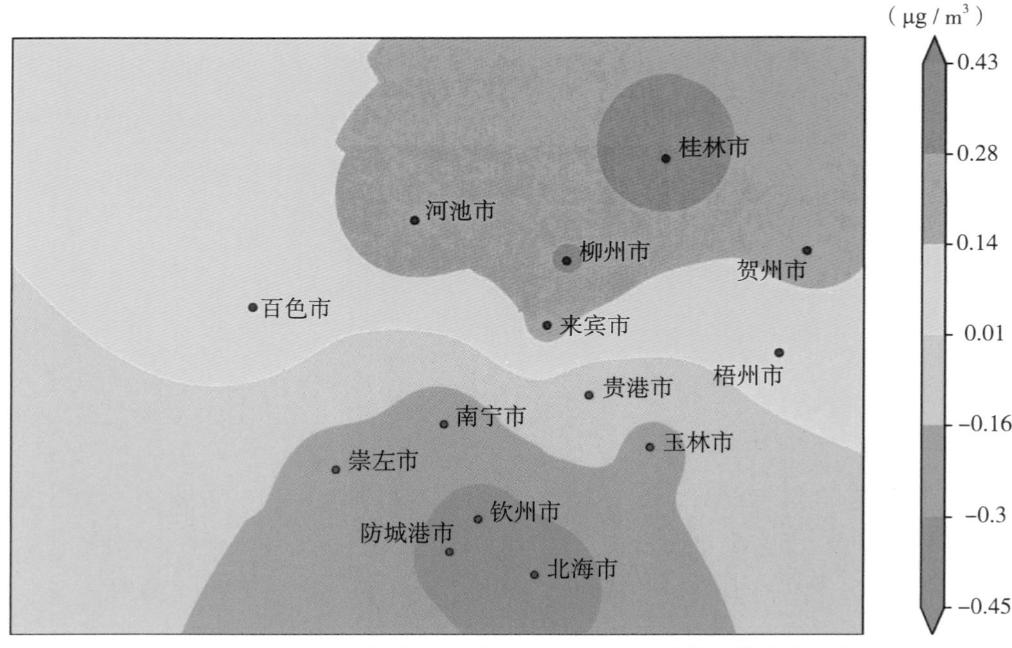

图 4–56　2015—2022 年广西 14 个设区市 $PM_{2.5}$ 浓度第二模态空间分布

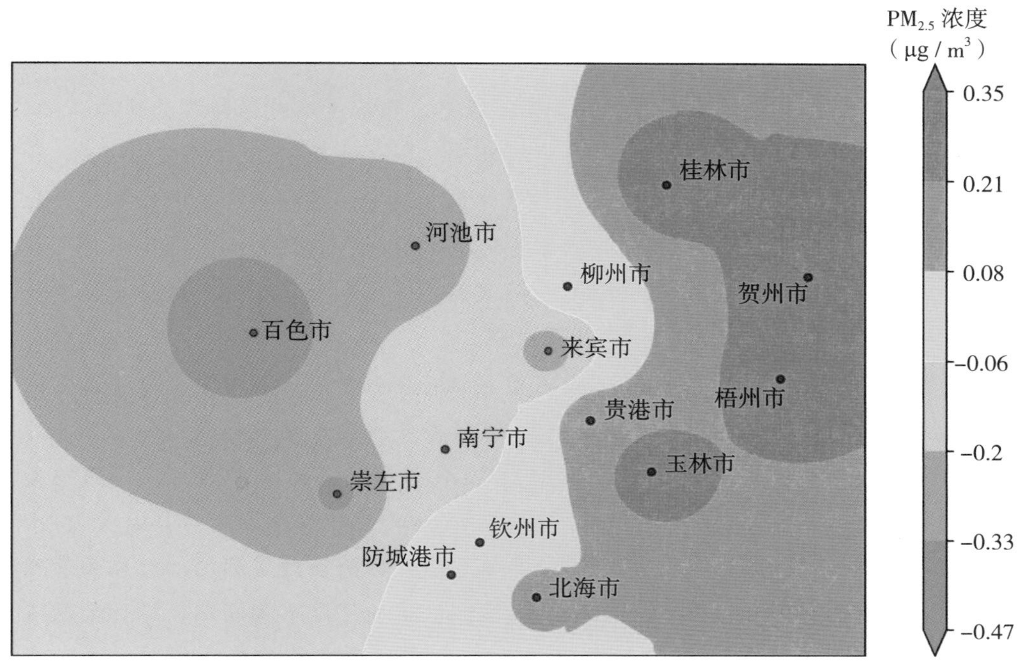

图 4-57　2015—2022 年广西 14 个设区市 $PM_{2.5}$ 浓度第三模态空间分布

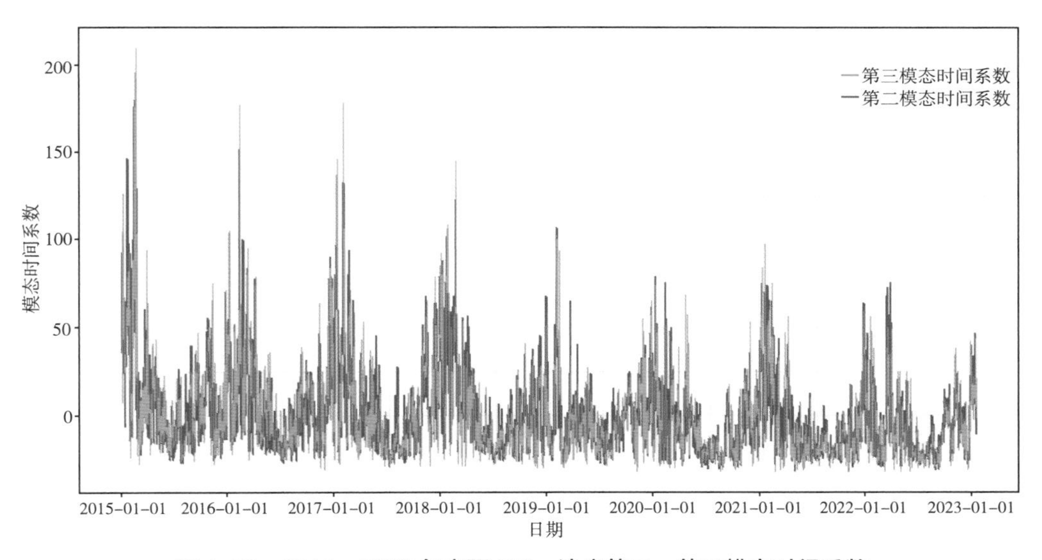

图 4-58　2015—2022 年广西 $PM_{2.5}$ 浓度第二、第三模态时间系数

专题 A　春节期间烟花爆竹燃放对空气质量的影响

烟花爆竹燃放在我国有 2000 多年的历史，春节是烟花爆竹燃放的高峰期。研究表明，烟花爆竹燃放会造成污染物浓度急剧上升并累积，对 SO_2、PM_{10} 和 $PM_{2.5}$ 浓度的短期影响极大，污染物中的水溶性离子、重金属、有机物等细颗粒物会对人体健康产生危害。同时，大气环境质量也会受到影响，烟花爆竹燃放造成 PM_{10} 和 $PM_{2.5}$ 短时骤增，若遇到高湿静稳等不利气象条件，污染物将不断累积，甚至出现区域性大气重度污染过程。

2018 年以前，广西春节期间没有实施烟花爆竹禁燃限放管控，每年正月初一均会出现环境空气严重污染，曾出现连续多年被生态环境部通报的情况。为有效控制烟花爆竹燃放对环境空气质量造成的影响，2018 年 8 月，广西印发了《关于加强烟花爆竹禁燃限放管控工作的通知》（桂政发〔2018〕40 号），正式拉开烟花爆竹禁燃限放从严管控的序幕。各市根据当地实际均出台相关管理规定或条例，划定了烟花爆竹禁燃限放区域，实施了春节期间烟花爆竹禁燃限放相关措施。近年来，部分城市进一步科学调整禁燃限放覆盖范围，深入实施烟花爆竹禁燃限放管控，取得了较明显成效。但 2023 年，广西烟花爆竹禁燃限放管控有所放松，正月初一防城港出现重度污染，贵港和贺州出现中度污染。

2023 年，生态环境部、国家发展改革委等部门联合印发《深入打好重污染天气消除、臭氧污染防治和柴油货车污染治理攻坚战行动方案》（环大气〔2022〕68 号），提出到 2025 年，基本消除重度及以上污染天气。近年来，国家每年下达广西重污染天数比率考核目标为 0.0%（即全年广西各设区市仅允许发生不超过 2 城次重污染天），但广西每年因集中燃放烟花爆竹导致重度污染天气时有发生。在此考核背景下，广西要完成年度重污染天数比率约束性考核目标压力较大，春节期间烟花爆竹集中燃放科学管控尤为重要。

（一）历年春节期间空气质量变化总体情况

春节期间环境空气质量的好坏主要取决于烟花爆竹管控成效和气象条件的影响，其中烟花爆竹燃放是主因，气象条件是外因。从 2015—2022 年大年初一环境空气质量的变化可以看出（见图 A-1），春节期间大年初一环境空气质量变化特征主要以 2018 年为分界点，2015—2018 年大年初一空气质量较差，大部分城市出现重度及以上污染。其中，2018 年大年初一，玉林 $PM_{2.5}$ 浓度为 313 $\mu g/m^3$，贺州 $PM_{2.5}$ 浓度为 286 $\mu g/m^3$，分别排全国第 1 和第 3，可见烟花爆竹燃放影响较大。在某些县，由于完全不管控，大年初一 $PM_{2.5}$ 浓度超过

500 μg/m³，当日烟花爆竹燃放污染笼罩天空，能见度极差（见图 A-2）。2019 年后环境空气质量明显改善，消除了重度污染，2020 年和 2022 年大年初一更是以优为主。当然这两年大年初一都是受冷空气过境广西影响，气象条件有利，一定程度上清除了烟花爆竹集中燃放产生的污染。

城市	2015 年	2016 年	2017 年	2018 年	2019 年	2020 年	2021 年	2022 年
南宁	110	265	165	135	156	23	108	38
柳州	216	238	219	209	89	35	59	36
桂林	296	263	264	231	170	30	41	39
梧州	98	168	222	234	149	23	40	25
北海	72	169	110	178	52	26	74	35
防城港	110	148	158	208	97	20	67	35
钦州	80	246	198	202	165	29	140	42
贵港	182	345	241	169	149	23	85	32
玉林	236	230	286	363	114	25	65	23
百色	92	209	272	186	95	22	97	63
贺州	173	231	274	336	142	25	75	39
河池	144	206	183	260	59	22	55	31
来宾	105	182	336	176	117	25	73	40
崇左	148	134	117	125	105	18	70	32

图例：优　良　轻度　中度　重度　严重

AQI：0　50　100　150　200　300

图 A-1　2015—2022 年大年初一空气质量 AQI 及等级分布

图 A-2　2018 年大年初一零时某县现场

从春节期间环境空气质量看（见图 A-3、图 A-4），2015—2018 年春节期间环境空气质量呈现出污染城次较多、重度和严重污染天数较多、$PM_{2.5}$ 平均浓度较高的特征，其中，2017 年污染程度最严重。2019—2022 年春节期间，全区的污染城次和 $PM_{2.5}$ 浓度下降显著，重度污染和严重污染天数为 0，管控成效显著。以 2022 年春节为例，2022 年 1 月 31 日—2 月 6 日（除夕至初六），广西环境空气质量明显改善，除 2 月 5 日来宾出现 1 天中度污染外，全区环境空气质量以优良为主，首要污染物为 $PM_{2.5}$。全区优良天数比例为 99.0%，与 2021 年春节期间相比，上升 2.1 个百分点；$PM_{2.5}$ 平均浓度为 28 μg/m³，与 2021 年春节期间相比下降 30%。春节烟花爆竹集中燃放时段未出现污染天气，烟花爆竹燃放管控成效明显。

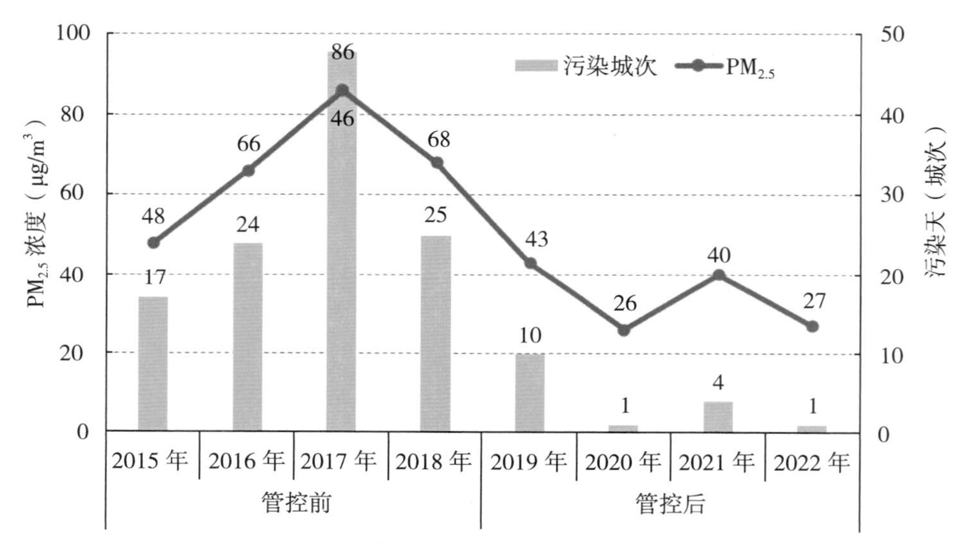

图 A-3　2015—2022 年广西春节期间污染天数及 $PM_{2.5}$ 浓度情况

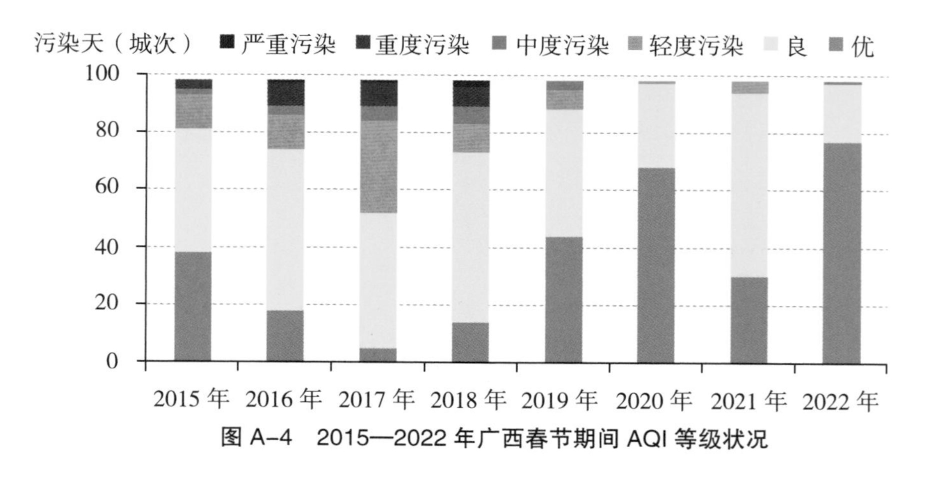

图 A-4　2015—2022 年广西春节期间 AQI 等级状况

从划定禁烧区影响范围看，在2019—2022年除夕19时至正月初一6时期间，根据广西春节期间大年初一0时集中燃放烟花爆竹的习俗，推算污染峰值应该出现在1时左右，但14个设区市$PM_{2.5}$小时浓度峰值大部分出现在2时至4时（见图A-5和图A-6），显然是受周边非禁燃区烟花爆竹燃放排放输送的影响。特别是在扩散条件相对较差的2019年和2021年，虽然市区禁放烟花爆竹，但是周边烟花爆竹燃放产生的污染传输到市区后会导致市区的$PM_{2.5}$浓度飙升。因此，适当扩大禁燃限放区面积，可以有效降低周边地区烟花爆竹燃放的影响，进一步巩固春节期间烟花爆竹燃放管控成效。

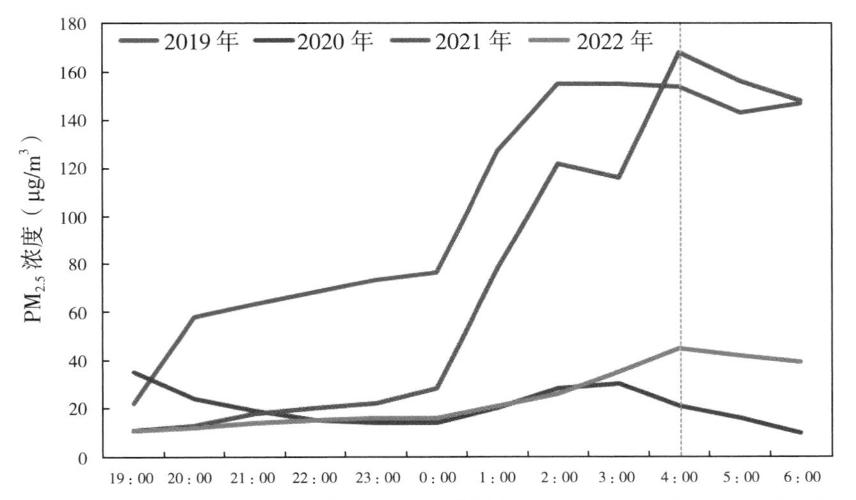

图A-5　2019—2022年南宁市除夕19时至正月初一6时空气质量$PM_{2.5}$浓度情况

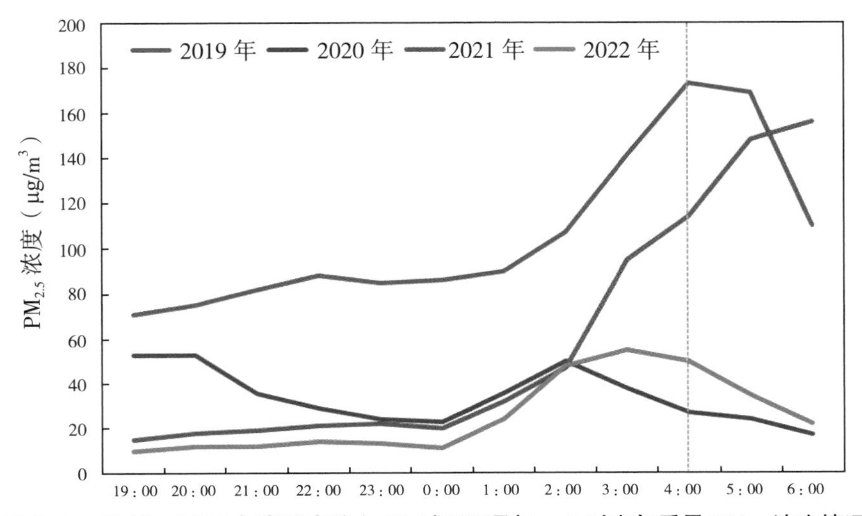

图A-6　2019—2022年贵港市除夕19时至正月初一6时空气质量$PM_{2.5}$浓度情况

从春节期间 $PM_{2.5}$ 离子组分看，以南宁市和柳州市 2023 年除夕至初一 $PM_{2.5}$ 离子组分为例，春节期间烟花爆竹集中燃放污染物以 SO_4^{2-}、NO_3^-、K^+ 为主，其中 SO_4^{2-}、K^+ 是烟花爆竹的特征污染物，主要来源于黑火药里的硫黄和硝酸钾（见图 A–7）。从逐小时离子浓度变化图看，南宁市和柳州市均在初一 2 时开始，离子浓度随着 $PM_{2.5}$ 浓度明显上升，其中 K^+、SO_4^{2-}、Cl^- 和 Mg^{2+} 上升幅度最明显，这些离子组分表明了 $PM_{2.5}$ 浓度上升均是由于烟花爆竹燃放导致的（见图 A–8 和图 A–9）。不同的是，南宁市出现两个 $PM_{2.5}$ 浓度峰值，说明南宁市烟花爆竹燃放量明显大于柳州市。南宁市大年初一 AQI 为 108，轻度污染；柳州市大年初一 AQI 为 59，良。从空气质量监测数据可以看出，南宁市烟花爆竹管控效果差于柳州市。

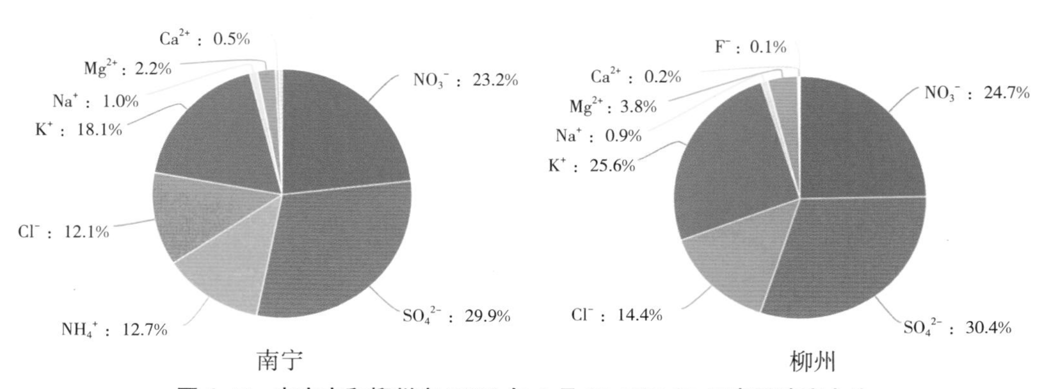

图 A–7　南宁市和柳州市 2023 年 1 月 21 日至 22 日离子浓度占比

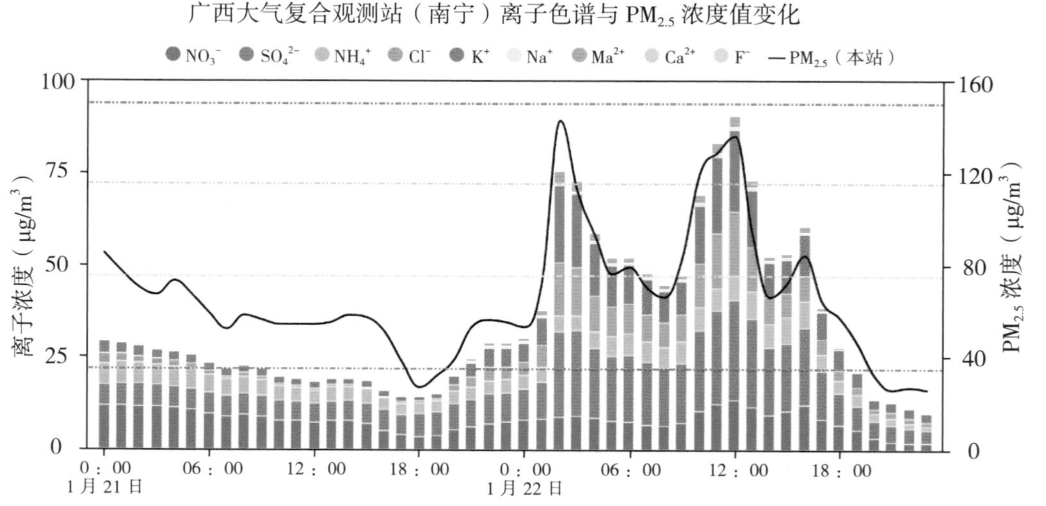

图 A–8　南宁市 2023 年 1 月 21 日至 22 日逐小时离子浓度变化

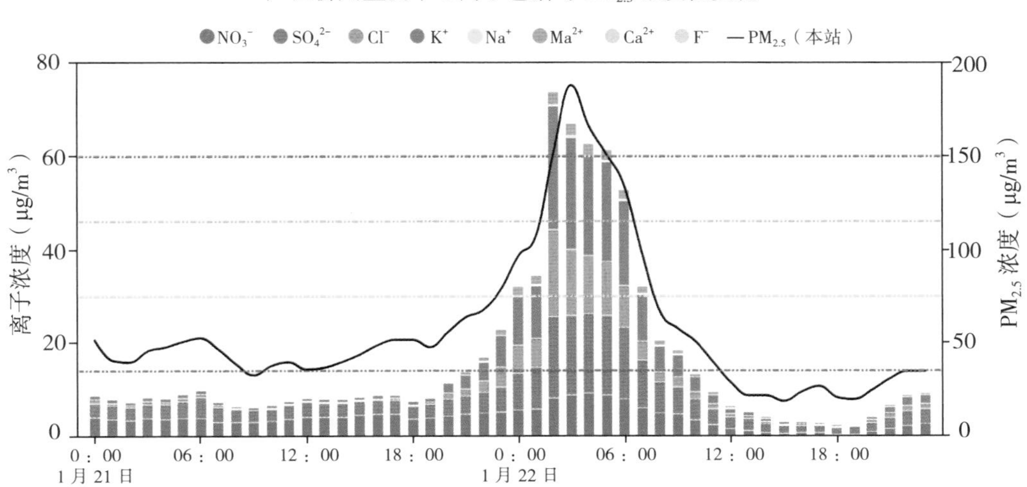

图 A-9　柳州市 2023 年 1 月 21 日至 22 日逐小时离子浓度变化

从春节期间 $PM_{2.5}$ 重金属组分看，同样以南宁市和柳州市 2023 年除夕至初一 $PM_{2.5}$ 重金属组分为例，春节期间烟花爆竹集中燃放重金属污染物以钾为主，南宁市钾占比达到 92.9%，柳州市钾占比达 83.4%（见图 A-10）。从逐小时重金属浓度变化图看，南宁市和柳州市均在初一 2 时开始，重金属浓度随着 $PM_{2.5}$ 浓度明显上升，主要上升的是重金属钾，重金属锰也有上升，柳州市重金属钙也明显上升（见图 A-11 和图 A-12）。

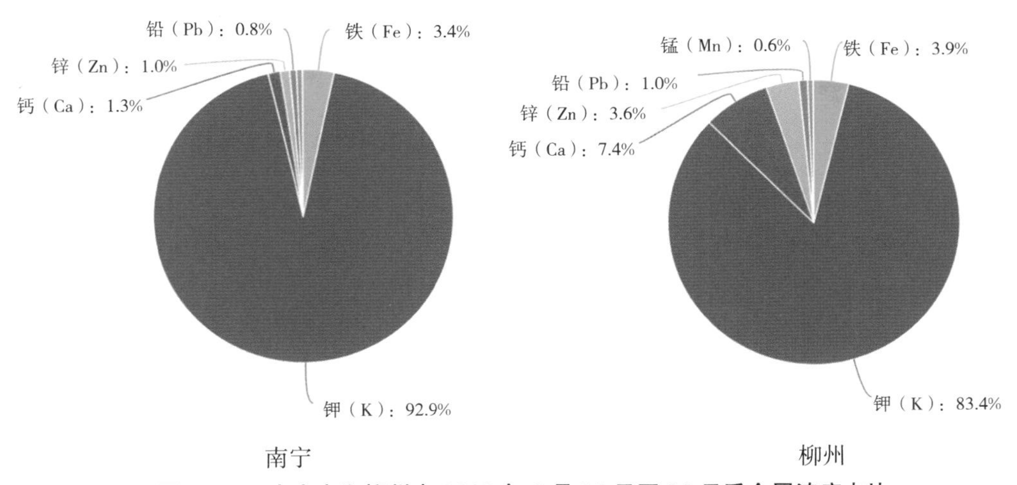

图 A-10　南宁市和柳州市 2023 年 1 月 21 日至 22 日重金属浓度占比

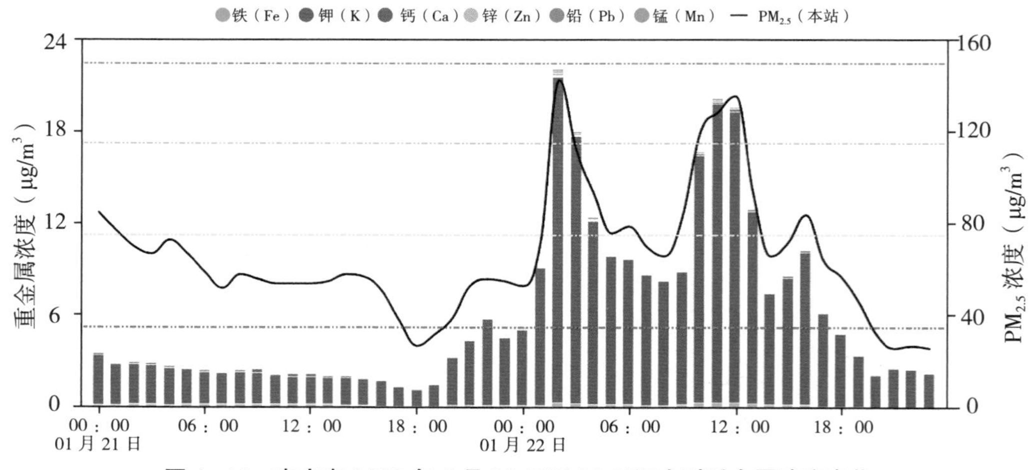

图 A-11 南宁市 2023 年 1 月 21 日至 22 日逐小时重金属浓度变化

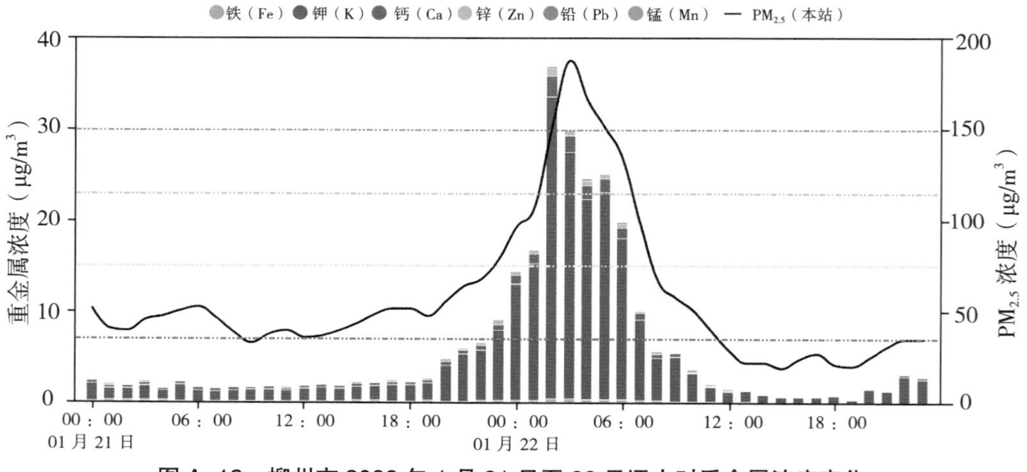

图 A-12 柳州市 2023 年 1 月 21 日至 22 日逐小时重金属浓度变化

（二）烟花爆竹集中燃放贡献分析

从春节期间的环境空气质量及其相关组分变化可以看出，春节期间烟花爆竹集中燃放是空气质量变差的主要原因。为了进一步量化烟花爆竹集中燃放对环境空气质量的贡献，根据春节期间烟花爆竹集中燃放的习俗，选定除夕日 19：00 至大年初一 12：00 作为烟花爆竹集中燃放时期，除夕日 12：00–18：00 为非烟花爆竹集中燃放时期，采用浓度特征对比法定量估算春节期间烟花爆竹集中燃放对空气质量的贡献。

根据监测数据，环境空气 $PM_{2.5}$、PM_{10} 及 SO_2 浓度在烟花爆竹集中燃放时段会快速增长且趋势基本一致，CO 浓度变化相对较小。考虑到烟花爆竹集中燃放排放出的 SO_2 和 NO_2 通过均相和非均相反应生成 SO_4^{2-}、NO_3^- 等二次离子，而 CO 浓度相对稳定，受烟花爆竹燃放的影响较小，所以将 CO 作为参照气体，基于 ρ（$PM_{2.5}$）/ρ（CO）（质量浓度比，下同）比例关系分析烟花爆竹集中燃放对 $PM_{2.5}$ 的贡献量和贡献率。计算公式如下：

$$M_f = M - M_{aver} \times (C/C_{aver}) \quad (A-1)$$

$$M_c = M_f / M \times 100\% \quad (A-2)$$

式中，M_f——烟花爆竹集中燃放时期（除夕日19：00至大年初一12：00，下同）对 ρ（$PM_{2.5}$）的贡献量，μg/m³；

M——烟花爆竹集中燃放时期的 ρ（$PM_{2.5}$），μg/m³；

M_{aver}——非烟花爆竹集中燃放时期（除夕日 12：00 至 18：00，下同）的 ρ（$PM_{2.5}$）的平均值，μg/m³；

C——烟花爆竹集中燃放时期的 ρ（CO），mg/m³；

C_{aver}——非烟花爆竹集中燃放时期的 ρ（CO）平均值，mg/m³；

M_c——烟花集中燃放时期对 ρ（$PM_{2.5}$）的贡献率，%。

该方法假设非烟花爆竹集中燃放时期不存在烟花爆竹燃放现象且不发生显著的污染气团传输现象，18：00 后开始燃放烟花爆竹，据此估算烟花爆竹燃放的贡献。

2020—2023 年，广西各设区市春节期间烟花爆竹对环境空气质量贡献见图 A−13。2020 年全区各市受强冷空气过境影响，除广西北部城市桂林、贺州和河池外，其他城市烟花爆竹集中燃放贡献为负值（低于 −200% 不显示），说明气象条件已经完全消除了烟花爆竹集中燃放的影响。2021 年是调查年份中烟花爆竹集中燃放贡献最大的一年，所有城市在初一 3：00 时贡献率超过 90%，表明跨年 0：00 时烟花爆竹集中燃放的污染团影响到了空气自动监测站点，出现污染峰值。但是 2021 年除夕期间受冷空气影响，大气扩散条件较有利，全区各市环境空气质量都为优；年初一因烟花爆竹集中燃放导致污染物浓度飙升，更凸显了年初一烟花爆竹集中燃放的贡献率。其中，南宁和钦州发生了轻度污染。2022 年除夕和年初一全区大部分城市都下雨，除柳州、桂林、梧州、玉林、贺州和来宾贡献率较低（低于 40%）外，其他城市的烟花爆竹集中燃放贡献率不低，尤其是百色，其烟花爆竹集中燃放贡献率达到了 86.08%。年初一百色 AQI 为 63，也是全区当日空气质量唯一不是优的城市，虽然没有发生污染，但也反映了百色市春节期间烟花爆竹集中燃放管控成效不明显。2023 年除夕和年初一期间，桂北受偏北气流影响，其他地区受偏南气流影响，天气相对静稳，整体大气扩散条件一般，烟花爆竹集中燃放影响更为严重。防城港烟花爆竹集中燃放贡献率最高，达到 89.35%，持续 7 个小时在 80% 以上。同样是沿海城市，在相同的气象条件下，钦州和北海的环境空气质量都是良，但防城港达到重度污

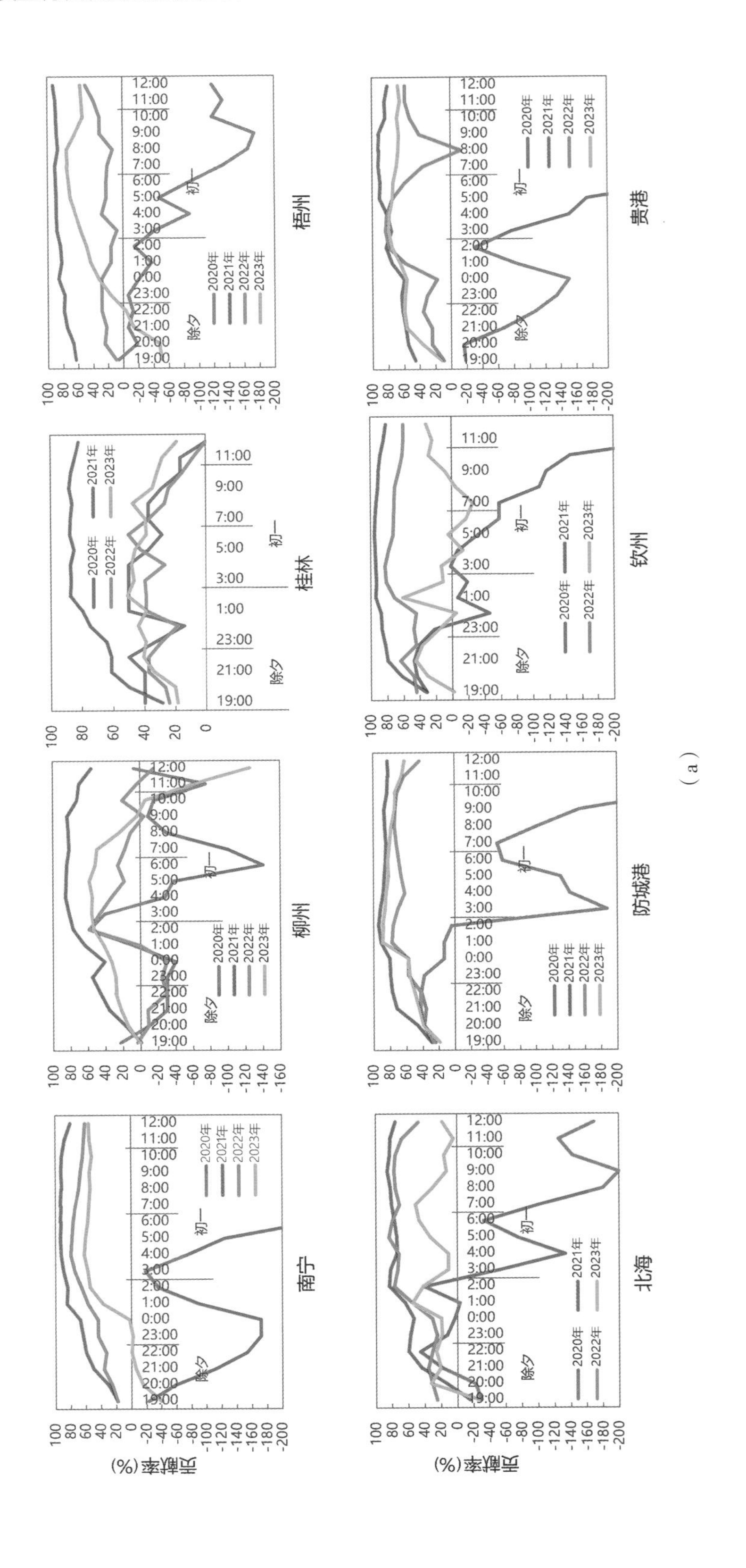

（a）

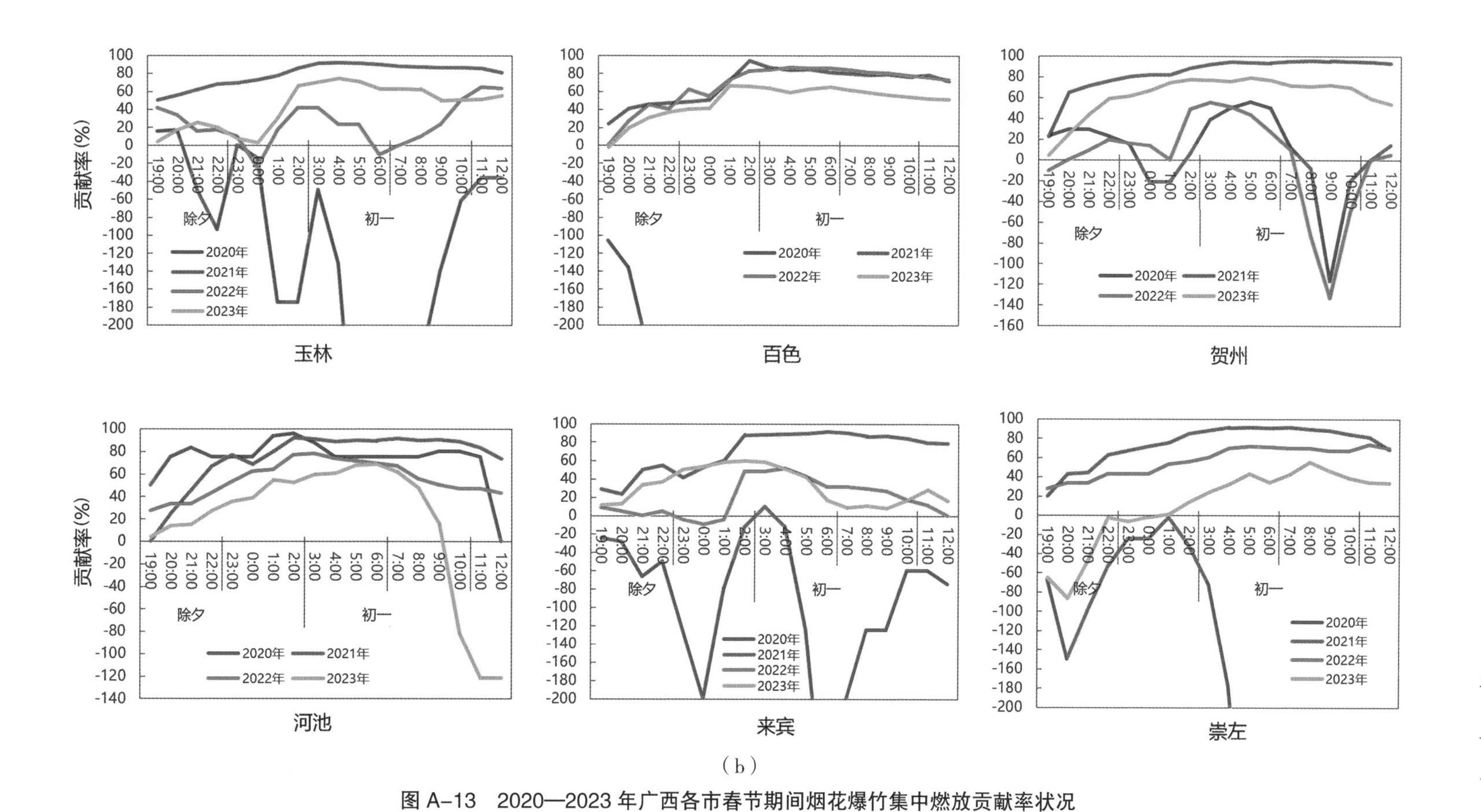

（b）

图 A-13　2020—2023 年广西各市春节期间烟花爆竹集中燃放贡献率状况

染。由此可见，烟花爆竹集中燃放对防城港重污染贡献较大。总体上，2023 年春节期间烟花爆竹管控成效不明显，防城港为重度污染，贵港和贺州为中度污染，南宁、桂林、梧州、玉林、百色、河池、来宾和崇左为轻度污染。

专题 B　沙尘对广西环境空气质量的影响

沙尘天气是指风将地面尘土、沙粒卷入空中，使空气混浊的天气现象的统称，包括浮尘、扬沙、沙尘暴、强沙尘暴。沙尘天气过程是指有沙尘天气的发生、发展、消失的天气过程，包括浮尘天气过程、扬沙天气过程、沙尘暴天气过程、强沙尘暴天气过程。沙尘天气过程导致环境空气质量和能见度在短时间内急剧下降，严重影响人民群众的身体健康和工作生活。

（一）近年来沙尘对广西环境空气质量的影响

沙尘一般随冷空气自北向南输送，影响广西必经湘桂走廊通道。湘桂走廊被夹在南岭的越城岭与海洋山之间，自古是中原通向岭南的交通要道。湘桂走廊通道从地形上看非常明显，是冷空气入侵广西的必经之路，这也是同样地处岭南，广西冬天比广东冷的原因。

沙尘主要起源于蒙古国南部荒漠地区、我国内蒙古戈壁沙漠以及新疆塔克拉玛干沙漠，并随着大气环流输送到南方地区。按常理来说，北方沙尘输送应该很难影响到广西，但在实际监测中发现，一些影响范围更广、持续时间更长的沙尘天气过程会持续南下，以浮尘的方式影响广西。通常广西北部最先受到沙尘影响，然后在传输过程中逐渐影响广西地势平坦的中部以及南部地区。根据历年环境空气质量监测数据分析，沙尘天气每间隔 2 ～ 3 年会影响广西，最近的几次分别发生在 2015 年、2018 年、2021 年和 2023 年，造成广西 PM_{10} 浓度不同程度超标。近年来，沙尘天气影响广西呈现频次加密但程度减轻的趋势，桂北城市受影响程度相对较大。

根据《关于印发〈受沙尘天气过程影响城市空气质量评价补充规定〉的通知》（环办监测〔2016〕120 号）、《关于沙尘天气过程影响扣除有关问题的通知》（总站气字〔2020〕76 号），在环境空气质量评价、考核和排名工作中，受沙尘天气过程影响城市的 PM_{10}、$PM_{2.5}$ 监测数据可剔除，但污染天气不剔除。

2015—2023 年，广西受沙尘天气影响的情况见表 B-1。从表中可以看出，沙尘影响广西的时间段大部分是 3—5 月，时值倒春寒，北方沙尘容易随冷空气南下影响广西；2018 年和 2023 年影响次数最多，均为 3 次。2021 年 3 月 22—26 日的沙尘过程强度为近 10 年最高，广西 14 个设区市均受影响；环境空气 PM_{10} 最高峰值浓度达到 296 μg/m³，出现在桂林市，达到中度污染。

表 B-1　2015—2023 年广西环境空气受沙尘影响统计

沙尘污染过程发生时段		沙源地	影响系统	峰值浓度及等级	日均污染程度	日均污染累计城次	主要影响区域	备注
2015 年	4 月 12 日—16 日	内蒙古西南地区	地面冷锋	253 $\mu g/m^3$，中度污染	轻度污染	1	桂林、南宁、百色、贺州和来宾	强冷空气导致局地扬沙
2018 年	4 月 7 日—9 日	西北地区（内蒙古、甘肃、宁夏和陕西北部）	地面冷锋	226 $\mu g/m^3$，轻度污染	轻度污染	7	桂林、柳州、来宾、河池、贵港、南宁和钦州	已扣除部分城市 PM_{10}、$PM_{2.5}$ 浓度
	4 月 15 日—17 日	蒙古国东南部和中国内蒙古锡林郭勒盟地区	地面冷锋	229 $\mu g/m^3$，轻度污染	轻度污染	3	桂林、柳州、南宁和来宾	已扣除部分城市 PM_{10}、$PM_{2.5}$ 浓度
	5 月 27 日	新疆南疆盆地、内蒙古中西部	地面冷锋	161 $\mu g/m^3$，轻度污染	良	0	桂林、柳州和来宾	
2021 年	3 月 22 日—26 日	蒙古国南部和中国内蒙古中西部交界地区	地面冷锋	296 $\mu g/m^3$，中度污染	轻度污染	19	广西 14 个设区市	沙尘强度为近 10 年最高
2023 年	3 月 12 日—15 日	蒙古国和中国内蒙古中西部交界地区	冷高压东移	258 $\mu g/m^3$，中度污染	轻度污染	2	除河池外广西 13 个设区市	
	4 月 8 日—9 日	内蒙古地区	冷高压东移	124 $\mu g/m^3$，良	良	0	贺州	已扣除 PM_{10}、$PM_{2.5}$ 浓度
	4 月 29 日—5 月 1 日	蒙古国和中国内蒙古中西部交界地区	地面冷锋	196 $\mu g/m^3$，轻度污染	良	0	桂林、南宁、柳州、梧州、防城港、贵港、百色、贺州、来宾	已扣除 PM_{10}、$PM_{2.5}$ 浓度

（二）沙尘影响广西的典型案例

春季沙尘天气频发，广西在春季也会受到沙尘天气的影响，其影响强度大、影响范围广、影响时间长，且难以防控，是广西颗粒物污染过程中最为“棘手”

的一种污染类型。

2021 年 3 月 22 日至 24 日，广西受沙尘影响城市多达 20 城次，PM_{10} 浓度范围为 154 ～ 233 μg/m^3，其中城市小时峰值达 296 μg/m^3，范围之广、强度之大实属罕见。

1. 沙尘传输对全年优良天数比率考核影响较大

2021 年 1—3 月我国西北地区降水较少，沙尘天气偏多。3 月 21 日，受蒙古国低压后部大风天气影响，在中东部沙源地出现大范围起沙现象。在强冷空气影响下，强沙尘天气 21 日夜间进入广西境内。3 月 22 日至 24 日，广西出现以 PM_{10} 为首要污染物的大范围区域性大气污染过程。在该污染过程期间，除梧州、北海、玉林和贺州外，其他城市均发生污染，污染城市 AQI 范围为 101 ～ 142。其中，河池受影响最大，日均值为 233 μg/m^3；全区单日最大小时峰值为 296 μg/m^3，出现在桂林，达到中度污染（见图 B−1）。此次沙尘传输导致广西发生 1.4 个污染天，占全年容许污染天（20.2 天）的 7%，对广西优良天数比率考核目标完成影响较大。

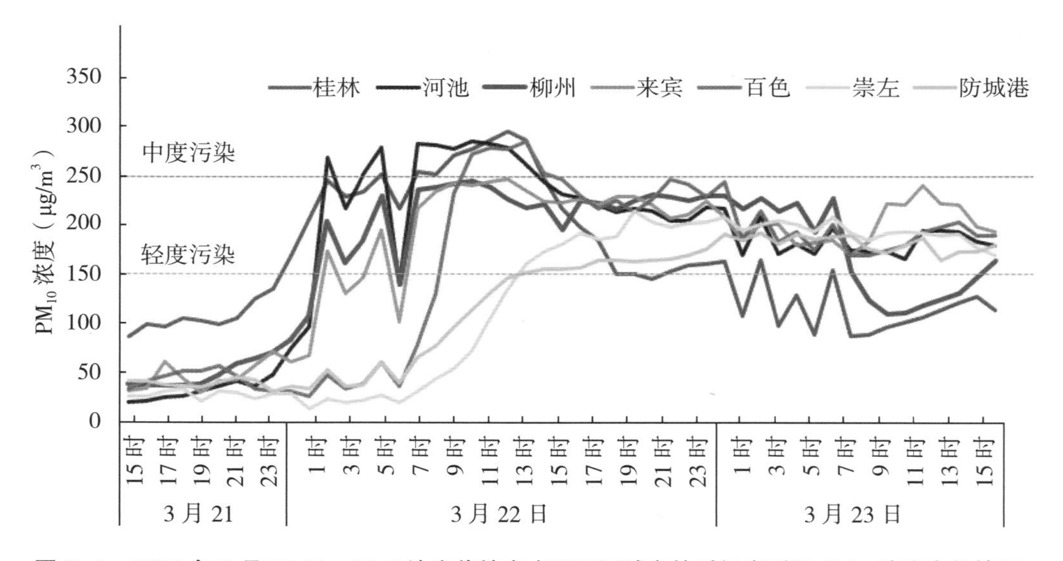

图 B−1　2021 年 3 月 21 日—23 日沙尘传输在广西不同城市的时间序列及 PM_{10} 浓度变化情况

2. 沙尘带入境广西变化情况

2021 年 3 月 21 日 21 时开始，沙尘进入广西桂林、河池一带。在线环境空气质量自动监测结果表明，桂林和河池环境空气 PM_{10} 浓度攀升后出现“多峰多谷”的现象，随后多地在线环境空气质量自动监测中也发现了类似变化趋势，据此推论出沙尘不断输送补充影响广西。3 月 21 日至 3 月 22 日，南宁市区气溶胶激光雷达探测发现，南宁市区近地层 PM_{10} 气溶胶厚度可达 1000 米左右（见图 B-2）。气溶胶激光雷达在南宁市区监测到 3 次较为明显的沙尘污染下沉运动，由此说明了大气近地层高空的 PM_{10} 通过干沉降作用使地面 PM_{10} 浓度上升。结合气象条件分析，3 月 21 日至 3 月 22 日为较强的偏北气流，广西桂北地区沙尘受此影响，逐步向南移动影响南宁等地区。据此推出，沙尘通过偏北气流的动力机制形成数百千米的近地层沙尘带，结合干沉降作用给广西环境空气质量带来严重的区域性影响。

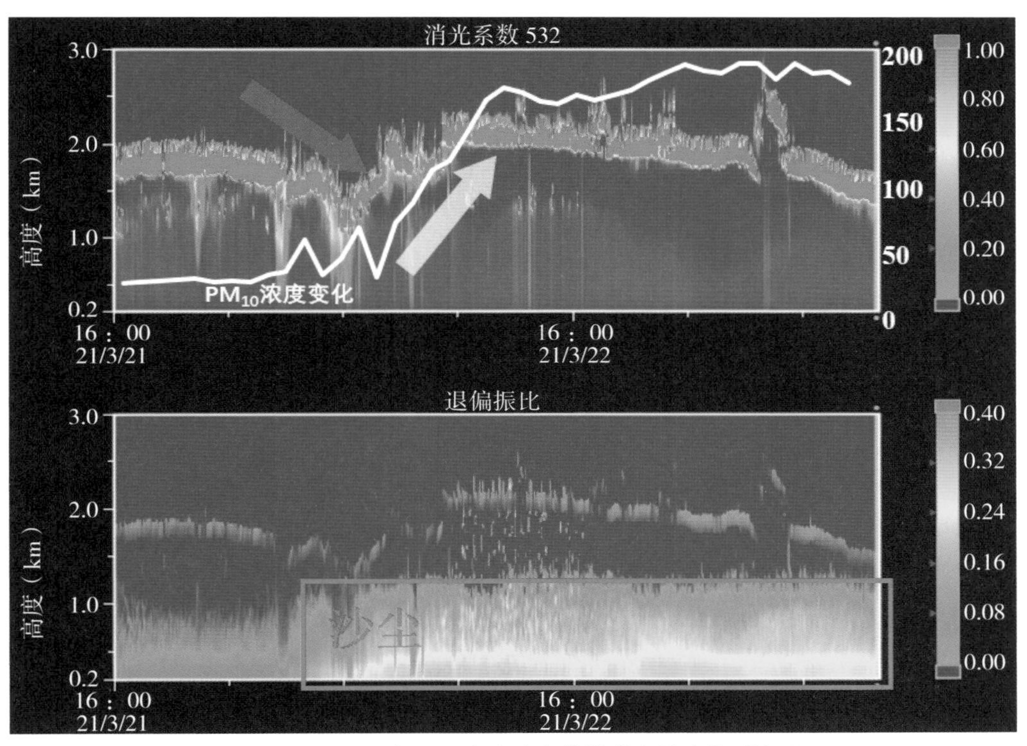

图 B-2　2021 年 3 月南宁沙尘传输激光雷达监测结果

3 沙尘输入滞留广西演化为混合污染

（1）沙尘输送导致金属组分含量上升，但不改变大气化学性质。

从颗粒物重金属组分分析可以看出，沙尘影响时，矿物质含量较高，金属钾、铁、钙元素受沙尘影响明显，分别上升 1.7 倍、5.0 倍、4.2 倍，其他金属元素也有不同程度升高。从离子组分看，沙尘影响前后，大气中阴阳离子组分变化不大，大气化学性质并没有发生实质性改变，沙尘输入南方的衍生影响主

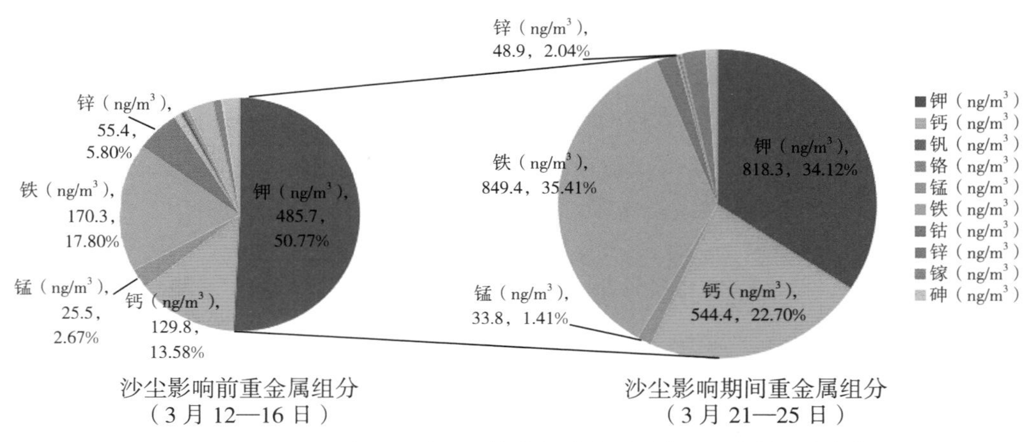

图 B-3　2021 年 3 月广西环境空气沙尘影响前后重金属组分变化

要体现在小粒径的浮尘吸湿增长（见图 B-3）。

（2）细粒径颗粒物吸湿增长加重是沙尘输入后期演变的重要特征。

由于沙尘经过长距离输送，大部分粗颗粒已经沉降，到广西后形成浮尘天气。虽然浮尘天气感官上不会像北方沙尘暴天气那样漫天土黄色，但那些难以沉降的浮尘飘浮在空中作为凝结核聚合大量水汽，特别是遇到弱偏南气流时，水平及垂直扩散条件都比较差，不同粒径颗粒物均会吸湿增长，加重了沙尘对广西环境空气质量的影响。根据粒径谱仪监测结果，以 23 日 12 时为南北风影响的分界线，23 日 12 时以前主要是北风沙尘输送影响为主；23 日 12 时转南风后，沙尘影响并未结束，受东南气流和水汽影响，50 ～ 150 nm 粒径颗粒物浓度一直在增长，至 24 日及 25 日凌晨开始呈现爆发式增长，导致颗粒物及细颗粒物堆积和增重，由此造成颗粒物浓度居高不下的态势（见图 B-4）。

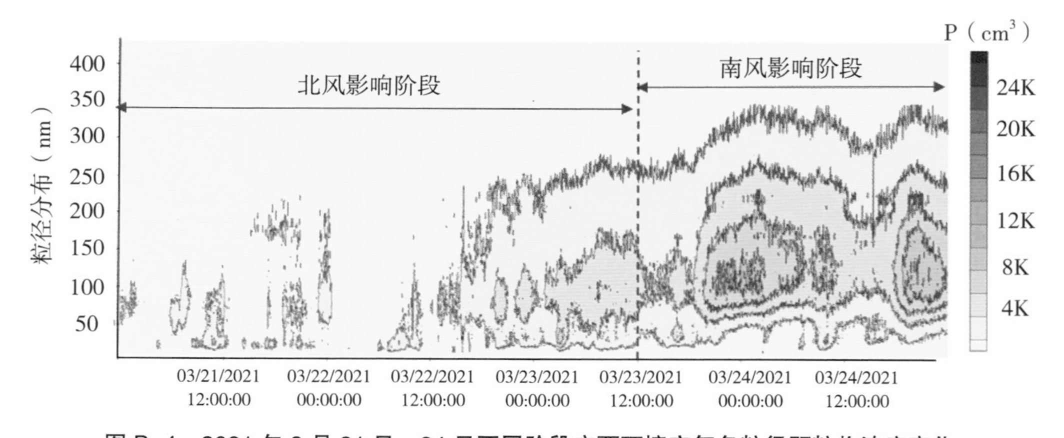

图 B-4　2021 年 3 月 21 日—24 日不同阶段广西环境空气各粒径颗粒物浓度变化

（3）此轮沙尘输入影响贡献分析。

此次沙尘22日影响广西，于3月24日结束，以PM_{10}为首要污染物的沙尘天气持续3天，但个别城市25日—26日还持续受到沙尘余威影响。根据《关于沙尘天气过程影响扣除有关问题的通知》（总站气字〔2020〕76号）相关规定，截至26日15时，崇左PM_{10}小时平均浓度一直大于沙尘天气前6个小时PM_{10}平均浓度的1.1倍（81 μg/m^3）以上，不满足沙尘天气影响结束时间的判定要求。因此，在特定气象条件下，沙尘输入对南端城市影响是持续的、复杂的和难以界定的。单从沙尘输入影响看，此次沙尘造成了约20城次污染天，拉高了PM_{10}年平均浓度1.1 μg/m^3，此次沙尘输入对广西的影响远超过预期。

第五章　影响广西环境空气质量进一步改善的突出问题

2021 年 8 月 18 日，生态环境部部长黄润秋在国新办新闻发布会答记者问时提到，“十三五”以来，我国生态文明建设和生态环境保护进入一个快车道的时期。从“十三五”开始，生态环境保护从认识到实践都发生了历史性、转折性、全局性的变化。从“十三五”坚决打好污染防治攻坚战，到“十四五”深入打好污染防治攻坚战，从“坚决”到“深入”，污染防治攻坚战触及的矛盾和问题层次更深、领域更广，对生态环境质量改善的要求也更高。

我国大气污染治理确确实实进入了负重前行、爬坡过坎的关键期，但绿色转型确实要有足够的时间，不能一蹴而就。“十三五”以来，广西以控制 $PM_{2.5}$ 为主要目标的蓝天保卫战在消除重度污染、提高优良天数比例的阶段已经取得了较好的成效，全区各市浓度差异化越来越小（见图 5–1），但与周边省份相比，广西各项污染物浓度仍有一定改善空间，广西环境空气质量改善从量变到质变的拐点还没有到来。

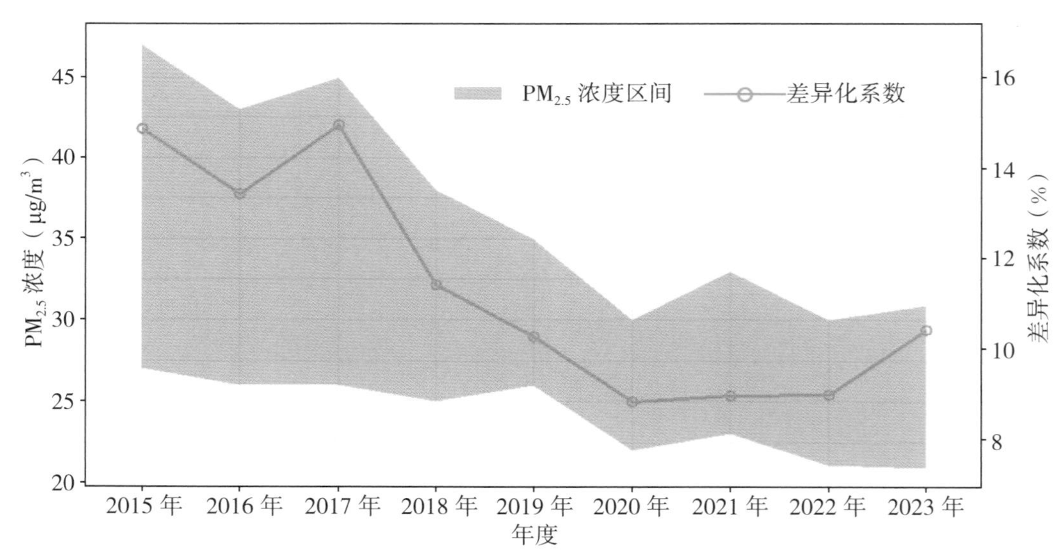

图 5–1　2015—2022 年广西 $PM_{2.5}$ 年平均浓度差异变化

影响广西环境空气质量进一步改善的区域大气污染问题主要有四方面：一是本地排放影响问题。产业结构长期排放影响导致本地本底浓度较高，制约着广西环境空气质量进一步改善。大气污染排放是影响环境空气质量的主因和内因，工业源、燃煤源、机动车源和扬尘源是四大主要污染来源，其往往决定着本地空气质量的污染水平。实际监测结果显示广西个别城市工业排放对城区环境空气质量影响较突出，加强管控对空气质量改善至关重要。比如，桂林市砖厂大气污染排放，百色市东南面工业企业大气污染源排放，贺州市旺高工业园粉体厂及岗石加工等企业排放。二是甘蔗秸秆焚烧和春节期间烟花爆竹集中燃放问题。秸秆焚烧仍然是制约广西大气环境质量改善的重要因素，秸秆综合利用率不高导致蔗叶离田缓慢，甘蔗榨季秸秆焚烧随时“暴发”，不可控因素较大，会导致区域大气重度污染发生，极大影响当地环境空气质量。据估算，部分城市秸秆焚烧拉高 $PM_{2.5}$ 年平均浓度 3 ～ 5 μg/m³。春节期间烟花爆竹集中燃放对环境空气质量的影响也存在较大不稳定因素，在气象条件不利的情况下，烟花爆竹对环境空气 $PM_{2.5}$ 浓度贡献率超过 90%，也会导致大气重度污染的发生。三是 O_3 污染问题。目前，广西环境空气质量改善仍然没有摆脱“气象影响型”的方式。监测数据表明，台风外围等不利气象条件是造成广西 O_3 污染显著上升的重要因素，台风外围下沉气流多的年份则 O_3 污染异常偏多，对优良天数比例考核指标较高的广西而言，大气污染防治攻坚将面临更为严峻的挑战。四是区域大气污染输送影响问题。一方面，湘桂走廊受区域大气污染输送影响最为突出，特别是冬季在东北气流影响下，区域输送对广西桂北一带环境空气质量影响较大；另一方面，每年春季东南亚烧荒这一大气污染来源多年来没有明显改变，而广西处于东南亚下风方向，春季强烈的西南风会将东南亚大气中的污染物输送并影响广西。

一、广西各市 $PM_{2.5}$ 浓度远高于本底浓度

（一）本底浓度研究方法

本底浓度是指大气混合均匀，且不受局地污染源影响时所观测的浓度值，可反映出当地长期变化趋势和季节变化特征。随着地区产业日益多样化、机动车保有量不断攀升，大气污染来源趋向复杂化，一个地区环境空气的本底浓度主要受产业结构影响。各地区环境空气质量监测数据，混合了两种特征，即既有本底特征，又有非本底特征。本底浓度是指大气混合均匀，且不受区域或局地污染源影响的浓度；非本底浓度，受到近地层大气区域或局地污染源的影响，如因人为活动排放，通常会在短时期内引起浓度值的升高。因此，了解地区环境空气的本底浓度有利于了解该地区环境空气质量改善的空间，为大气污染防治攻坚决策提供技术支撑。

借助 R 数值统计软件中的 IDP-Misc 程序包，采用局部近似回归法（Robust Baseline Estimation，RBE）在一段较短时间内对观测值进行估计，并且考虑污染物

浓度长期或短期的微小变化（日变化和季节变化），逐步逼近回归拟合，因此长期趋势、季节变动、循环变动等与时间序列关系密切的变量对时点值不会产生影响。本底值为假设大气均匀混合状态的值，是大气环境中可能的最低值，任何源或汇的因素只会增大或降低本底值，不会有不规则变动的情况发生。该方法已与国际观测网络 AGAGE 和美国 NOAA 所采用的方法进行了对比，证实可用于长期观测数据的本底值筛分。

（二）各市 $PM_{2.5}$ 本底浓度研究结果

采用上述方法对广西 14 个设区市 2020 年以来 $PM_{2.5}$ 浓度逐小时监测数据进行统计分析，研究各市 $PM_{2.5}$ 本底值以及受到污染排放和输送影响的污染值状况。

测算结果见表 5-1，各市 $PM_{2.5}$ 浓度本底值，除百色、玉林、来宾和崇左超过 20 μg/m^3 外，其他各城市的本底浓度都低于 20 μg/m^3，大部分在 18 μg/m^3 水平线上波动，北海本底浓度最低，为 14.9 μg/m^3。从叠加污染看，桂林本底浓度明显低于 2023 年平均浓度，叠加污染最大，达到 12.8 μg/m^3，其次是河池、贵港、柳州、梧州，叠加污染均超过 8 μg/m^3，本地产业及行业排放影响贡献较大。

表 5-1　2020 年广西 14 个设区市 $PM_{2.5}$ 本底浓度及改善空间

城市	本底浓度（μg/m^3）	浮动范围	2023 年平均浓度（μg/m^3）	叠加污染（μg/m^3）
南宁	19.7	±6.45	25.4	5.7
柳州	18.8	±5.73	27.5	8.7
桂林	16.9	±5.44	29.7	12.8
梧州	18.0	±4.85	26.6	8.6
北海	14.9	±4.62	20.9	6.0
防城港	16.4	±6.21	21.6	5.2
钦州	18.0	±6.19	24.3	6.3
贵港	19.1	±6.02	28.0	8.9
玉林	23.2	±9.06	26.9	3.7
百色	23.7	±9.35	30.9	7.2
河池	18.3	±8.25	27.7	9.4

续表

城市	本底浓度（μg/m³）	浮动范围	2023 年平均浓度（μg/m³）	叠加污染（μg/m³）
贺州	17.6	±5.6	24.8	7.2
来宾	22.0	±8.17	29.2	7.2
崇左	20.3	±8.14	25.8	5.5

从各市 $PM_{2.5}$ 本底浓度日变化分布看（见图 5–2 至图 5–15），柳州、百色和来宾本底浓度分布波动不明显，说明受本地污染来源排放影响更加显著。其他城市呈现较明显的季节变化趋势，冬季浓度显著高于夏季。除了受本地排放影响外，由于冬季气温较低，边界层较低，大气垂直扩散条件相对不利，大气承载容量变少，即使在相同污染排放情况下，污染物浓度也会上升；而冬季北方污染随着东北气流输送南下也会增加冬季污染物浓度；同时，秋冬季是广西甘蔗秸秆焚烧的季节，秸秆焚烧的短时突发排放也会明显抬高污染浓度。

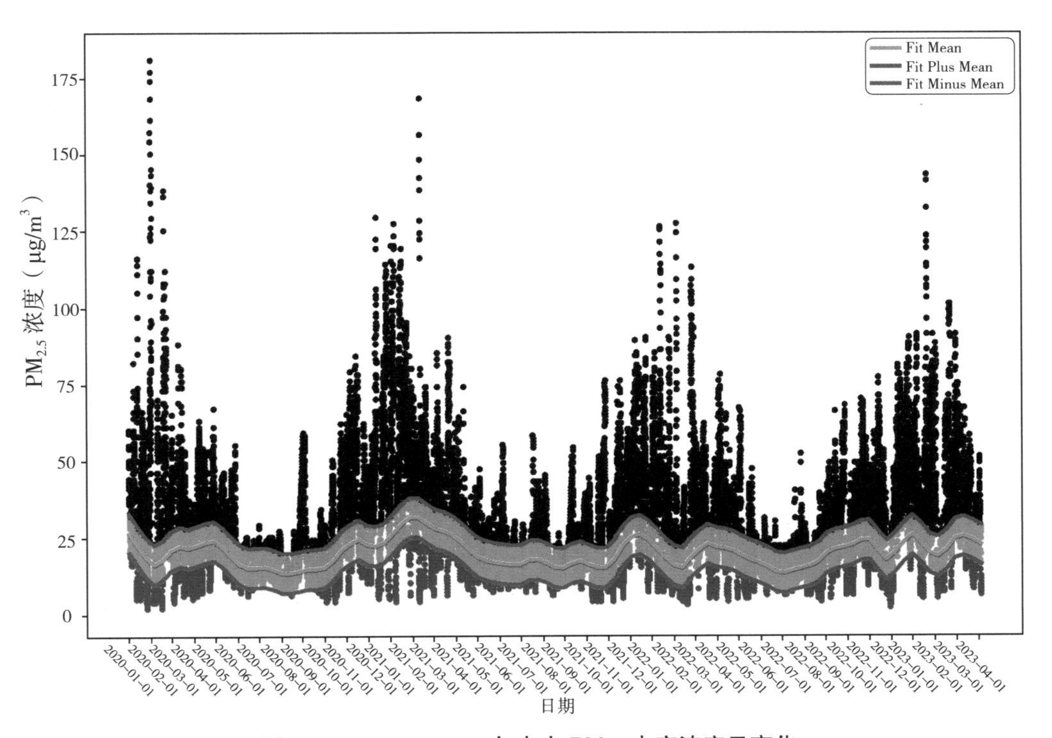

图 5–2　2020—2023 年南宁 $PM_{2.5}$ 本底浓度日变化

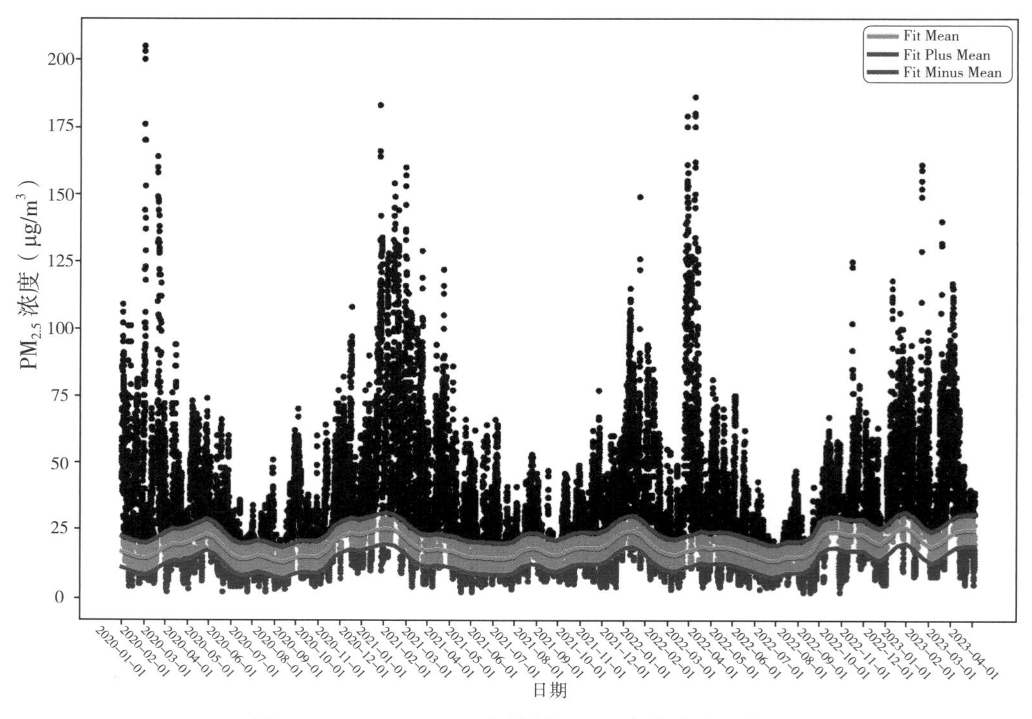

图 5-3　2020—2023 年柳州 $PM_{2.5}$ 本底浓度日变化

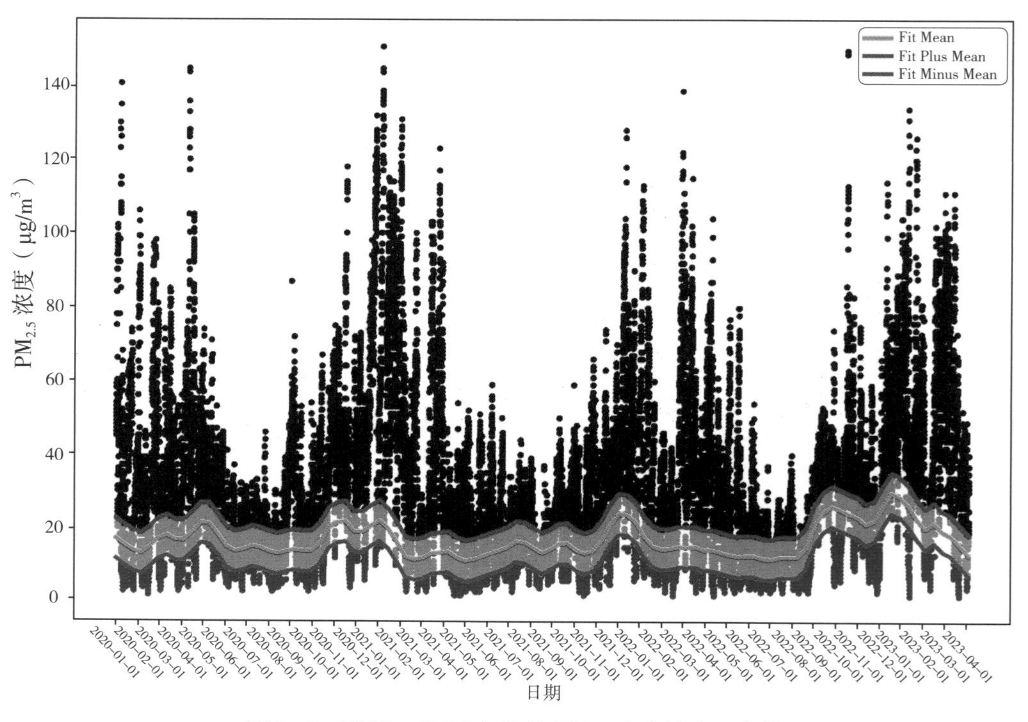

图 5-4　2020—2023 年桂林 $PM_{2.5}$ 本底浓度日变化

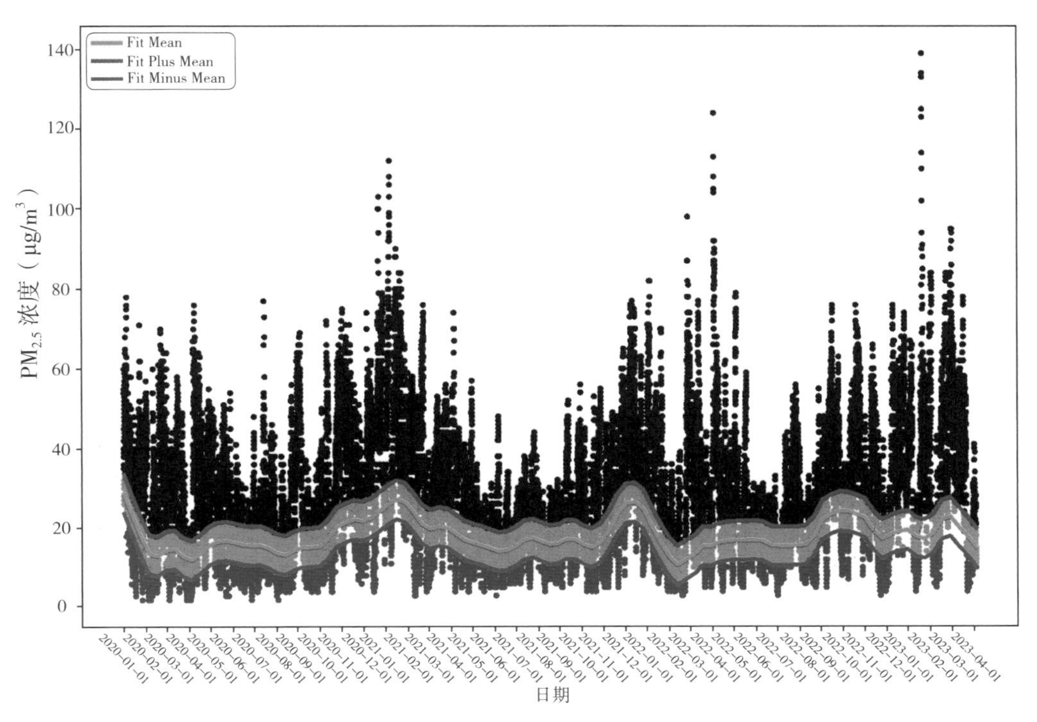

图 5-5　2020—2023 年梧州 $PM_{2.5}$ 本底浓度日变化

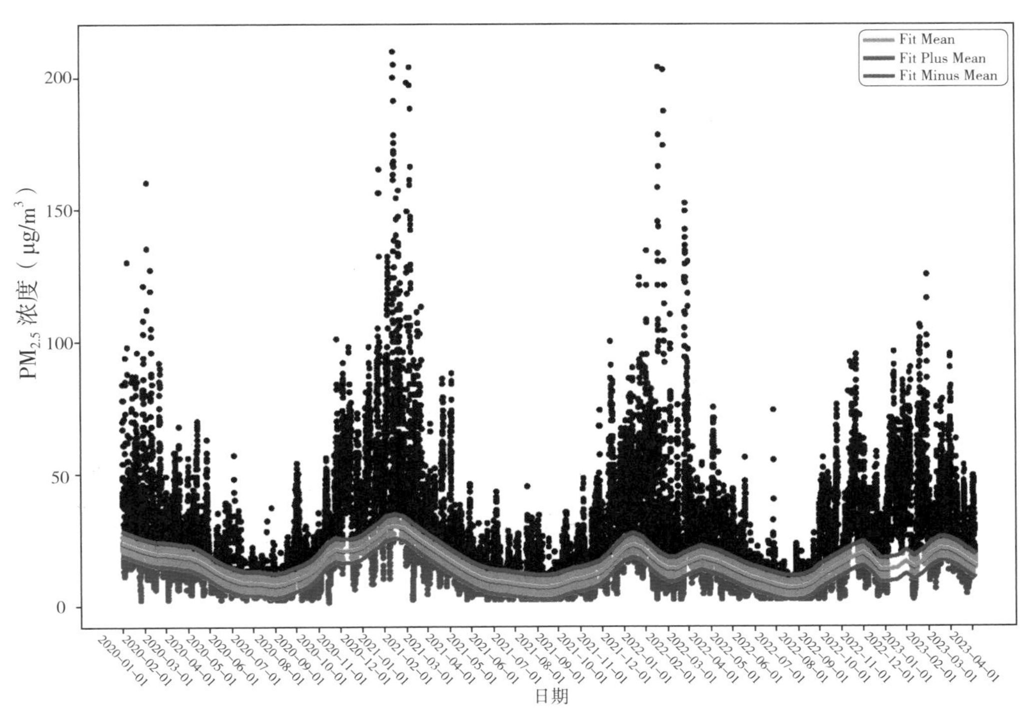

图 5-6　2020—2023 年北海 $PM_{2.5}$ 本底浓度日变化

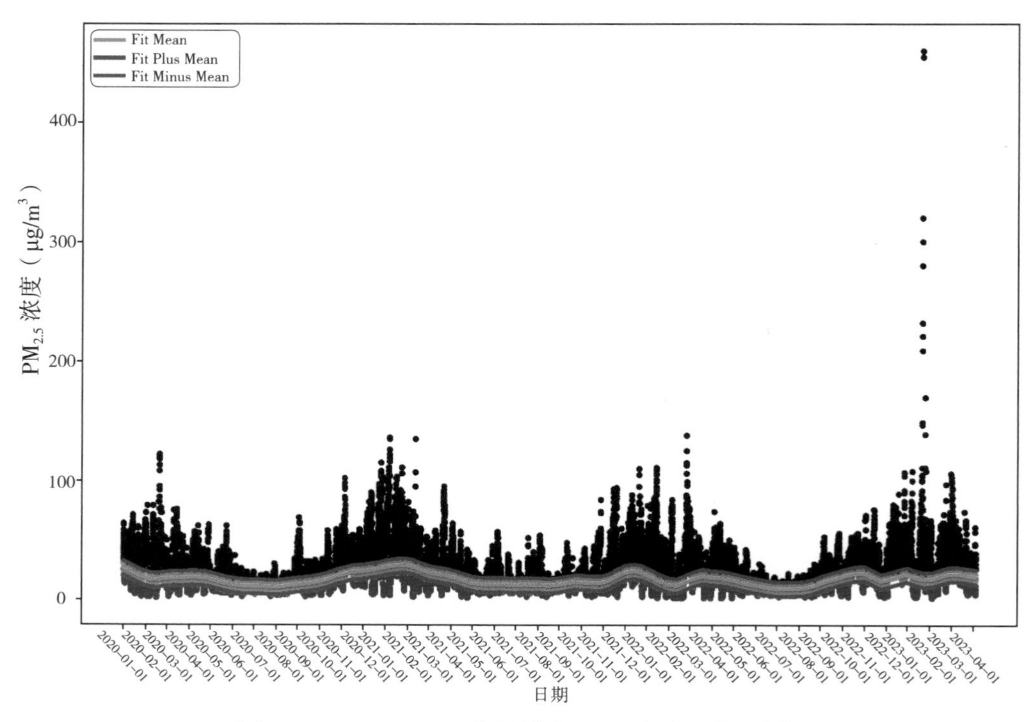

图 5-7　2020—2023 年防城港 $PM_{2.5}$ 本底浓度日变化

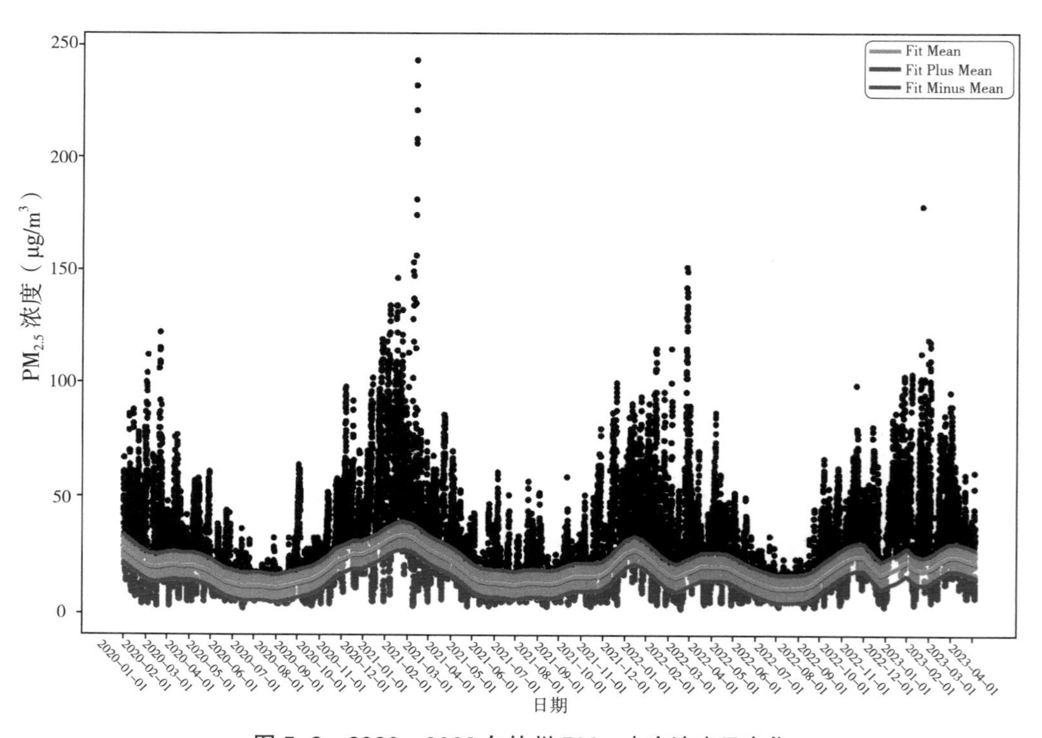

图 5-8　2020—2023 年钦州 $PM_{2.5}$ 本底浓度日变化

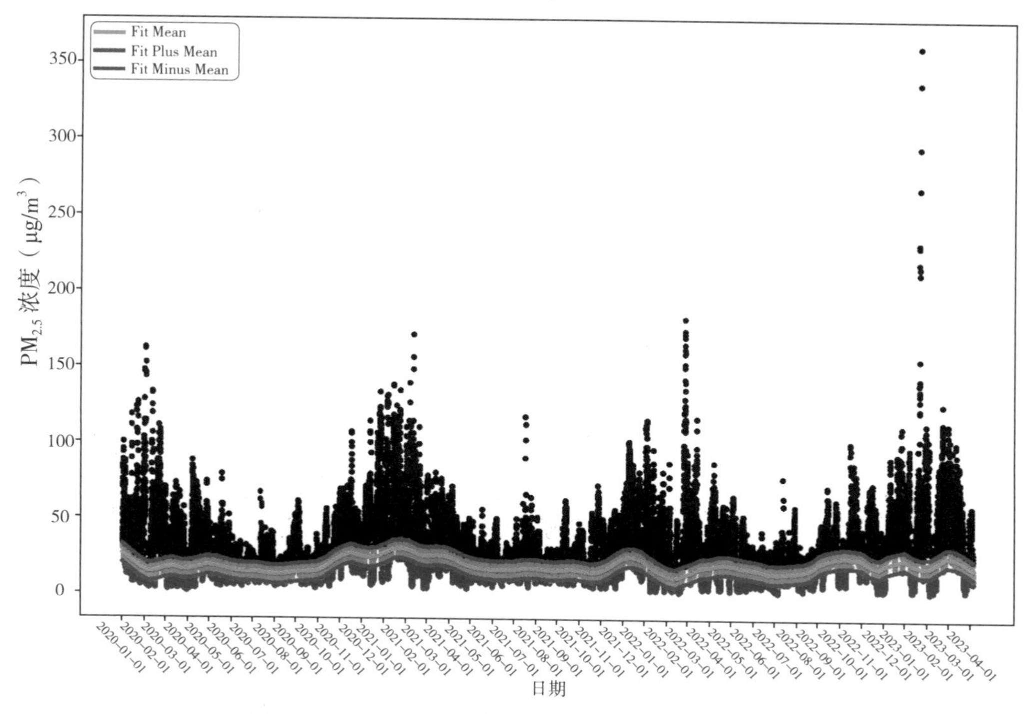

图 5-9　2020—2023 年贵港 $PM_{2.5}$ 本底浓度日变化

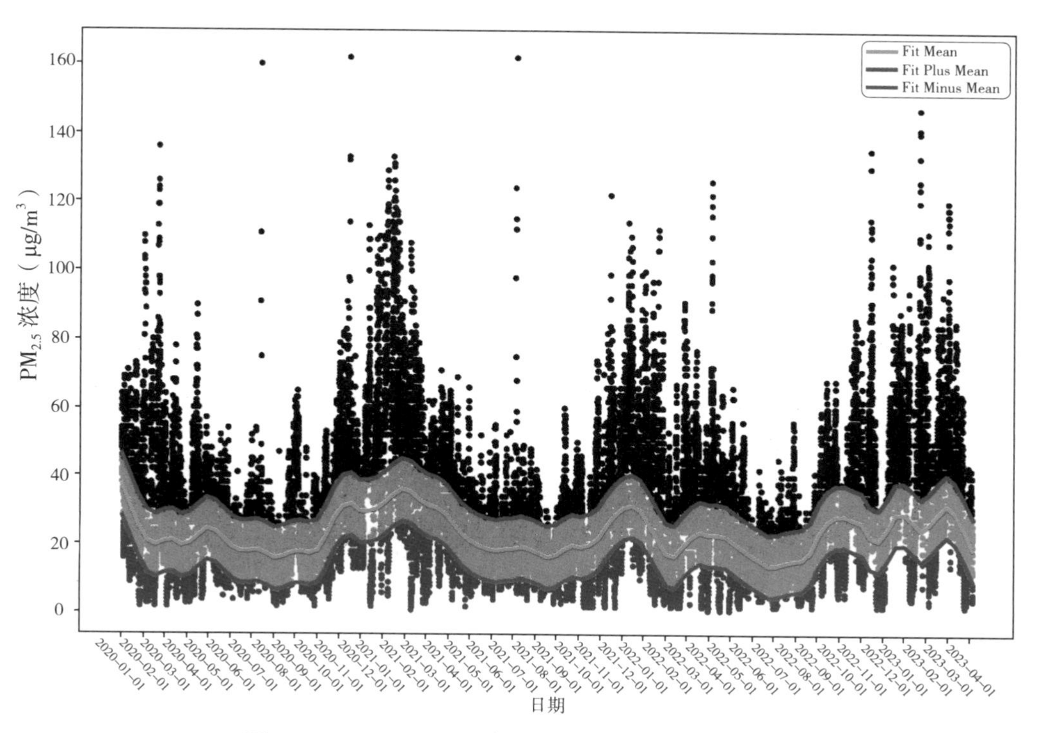

图 5-10　2020—2023 年玉林 $PM_{2.5}$ 本底浓度日变化

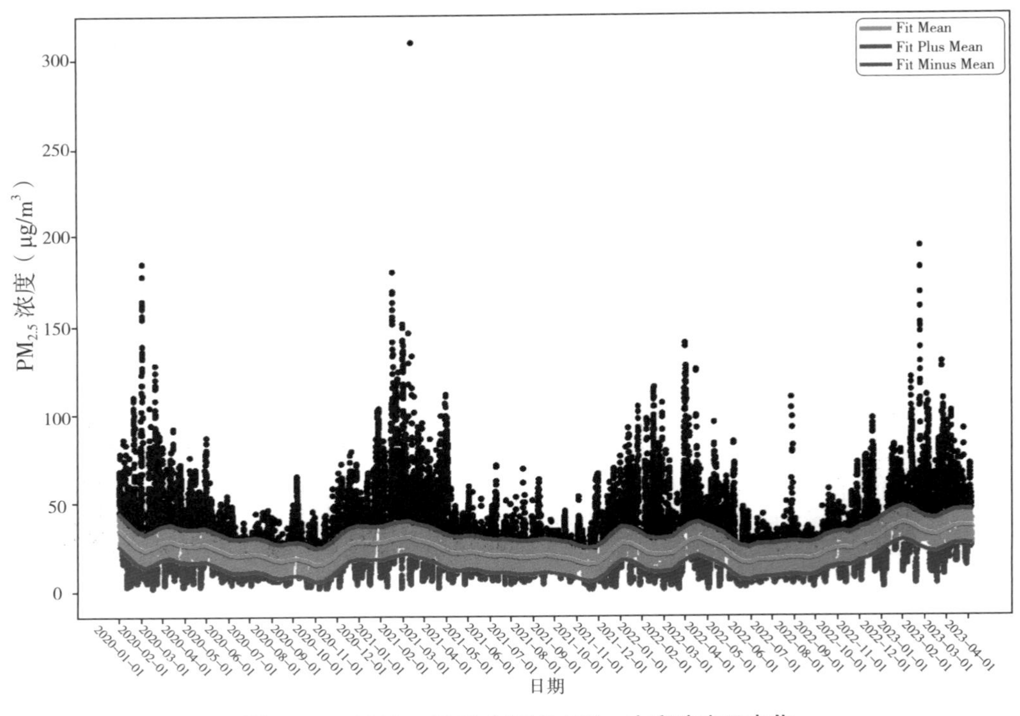

图 5-11　2020—2023 年百色 $PM_{2.5}$ 本底浓度日变化

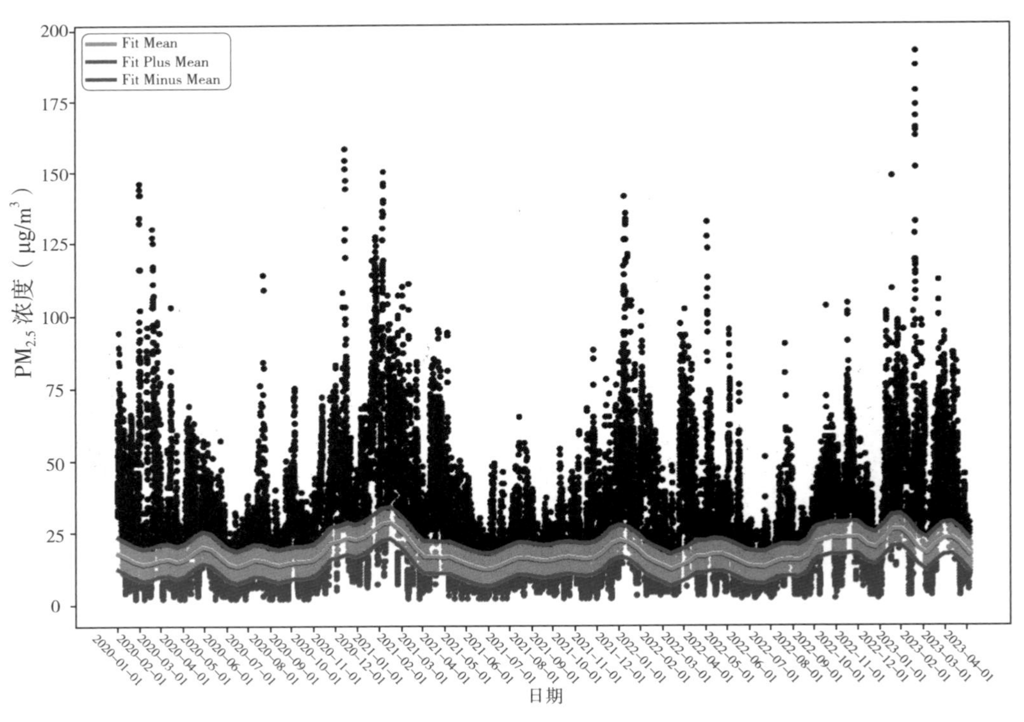

图 5-12　2020—2023 年贺州 $PM_{2.5}$ 本底浓度日变化

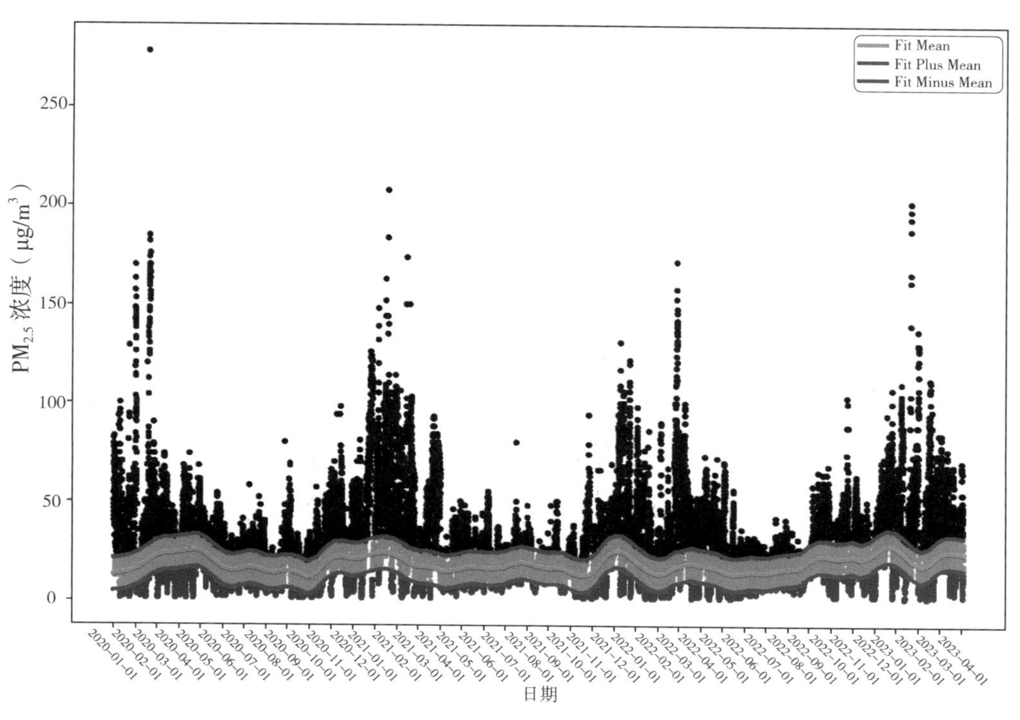

图 5-13　2020—2023 年河池 $PM_{2.5}$ 本底浓度日变化

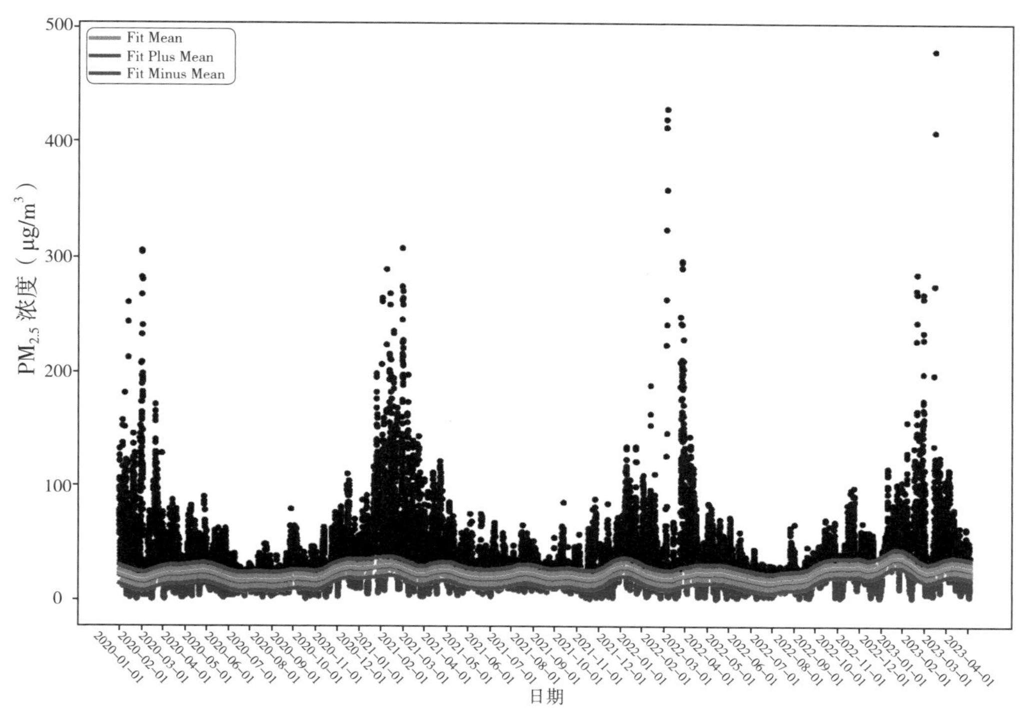

图 5-14　2020—2023 年来宾 $PM_{2.5}$ 本底浓度日变化

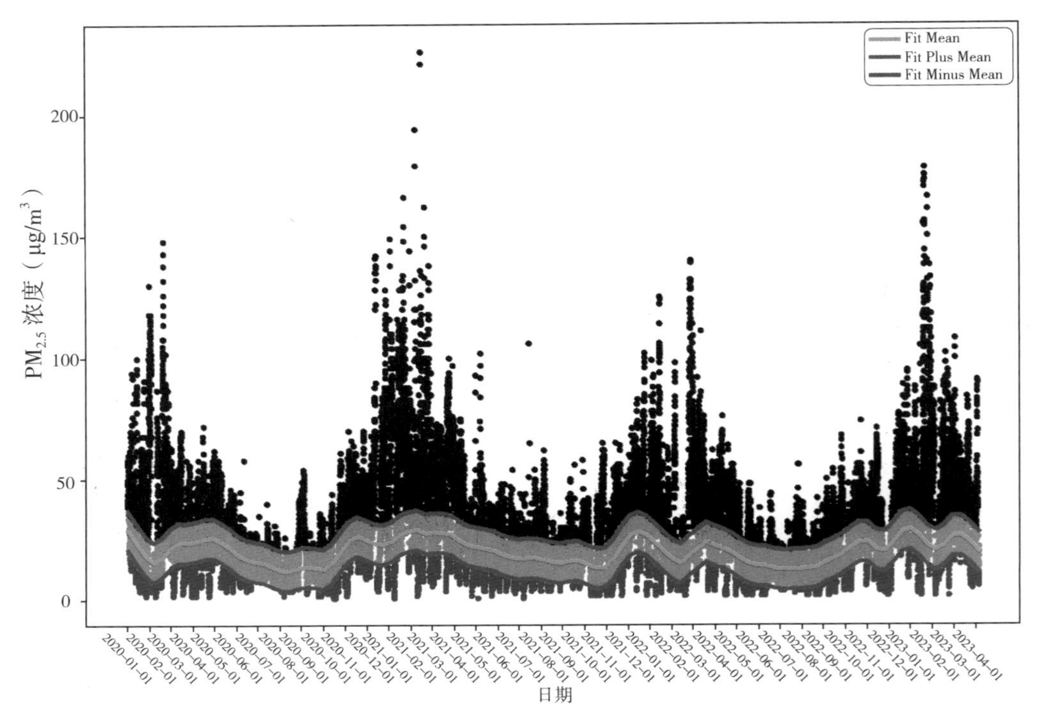

图 5-15　2020—2023 年崇左 $PM_{2.5}$ 本底浓度日变化

二、秸秆焚烧是制约广西环境空气质量改善的重要因素

（一）广西秸秆概况

广西是全国农业大省区，也是全国甘蔗种植面积最大省区，产生秸秆量较多的主要农作物有水稻、甘蔗、玉米、薯类、花生等。根据《广西统计年鉴》的数据，2022 年广西水稻的种植面积为 175.8 万 hm^2，甘蔗为 84.8 万 hm^2，玉米为 61.6 万 hm^2。按照草谷比和可收集系数折算，广西农作物秸秆产生量约 2410 万 t，其中水稻秸秆产生量约 1317 万 t，甘蔗秸秆产生量约 500 万 t，玉米秸秆产生量约 310 万 t。水稻秸秆和甘蔗秸秆总量占比超过 75%。

（二）广西秸秆对大气污染影响的主要特征

广西早稻、晚稻收割时间一般在 7 月中下旬和 10 月中下旬，春播、夏播玉米收获时间一般在 6 月中下旬和 11 月底，从近 5 年（2018—2022 年）每年的 6—7 月、10—11 月的情况来看，这期间秸秆焚烧作为主要污染因素引发的污染天在 0 ～ 14 城次，占全年发生污染天的占比为 0% ～ 5.1%。广西稻谷和玉米秸秆数量虽然相对较多，但由于机械化收割程度和综合利用率较高，收获季节为 7 月中下旬和 10

月中下旬期间，该时段广西仍然以西南季风影响居多，气温较高，大气边界层也较高，大气扩散条件有利。总体上，该时段秸秆焚烧对区域环境空气质量造成的影响相对较小。

广西甘蔗榨季在每年12月至翌年3月底左右，蔗叶焚烧主要集中在1—3月，季节特征非常明显。图5-16是柳州市柳江区穿山镇高速基站同一个站点不同时间所呈现的秸秆分布情况。可以明显看到，4—11月，站点甘蔗叶都是一片绿油油的；12月，部分甘蔗已经被砍收，部分地块已经覆盖了砍收的甘蔗叶片，该时段可以监控到零星甘蔗叶焚烧火点，但引发重污染天概率比较小；1—3月，甘蔗几乎全部砍收完成，部分地块呈现黑斑状，表明砍收的甘蔗叶已经被焚烧，且该时段正好是全年大气扩散条件差时段，甘蔗叶大量焚烧引发大气重度污染天的概率较高。

图5-16 秸秆铁塔监控

广西的甘蔗主产区分布在来宾、柳州、南宁、贵港、河池、崇左和北海，蔗区分布比较集中。蔗叶焚烧作为主要污染因素引发的污染天主要集中在第一季度，与秸秆焚烧相关的两项空气质量指标细颗粒物（$PM_{2.5}$）和一氧化碳（CO），在第一季度的浓度也是全年中最高的。例如，河池2020年出现重度污染1城次，来宾2019—2022年连续4年均出现重度污染，均出现在立春前后。从近5年（2018—2022年）第一季度情况看，这期间蔗叶焚烧作为主要污染因素引发的污染天在40～195城次，占全年发生污染天的占比为19.3%～66.6%。由此可见，秸秆焚烧，尤其是蔗叶焚烧，已成为影响广西以及甘蔗种植集中地城市环境空气质量改善的重要因素。

（三）基于火点辐射能量的广西秸秆焚烧时空分布研究

秸秆露天焚烧是影响广西区域大气污染的重要排放源。由于秸秆燃烧产生大量的气体及细颗粒物，会不断累积和生成二次污染物。广西秸秆存量较多，秸秆露天焚烧是导致当地大气污染的重要原因之一，在1—2月甚至出现由于秸秆燃烧造成的区域大气重度污染现象。厘清广西秸秆露天焚烧的污染物排放源，分析广西秸秆露天焚烧污染物排放量的精细时空特征与多年演变规律，才能进一步有效支撑大气污染防治攻坚和环境空气质量管理。

1. 基于火点辐射功率研究广西秸秆焚烧污染物排放量

本研究融合了多源 FRE 数据，利用晴空的单位面积火点能量对被云遮蔽的区域进行补偿，提取位于耕地的高置信度的 MODIS、VIIRS 和 Himawari-8 火点，应用更高分辨率的火点替代相邻位置低分辨率火点，利用晴空的单位面积火点能量对被云遮蔽的区域进行补偿，计算秸秆露天焚烧污染物排放量与火点辐射能量的对应关系，从而获取广西 2017—2021 年逐小时、2 km 级分辨率的秸秆露天焚烧污染物排放量，并研判了广西秸秆露天焚烧污染物的时空特征，为有效开展秸秆禁烧管控提供参考。

（1）获取火点数据。

MODIS 和 VIIRS 火点数据从美国 NASA FIRMS 火点信息资源管理系统下载（https：//firms.modaps.eosdis.nasa.gov/），Himawari-8 火点数据从日本气象局（JMA）在 JAXA 的 P-Tree 系统下载（https：//www.eorc.jaxa.jp/ptree/）。

MODIS 火点产品（MOD14/MYD14）的监测算法主要是上下文算法，该产品提供了火点发生的时间、经纬度、置信度和火点辐射功率（Fire Radiative Power，FRP）等信息。搭载 MODIS 传感器的卫星是 Terra 和 Aqua，分别于本地时间 10：30 与 22：30、01：30 与 13：30 过境，空间分辨率为 1 km。Suomi NPP 卫星搭载的 VIIRS 传感器与 MODIS 的火点识别算法有较好的一致性，由于其空间分辨率提高至 375 m，它对小火点的识别更为敏感。Suomi NPP 卫星于每天本地时间 01：30 和 13：30 过境。

Himawari-8 卫星搭载 AHI（Advanced Himawari Imager）传感器，时间分辨率为 10 min，空间分辨率为 2 km。火点的识别算法与 MODIS、VIIRS 不同，由 3.9 μm 亮度温度与周围网格 10.8 μm 亮度温度确定的背景温度的归一化偏差来反演。为使 Himawari-8 FRP 与其他 2 套卫星 FRP 具备可比性，提取被 Himawari-8 和 VIIRS 监测到的相同火点，比较 Himawari-8 与 VIIRS 观测的 FRP 数值，计算得到修正比例为 0.59。

（2）火点筛选与融合。

先筛选出广西耕地上方置信度较高的火点数据，排除工厂烟囱等异常点。广西耕地信息图根据陆地卫星 TM 假彩色数据（https：//earthexplorer.usgs.gov/，影像年份为 2020 年）的多光谱图像生成。水田多种植水稻，多分布在广西的中部和东南部；

旱地多种植甘蔗，分布在广西的中部和西南部。

当多套卫星监测的火点重叠时保留空间分辨率更高的火点，卫星的空间分辨率由高至低依次是 VIIRS、MODIS、Himawari-8，具体融合方法见图 5-17。

（a）当 Himawari-8 分辨率覆盖范围出现 MODIS 火点时，保留 MODIS 火点

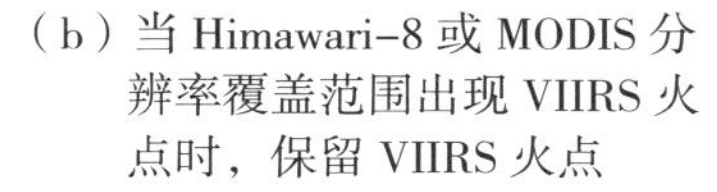
（b）当 Himawari-8 或 MODIS 分辨率覆盖范围出现 VIIRS 火点时，保留 VIIRS 火点

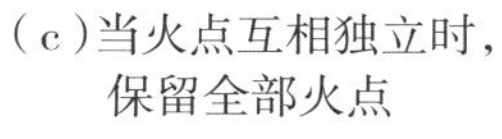
（c）当火点互相独立时，保留全部火点

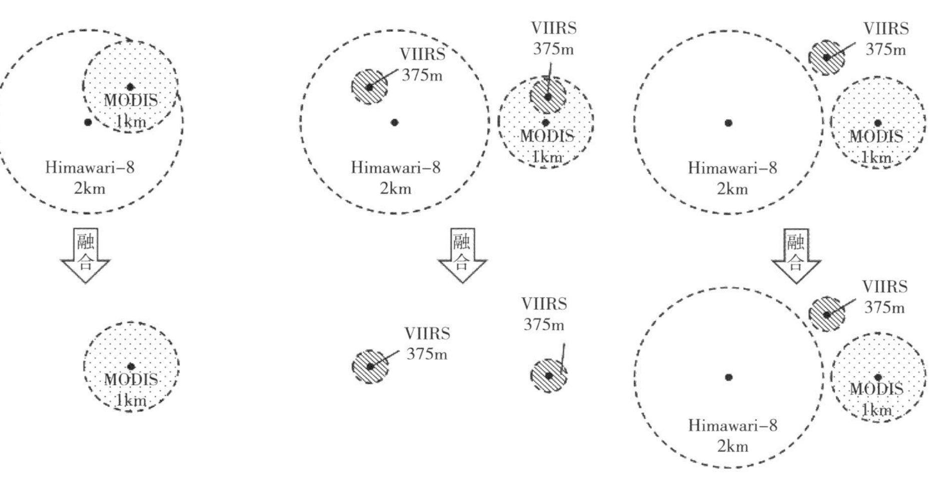

图 5-17 火点融合示意图

（3）被云遮蔽区域的火点能量补偿。

针对广西云量较多，火点易被遮蔽的实际情况，使用晴空下单位面积火点能量对被云遮蔽的耕地上的火点能量进行补偿。通过处理 MODIS Cloud Mask 数据，获取 2017—2021 年广西每日云量数据。基于云量的能量补偿公式如下。

$$FRP_{\text{cloudy}} = \frac{r}{1-r} \times FRP_{\text{clear}} \tag{5-1}$$

式中，*FRP* 表示城市当日耕地上的火点辐射功率；Cloudy 表示被云遮蔽的耕地；Clear 表示无云遮蔽的耕地；*r* 表示城市当日耕地上空云遮蔽置信度“Cloudy”的比例。根据气象观测降水量，未对降雨区域进行补偿。

（4）秸秆露天焚烧排放量核算。

将 FRP 进行时间积分可得到与秸秆露天焚烧污染物排放量线性相关的 FRE。该研究利用广西各城市 2017—2020 年秸秆露天焚烧污染物排放量计算单位 FRE 的污染物排放量作为排放系数，以实现具体火点的污染物排放量计算。

根据《城市大气污染源排放清单编制技术手册》，秸秆露天焚烧污染物排放量的计算方法如下。

$$ES=A\times EF \quad (5\text{-}2)$$

$$A=P\times N\times R\times \eta \quad (5\text{-}3)$$

式中，ES 为秸秆露天焚烧污染物排放量，单位为 g；A 为秸秆露天焚烧干物质量，单位为 kg；EF 为排放系数，单位为 g/kg，取值参考《生物质燃烧源大气污染物排放清单编制技术指南》；P 为农作物产量，单位为 kg，数据来自 2018—2021 年的《广西统计年鉴》；N 为草谷比（秸秆干物质量与作物产量比值），取值参考相关文献；R 为秸秆露天焚烧比例，参考广西各市发布的秸秆综合利用率，取 10% ～ 25%；η 为燃烧率，取值参考相关文献。

基于 FRE 的秸秆露天焚烧排放系数的计算公式如下。

$$EC_{i,k}=\frac{ES_{i,k}}{FRE_{i,k}} \quad (5\text{-}4)$$

式中，i 表示不同城市；k 表示水田与旱地；EC 为基于 FRE 的秸秆露天焚烧排放系数，单位为 g/MJ；FRE 为城市 2017—2020 年的火点辐射能量，单位为 MJ。

以 FRE 为活动水平数据，计算广西各火点污染排放的公式如下。

$$E_{i,k}=FRE_{i,k}\times EC_{i,k} \quad (5\text{-}5)$$

式中，E 表示秸秆露天焚烧污染物排放量，单位为 g；FRE 表示火点辐射能量，单位为 MJ；EC 表示污染物排放系数，单位为 g/MJ。

（5）秸秆露天焚烧排放量估算结果。

2017—2021 年，MODIS、VIIRS 与 Himawari-8 在广西监测到的秸秆火点分别为 2241 个、7952 个、42752 个，在此基础上本研究采用更高分辨率的火点替代相邻位置低分辨率的火点，利用晴空的火点分布密度对被云遮蔽的区域进行补偿，估算了广西 2017—2021 年逐小时的保留了火点原有空间分辨率的秸秆露天焚烧污染物排放量。2017—2021 年广西秸秆露天焚烧的 CO、NO_x、SO_2、NH_3、VOCs、PM_{10} 和 $PM_{2.5}$ 的平均年排放量分别为 12.91 万 t、0.78 万 t、0.16 万 t、0.17 万 t、2.77 万 t、2.26 万 t、2.21 万 t。

2. 广西秸秆焚烧火点及污染排放特征

（1）火点数时间特征分析。

广西秸秆火点数在 2017—2020 年逐年减少（分别为 9916 个、9573 个、9183 个、8693 个），而在 2021 年骤增至 15580 个，从广西各设区市秸秆火点数量逐年变化情况可知，火点数增长主要集中在来宾、南宁、崇左、北海和贵港（见图 5-18）。

2017—2021 年广西秸秆露天焚烧较多的城市是来宾、南宁和崇左，合计约 2.39 万个火点，占全区总火点数的 45.16%。

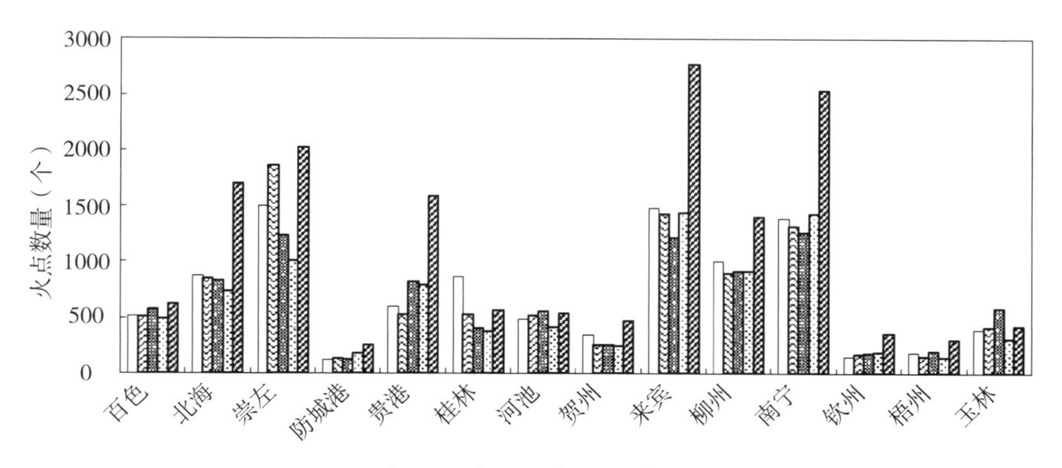

图 5-18　2017—2021 年广西 14 个设区市秸秆火点数量

图 5-19 为 2017—2021 年广西秸秆火点数量的逐月变化情况。从图中可以看出，秸秆露天焚烧主要集中在每年 10 月至翌年 3 月，与广西的晚稻收割期（10—11 月）与甘蔗榨季（12 月至次年 3 月）一致。

从不同年份对比来看，2021 年骤增的火点主要集中发生在 1 月、2 月。一是因为 2020 年为“十三五”大气污染防治收官之年，可能存在年底秸秆禁烧管理较为严格，导致田间积压的大量秸秆被农户在 2021 年初焚烧的现象；二是因为 2021 年 1 月、2 月的降雨和云量较少，有利于农户开展秸秆焚烧，且卫星观测火点的条件较好。

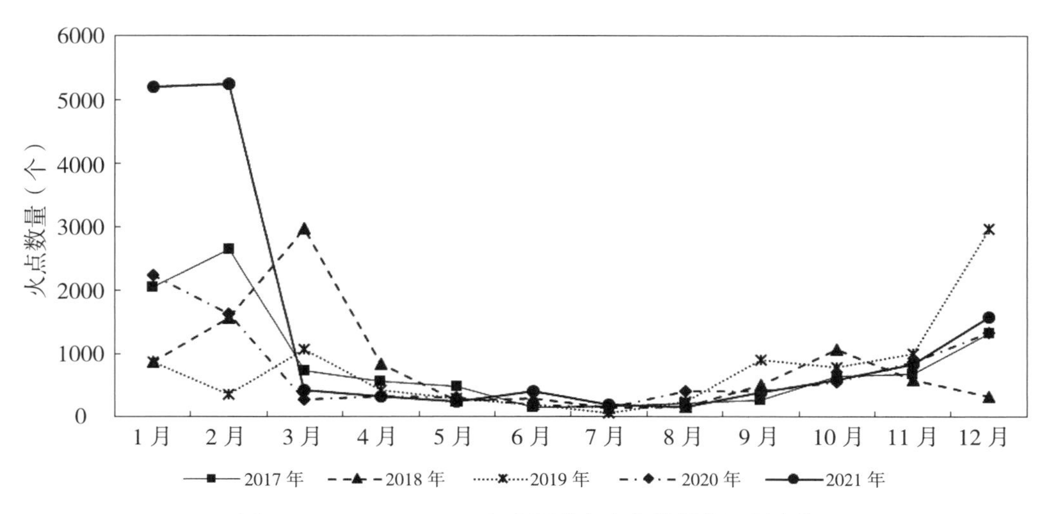

图 5-19　2017—2021 年广西秸秆火点数量的逐月变化

（2）污染物排放特征。

广西秸秆露天焚烧污染物排放的时间变化特征可从年、月、日 3 个尺度进行分析。图 5-20 为 2017—2021 年广西秸秆露天焚烧污染物排放量逐年变化情况。从图中可以看出，污染物排放量在 2017—2020 年波动不大，在 2021 年显著上升。与火点数量年变化不同的是，火点数量在 2018 年略有上升，表明 2018 年广西的火点强度高于 2017 年。

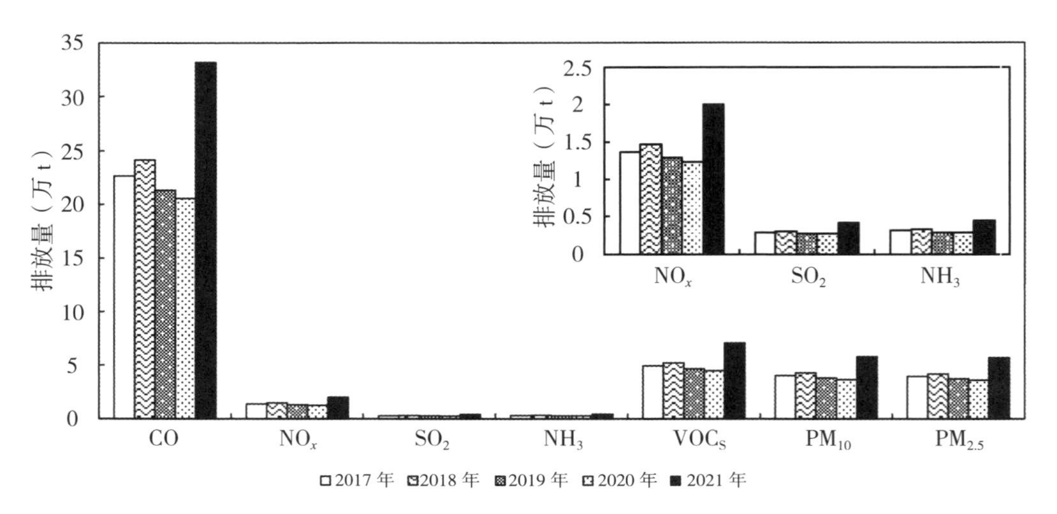

图 5-20　2017—2021 年广西秸秆露天焚烧污染物排放量逐年变化

将本研究的秸秆露天焚烧污染物排放量年平均值与其他研究作对比发现（见表 5-2），与 YIN 等基于 MODIS 数据估算的生物质开放燃烧污染排放结果相比较低，原因为 YIN 等的研究包含秸秆露天焚烧的同时还考虑了森林与草原火灾；与基于统计数据的研究结果相比，本研究的结果偏低，主要原因是本研究基于本地报刊及政府公告等文献建立的秸秆露天焚烧比例为 10% ～ 25%，低于刘慧琳等的研究结果（12% ～ 80%）、张晓荟的研究结果（18%）和陶敏华的研究结果（26%）。

表 5-2　不同估算方法的广西秸秆露天焚烧污染物排放量年平均值对比

类别	数据来源	基准年	广西秸秆露天焚烧污染物排放量（万 t/ 年）						
			CO	NO_x	SO_2	NH_3	VOCs	PM_{10}	$PM_{2.5}$
秸秆露天焚烧	本研究	2017—2021 年均值	12.91	0.78	0.16	0.17	2.77	2.26	2.21
生物质开放燃烧	YIN	2003—2017 年均值	41.01	1.65	0.27	0.62	—	5.76	5.44

续表

类别	数据来源	基准年	广西秸秆露天焚烧污染物排放量（万 t/ 年）						
			CO	NO_x	SO_2	NH_3	VOCs	PM_{10}	$PM_{2.5}$
秸秆露天焚烧	刘慧琳等	2019	80.74	5.12	1.08	0.96	15.86	14.84	14.54
秸秆露天焚烧	张晓芸	2017	51.5	1.7	0.5	0.4	6.8	6.8	5.6
秸秆露天焚烧	陶敏华	2015	107.31	5.21	0.22	—	—	—	12.89

图 5-21 为 2017—2021 年广西秸秆露天焚烧 VOCs 和 $PM_{2.5}$ 排放量的逐月变化情况。对比火点数量的逐月变化可知，秸秆露天焚烧污染物排放量与火点数量的月变化特征基本一致，排放高峰值主要出现在每年 10 月至翌年 3 月，即冬季和春季，该时段贡献了全年 $PM_{2.5}$ 排放的 62.25% ～ 73.99%，VOCs 排放的 62.12% ～ 73.64%。

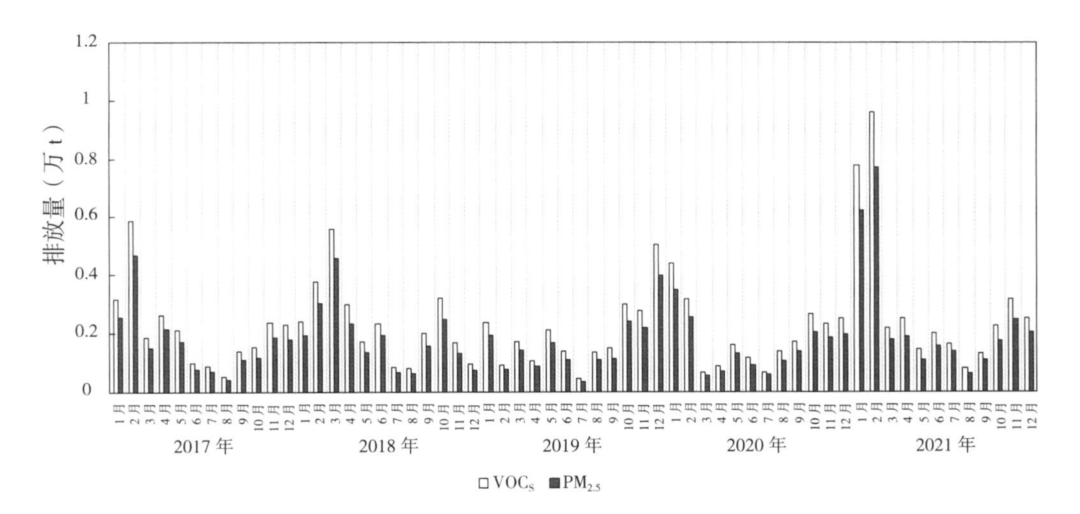

图 5-21　2017—2021 年广西秸秆露天焚烧污染物排放量逐月变化

图 5-22 为 2017—2021 年广西秸秆露天焚烧 VOCs 和 $PM_{2.5}$ 排放量的日变化情况。从图中可以看出，秸秆露天焚烧污染排放在 09：00 开始逐渐上升，并在 18：00—19：00 出现明显高峰，在 19：00 后逐渐下降。这是因为在季节更替急需播种时，农户常选择在傍晚劳作完后焚烧田里的秸秆，这是导致污染排放高峰的主要原因，也是大气污染的主要来源。

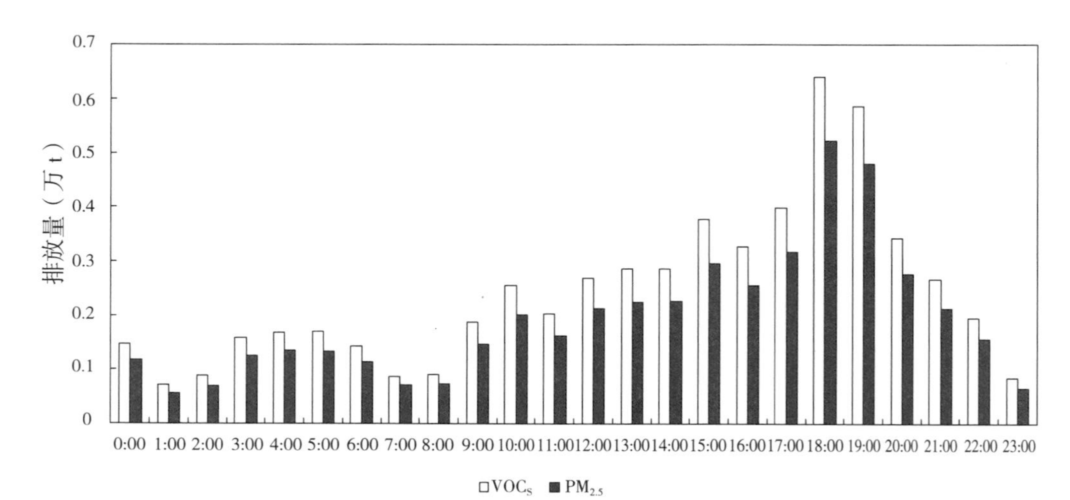

图 5-22　2017—2021 年广西秸秆露天焚烧污染物排放量日变化

广西秸秆露天焚烧 $PM_{2.5}$ 排放的高值主要分布在来宾、南宁、贵港、崇左及北海，与广西耕地类型中的旱地分布一致，说明甘蔗露天焚烧对 $PM_{2.5}$ 排放的贡献明显比稻秆焚烧大。南宁、来宾和贵港秸秆露天焚烧污染物 $PM_{2.5}$ 排放高值分布密集，秸秆露天焚烧排放对该区域大气污染贡献较大；崇左和北海秸秆露天焚烧污染物 $PM_{2.5}$ 排放高值相对孤立，更多的是影响该市区域环境空气质量。结合广西逐年、逐月和逐日秸秆露天焚烧污染排放强度的变化特征及耕地类型分布，从排放量的空间分布图可以判定，2017—2021 年秸秆大部分直接在甘蔗地上焚烧的可能性较大，VOCs 排放分布特征与 $PM_{2.5}$ 一致。

根据统计显示，2017 年 MEIC 清单中广西的人为源排放 CO、NO_x、SO_2、NH_3、VOCs、PM_{10} 和 $PM_{2.5}$ 的总量分别为 339.56 万 t、42.83 万 t、26.66 万 t、38.61 万 t、79.23 万 t、33.34 万 t、25.31 万 t。将 2017—2021 年广西秸秆露天焚烧污染物排放量年平均值与其作对比，结果见图 5-23。广西秸秆露天焚烧排放的 $PM_{2.5}$ 贡献最高，占比为 8.74%，而 VOCs 占比为 3.49%，因而秸秆露天焚烧对广西 $PM_{2.5}$ 污染有一定影响。

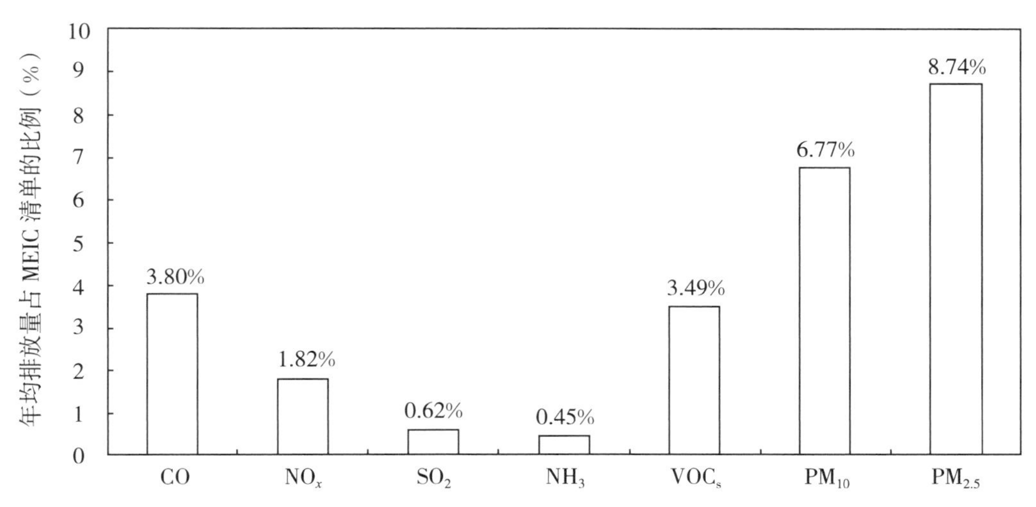

图 5-23　2017—2021 年广西秸秆露天焚烧污染物年平均排放量占 MEIC 清单的比例

虽然广西秸秆露天焚烧排放的年平均贡献不高，但秸秆露天焚烧会在短期内产生大量的污染物。从 2017—2021 年广西秸秆露天焚烧 VOCs 和 $PM_{2.5}$ 日排放量占 2017 年 MEIC 清单中广西人为源日均排放量的比例可见，秸秆露天焚烧排放的 $PM_{2.5}$ 在不同月份的日贡献差别较大，以 2 月最高，平均值、中位数和最大值分别为 20.61%、7.32% 和 72.18%。贡献超 100% 的离群点有 3 个，分别是 121.28%（2021 年 2 月 6 日排放量为 783.28 t）、110.28%（2021 年 2 月 7 日排放量为 712.26 t）和 104.13%（2021 年 2 月 4 日排放量为 672.55 t）；1 月 $PM_{2.5}$ 的日贡献仅次于 2 月，平均值、中位数和最大值分别为 16.11%、9.78% 和 61.22%，最高离群点为 74.56%（2020 年 1 月 30 日排放量为 481.11 t）；2017—2021 年在 1—2 月 $PM_{2.5}$ 排放量超过人为源排放量 25% 和 50% 的天数分别为 82 天、34 天（见图 5-24）。

秸秆露天焚烧排放的 VOCs 日贡献在月变化上与 $PM_{2.5}$ 相同，在 1 月、2 月的 VOCs 日贡献明显高于其他月份，平均值分别为 5.53% 和 6.62%，最高离群点为 37.92%（2021 年 2 月 6 日排放量为 946.56 t）。总体来看，广西秸秆露天焚烧排放污染具有暴发时间集中的特点，在 1—2 月发生的频率高，且对短期大气污染贡献大。

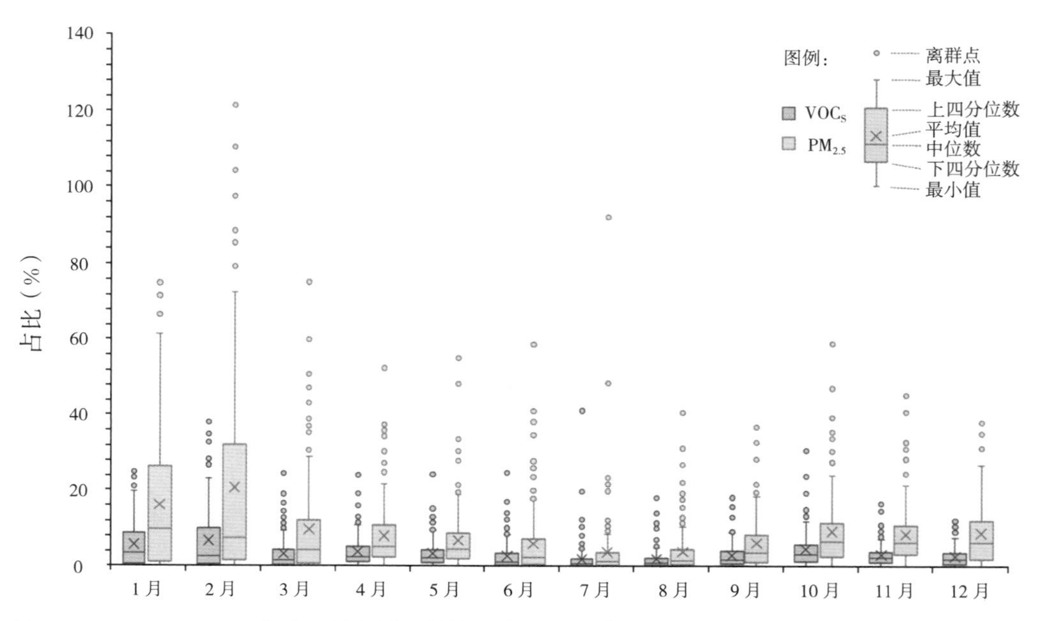

图 5-24　2017—2021 年广西秸秆露天焚烧污染物日排放量占 MEIC 清单日排放量的比例箱式图

3. 秸秆焚烧时空分布研究结论

通过高分辨率替代相邻位置低分辨率火点的方式融合 MODIS、VIIRS 和 Himawari-8 3 套卫星 FRE，并使用晴空下单位面积火点能量补偿被云遮蔽的耕地上的火点能量，一定程度上解决了由于云造成的火点能量低估问题。与广西秸秆露天焚烧污染排放的已有研究相比，本研究计算了高分辨率的火点能量，获取了秸秆露天焚烧的长期演变规律，描述了精细化的时空分布特征，并揭示了广西秸秆露天焚烧排放污染具有爆发时间集中的特点。

（1）2017—2021 年广西秸秆露天焚烧的 CO、NO_x、SO_2、NH_3、VOCs、PM_{10} 和 $PM_{2.5}$ 的平均年排放量分别为 12.91 万 t、0.78 万 t、0.16 万 t、0.17 万 t、2.77 万 t、2.26 万 t、2.21 万 t，其中 $PM_{2.5}$ 占广西 2017 年全行业排放 $PM_{2.5}$ 量的 8.74%。

（2）从时间变化上看，广西秸秆露天焚烧污染物排放量高值主要在每年 10 月至翌年 3 月，正值晚稻收割期和甘蔗榨季，贡献了秸秆露天焚烧污染物全年 62.25% ～ 73.99% 的 $PM_{2.5}$ 排放。从空间变化上看，污染排放高值区域主要分布在广西中部与西南部地区，其中南宁、来宾和贵港的污染排放高值分布密集，秸秆露天焚烧排放对该区域大气污染贡献较大，崇左和北海的污染排放高值相对孤立，主要影响本地环境空气质量。

（3）广西秸秆露天焚烧排放的 $PM_{2.5}$ 总量与 MEIC 评估的全区人为源排放总量相比，1 月、2 月平均贡献率分别为 16.11% 与 20.61%，最高可达 74.56% 与 121.28%。

2017—2021 年有 34 天超过人为源排放总量的 50%，表明广西秸秆露天焚烧排放污染具有爆发时间集中的特点，在 1—2 月发生的频率高，且对短期大气污染贡献大。

（4）获取的广西秸秆露天焚烧排放量空间分布，在精细化、高时空分辨率方面取得了较大进展，为研究广西区域性大气污染过程的成因提供了技术参考。

（四）广西重污染天气的主要来源及管控建议

1. 秸秆焚烧导致广西 $PM_{2.5}$ 区域性污染的一般规律

秸秆焚烧排放的污染物在短时间内超出了大气容量，遇到不利的气象条件，极易发生重污染天气。较重的区域性大气污染过程往往发生在榨季中后期，甘蔗秸秆积压到一定程度时，蔗农往往选择在一定气象条件（静风、有阳光）下进行集中大量焚烧，在雨前烧、静稳烧和回暖烧的普遍较多，以冷暖气团交汇、静风、高湿等气象条件影响较大（见图 5-25）。

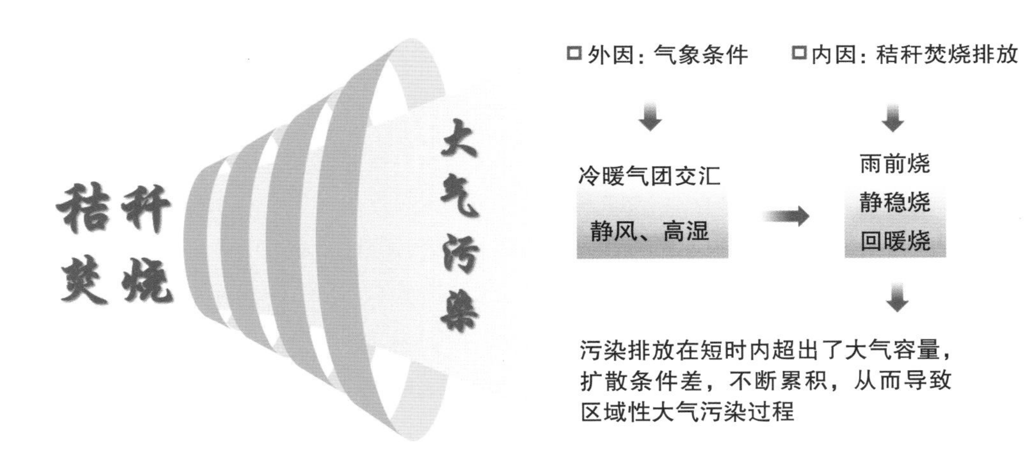

图 5-25　广西秸秆焚烧导致大气污染示意图

从历年监测数据看，秸秆焚烧导致的重度污染天气，每年都会在立春前后“重演”，这严重影响广西完成“深入打好蓝天保卫战、消除重污染天气”的目标。从近年市县级环境空气质量监测数据看，广西由秸秆焚烧导致的重度污染区域分布呈现以来宾为中心，范围逐年缩小的特征，表明近年来广西秸秆禁烧管控取得初步成效，但由于现阶段还未能从根本上解决农民在春耕时段清除秸秆的迫切需求与秸秆综合利用无法达到全域有效覆盖的主要矛盾，因此实现消除重度污染天气的目标仍有较大难度。

2. 来宾出现重度污染天气具有历史必然性

一是甘蔗秸秆存量大是最大的客观实际。蔗糖是国家重要的战略物资，广西作为我国最大的蔗糖生产基地，甘蔗种植面积大、分布广，每年产生约500万吨的秸秆，是影响广西冬末初春大气污染的潜在污染源。二是秸秆禁烧关键时期不具备“天时地利”。每年1—2月通常是秸秆焚烧高峰期，也是广西大气扩散条件比较差的时段，当秸秆积压较长一段时间，在一定气象条件（静风、有阳光）下极易集中暴发大面积焚烧进而导致重度污染过程。南宁、贵港、来宾和柳州地处桂中部，是广西核心的甘蔗产区。1—2月时值秸秆焚烧高峰期，冬春交替，冷暖空气常在来宾交汇，来宾除了受本地秸秆焚烧影响外，还受周边柳州、南宁、贵港3个城市秸秆焚烧污染输送贡献，因此来宾历年来重污染发生概率均较高。三是秸秆综合利用率低。现阶段广西存在甘蔗秸秆综合利用规上企业少，且分布不均匀；秸秆收储运难度大、成本高，收储运体系还未能发挥关键作用；政府尚未出台相关政策支持秸秆综合利用产业发展等问题，制约了秸秆综合利用率的提高，导致秸秆大量积压田间且无合适气象条件开展有序烧除，直接影响蔗农春耕春播，形成秸秆大面积集中焚烧的被动局面。

3. 秸秆焚烧管控主要建议

广西大气重污染天气来源主要是秸秆焚烧，秸秆焚烧科学管控是消除大气重污染的关键。

（1）建立广西4+9市县秸秆禁烧重点联防联控区。

结合历年各市县重度污染发生时间及覆盖区域，需建立4+9市县秸秆禁烧重点联防联控区（来宾、柳州、贵港和河池4个市，宾阳、武宣、合山、象州、鹿寨、柳江、忻城、柳城和宜州9个区县），其中来宾、柳江和柳州是核心区。在每年1—2月秸秆焚烧高峰期前，重点联防联控区需提前部署秸秆离田、粉碎、收储等应急手段；齐抓共管，加强秸秆焚烧执法处罚力度；疏堵结合，科学组织有序焚烧。

（2）深入推进秸秆综合利用。

坚持“以禁促用”，秸秆离田－收储－综合利用需要一盘棋考虑，提高秸秆综合利用率是秸秆禁烧工作取得根本性胜利的关键。一是加快建立乡镇秸秆收储中心，推广“一村一站，一镇一中心”秸秆收储模式，提高秸秆离田率。二是引进与辖区秸秆量相匹配的综合利用企业，加强秸秆肥料化、饲料化、原料化、燃料化、基料化利用技术产业化，做长秸秆综合利用产业链，培育一批秸秆资源化利用示范企业。三是发挥政府主导作用，解决农民春耕春种迫切需求，要让人民群众看到秸秆综合利用最终受益的是蔗农，充分调动人民群众参与秸秆综合利用的积极性。

（3）继续加强秸秆禁烧监控能力建设。

充分发挥“空天地”一体化秸秆焚烧监控监管作用。目前，广西铁塔视频监控点位有 799 个，覆盖禁烧区 10035 km^2，仅占全部禁烧区 5.3 万 km^2 的 19%，离禁烧区铁塔视频监控全覆盖还有较大差距，需加快完善秸秆禁烧铁塔视频监控平台系统建设；开展秸秆焚烧指数预报及秸秆焚烧污染扩散模拟技术研究，在大气扩散条件不利时，加强秸秆焚烧影响分析会商；在大气扩散条件有利时，加强开展秸秆有序烧除的指导工作，为秸秆禁烧管理提供技术支撑。

（4）甘蔗产业战略转化，调动相关资源激活现代化发展模式。

一是加快传统糖业生产转型升级，推进生产工艺自动化和智能化，引进低能耗的液体糖等具有变革市场潜力的生产工艺，实现糖业高质量发展。二是制糖企业联动着甘蔗种植和砍收、蔗农、蔗叶综合利用企业，有着无可替代的平台优势，且处置甘蔗秸秆本身也是制糖企业应履行的社会责任，实施制糖企业包干处理禁烧区蔗叶是最符合当前秸秆综合利用的实际举措。三是探索政府主导、企业和社会各界参与、市场化运作的可持续的生态产品价值实现路径。将秸秆变“废”为“宝”，可利用丰富的甘蔗尾梢青饲料养殖雪花牛、奶牛等，推广类似广西石埠乳业山水牧歌数智休闲观光牧场等以甘蔗种植为资源的创新发展典型案例；深入挖掘甘蔗种植蕴含的文化和时代价值，结合甘蔗地的地形建立有特色的创意公园，发动艺术家和农民的巧手，类似哈尔滨冰雕艺术一样，建立大片甘蔗秸秆艺术装置，打造甘蔗秸秆雕塑景观艺术广场，通过旅游带动就业、提高农民收入、升级生产生活环境，无形中消除蔗农焚烧秸秆的行为。

（五）秸秆焚烧导致重度污染天气典型案例

秸秆焚烧产生的污染物有一定烟羽抬升高度，具有污染物种类多、浓度高的特点，一旦排放到大气中，如扩散条件不利，则很难快速清除，最终会在不利气象条件作用下，不断累积和生成二次污染物，形成污染气团传输影响下游城市。

2022 年 2 月 27 日，来宾出现大气重度污染，日均 AQI 达到 226。26 日夜间，局部时段达到严重污染，27 日 0 时，$PM_{2.5}$ 浓度峰值达到 296 μg/m^3。来宾在 2 月 26 日秸秆焚烧产生的 $PM_{2.5}$ 排放量达到 88.29 t，由于大气扩散条件差，污染物无法扩散且不断累积，最终导致 27 日来宾 $PM_{2.5}$ 日平均浓度达到重度污染。本次来宾大气重度污染主要原因为大气扩散条件差叠加大量秸秆集中焚烧，从污染的根本来源看，来宾此次重度污染天气是“烧”出来的。

1. 来宾大气重度污染演变过程

2022 年 2 月，广西出现 2022 年首次区域性大气污染过程，共发生 30 城次污染天。其中，来宾 2 月 26 日为中度污染，27 日达到重度污染，累计污染了 5 天，污染程度最重。在本次大气污染过程前一周（2 月 18—24 日），全区环境空气质量以优为主，污染物浓度处于较低水平（见图 5-26）。

城市	20 日	21 日	22 日	23 日	24 日	25 日	26 日	27 日	28 日
南宁	28	26	22	28	44	67	112	118	77
柳州	40	28	48	40	44	67	118	133	143
桂林	37	35	34	37	49	63	85	85	114
梧州	24	29	25	24	44	50	67	80	79
北海	27	29	26	27	48	60	100	138	86
防城港	28	26	22	28	43	57	108	99	80
钦州	30	29	26	30	47	64	132	128	85
贵港	31	32	28	31	49	54	114	178	109
玉林	25	28	24	25	43	54	82	98	80
百色	39	30	26	39	39	60	85	104	124
贺州	24	33	27	24	43	52	67	84	85
河池	50	27	28	50	38	50	94	90	147
来宾	35	27	31	35	48	85	169	226	135
崇左	33	29	28	33	44	64	119	129	122

图例	优	良	轻度	中度	重度	严重
AQI	0	50	100	150	200	300

图 5-26　2022 年 2 月 20—28 日广西 14 个设区市空气质量指数 AQI 变化

从卫星遥感监测火点情况看，2 月 24 日，来宾几乎没有监测到火点，但在 25 日夜间，秸秆焚烧火点集中暴发，秸秆焚烧现场火光冲天、烟雾锁城（见图 5-27）。这是来宾秸秆积压数月后暴发的一次大面积焚烧，根据卫星遥感监测火点数据统计，来宾在 2022 年 1 月 1 日—2 月 23 日卫星遥感秸秆焚烧火点累计只有 135 个，而 2 月 24 日—3 月 1 日卫星遥感火点数达到 702 个，火点数暴涨 420%，直接导致来宾 2 月 27 日当晚污染物浓度快速飙升，达到重度污染。

图 5-27　来宾秸秆焚烧火点现场图

图 5-28 为 2022 年 2 月 25 日—3 月 1 日广西大气污染过程主要污染城市 $PM_{2.5}$ 浓度变化。从图中可以看出，来宾 $PM_{2.5}$ 浓度在 1 小时内由 77 μg/m³ 上升至 187 μg/m³，26 日夜间再次飙升，出现严重污染；27 日出现持续 13 个小时的重度污染天气。可以看出 $PM_{2.5}$ 浓度都在夜间反弹，一方面是夜间边界层下降，大气容量下降，污染浓度上升；另一方面是夜间秸秆焚烧加重，污染物不断累积。

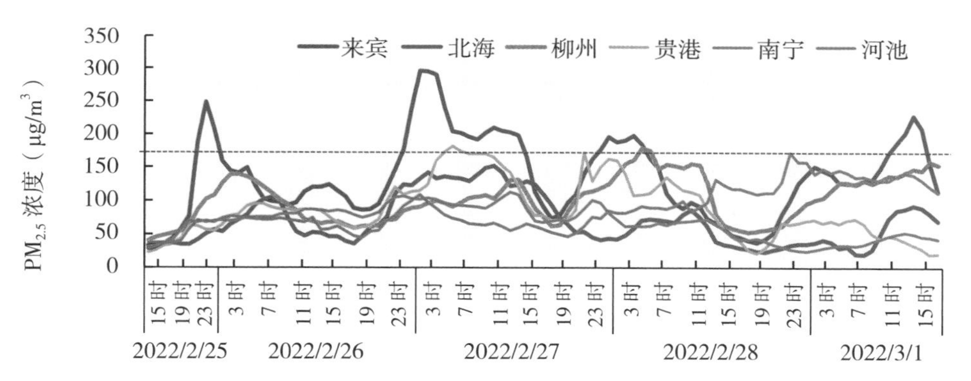

图 5-28　2022 年 2 月 25 日—3 月 1 日广西大气污染过程主要污染城市 $PM_{2.5}$ 浓度变化

2. 天气形势分析

从中央气象台 2022 年 2 月 25—26 日地面和高空（500 hPa）天气形势场可以看出，2 月 25 日冷空气对广西影响趋于结束，地面冷高压东移出海，地面以东北风为主，白天扩散条件整体有利，夜间转差，高空槽逐步转为槽后控制，转受西南气流影响；地面由高压后部转为均压场空气，气压梯度力小。气温回升，天气晴朗，以静稳天气影响为主，大气扩散条件不利。2022 年 1 月以来，广西各地天气以阴雨天气居多，大量甘蔗叶秸秆已经堆积田间很长一段时间，遇到天气放晴，风力较小时，蔗农会大量焚烧秸秆。

图 5-29 为 2022 年 2 月 25—27 日来宾地面气象要素变化，从图中可以看出，25 日，整体以北风为主，26 日及 27 日地面转南风时气温升高，夜间及早上均为弱北风；27 日气压明显下降，气温进一步上升；湿度方面均为气温上升时湿度下降，夜间及早上较高，夜间到凌晨部分时段相对湿度已接近 100%，但由于无降水，排放的污染物进一步吸湿增长。对比图 5-28，可以看出，气温较高时段为 7—10 时，相对湿度明显下降，有利于边界层抬高，按常理污染物浓度会明显下降，但实际 26 日及 27 日污染物浓度仍维持重度污染水平，27 日 7—10 时，风速超过 2 m/s，$PM_{2.5}$ 浓度也维持重度污染水平，这说明夜间污染物累积浓度太高，已经超出了大气承载容量，短期气象条件好转但污染无法快速消散。夜间静风、高湿等不利气象条件叠加秸秆焚烧污染排放，导致污染二次生成不断累积。

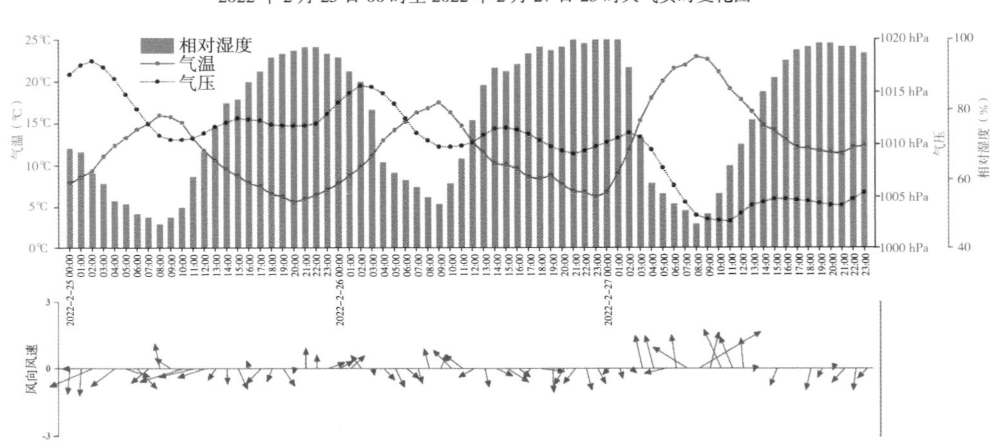

图 5-29　2022 年 2 月 25—27 日来宾地面气象要素变化

3. 秸秆焚烧污染模拟分析

为了分析秸秆焚烧火点对来宾环境空气质量的影响，采用火点辐射能量估算秸秆焚烧排放量，结合气象数据模拟来宾 2 月 25—26 日秸秆焚烧火点 $PM_{2.5}$ 排放量及污染物变化。

（1）火点强度的计算。

火点辐射能量（FRE）是火点强度和范围大小的综合指标，其计算公式如下：

$$FRE=\int FRP \tag{5-6}$$

$$FRP=4.34\times10^{-19}(T^{8}_{\mathrm{MIR}}-T^{8}_{\mathrm{b,\ MIR}}) \tag{5-7}$$

式中，*FRE* 为火点辐射能量，是燃烧时段内释放辐射功率（*FRP*）随时间的积分；*FRP* 为火点辐射功率，是火点像素的亮温和背景亮温差异的函数，目前有直接反演 FRP 的卫星产品，如 NASA FIRMS 系统的 MODIS 和 VIIRS 火点产品、日本气象局（JMA）P-Tree 系统的 Himawari-8 火点产品等。

（2）秸秆燃烧排放量的计算。

基于卫星遥感反演的火点辐射功率（FRP）估算秸秆燃烧排放量的原理为火点强度与燃烧的干物质总质量线性相关，而燃烧的干物质量越大，污染物排放量越大。根据火点强度，即火点辐射能量由火点辐射功率时间积分所得，则秸秆燃烧干物质量和污染物排放量的计算公式如下：

$$A = FRE \times \beta \tag{5-8}$$

$$E = A \times EF \tag{5-9}$$

式中，*A* 为秸秆燃烧的干物质量（kg）；*β* 为 *FRE* 燃烧系数（kg/MJ），可通过上述燃烧实验获取；*E* 为秸秆燃烧排放量（g）；*EF* 为排放系数（g/kg）。

（3）结果分析。

提取 2022 年 2 月 25 日来宾城区及周边 46 个主要火点进行模拟分析（见图 5-30），当日 15—18 时几乎无污染排放，与环境空气质量监测数据 $PM_{2.5}$ 浓度变化一致，处于优到良的水平。当日主导风向为偏北风，19 时，秸秆焚烧污染排放开始明显上升，城市环境空气质量急剧恶化，火点排放的污染物自北向南进入到来宾城区。25 日 21 时—26 日 03 时，该时段污染较重，基本维持重度污染及以上水平。根据模拟分析，该时段重污染与秸秆焚烧火点排放相吻合，说明 25 日产生的火点污染排放直接导致了来宾短时重污染。26 日 03 时后，秸秆焚烧污染排放已经扩散至来宾南部，污染基本消散，从空气质量监测数据看，该时段污染物浓度确实已经明显回落，降至轻到中度污染水平。

2022 年 2 月 26 日提取 37 个主要火点进行模拟分析（见图 5-31），26 日大面积焚烧火点数量有所减少，说明在重污染应急管控火点方面有所成效。26 日火点污染排放影响是从 20 时开始的，但在 20 时之前，来宾都处于轻到中度污染状态，这是 25 日秸秆火点污染排放累积所致。26 日 20 时受秸秆火点暴发影响，上风向火点污染排放在偏北风作用下刚好影响来宾城市环境空气监测站点，$PM_{2.5}$ 浓度再次飙升，持续到 23 时，$PM_{2.5}$ 浓度维持严重污染级别，最终导致 26 日日平均浓度达到中度污染。根据模拟分析，27 日 0 时后，秸秆火点排放影响区域已逐步偏离城区，但受不利气象条件影响，夜间及凌晨时段大气相对湿度接近 100%（见图 5-32），相对湿度及气温越高，污染越严重。持续静风、高湿等不利气象条件，使得来宾重度污染持续达到 13 个小时，入夜 21 时再次反弹至重度污染，持续 3 小时，最终导致 27 日日平均重度污染发生。

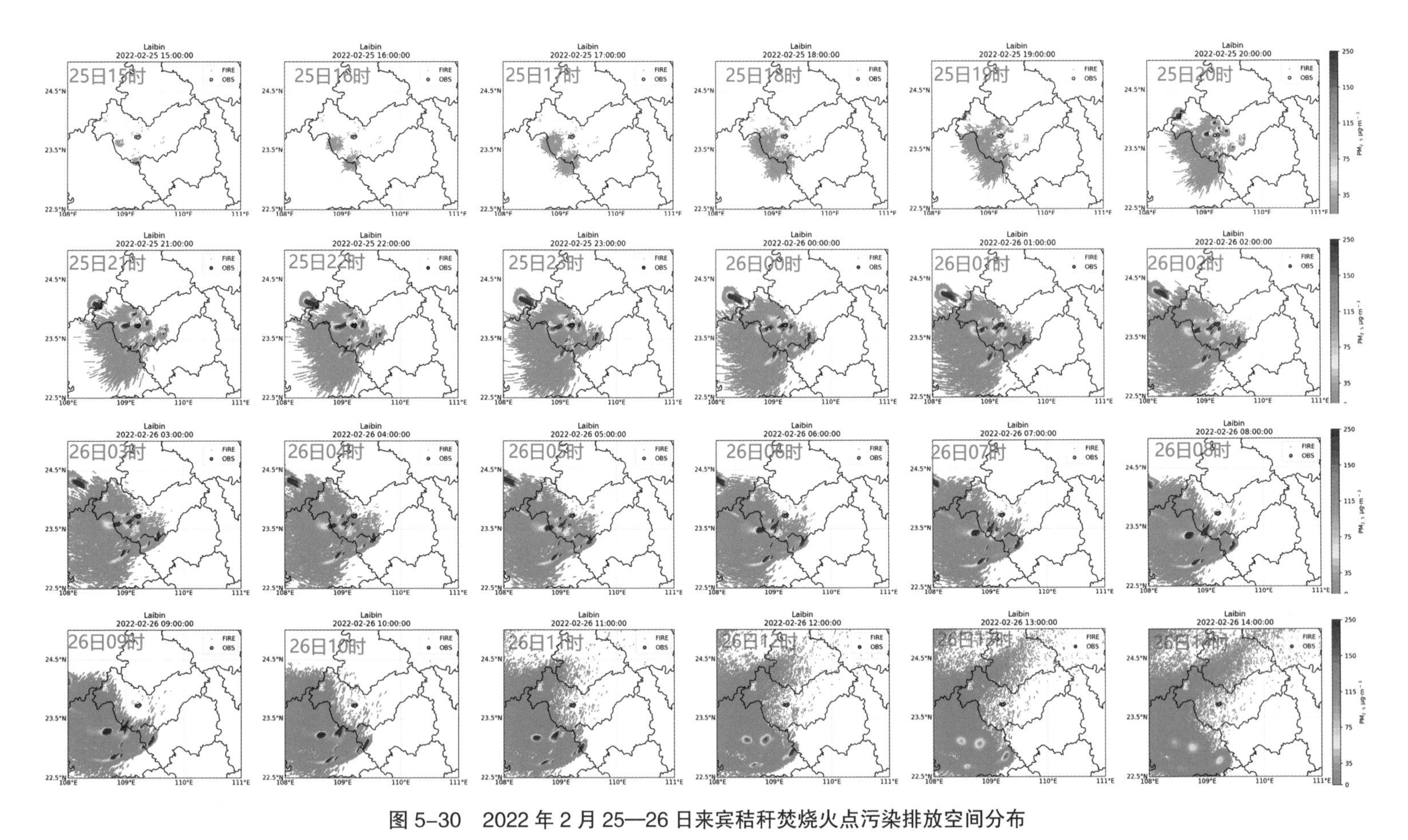

图 5-30　2022 年 2 月 25—26 日来宾秸秆焚烧火点污染排放空间分布

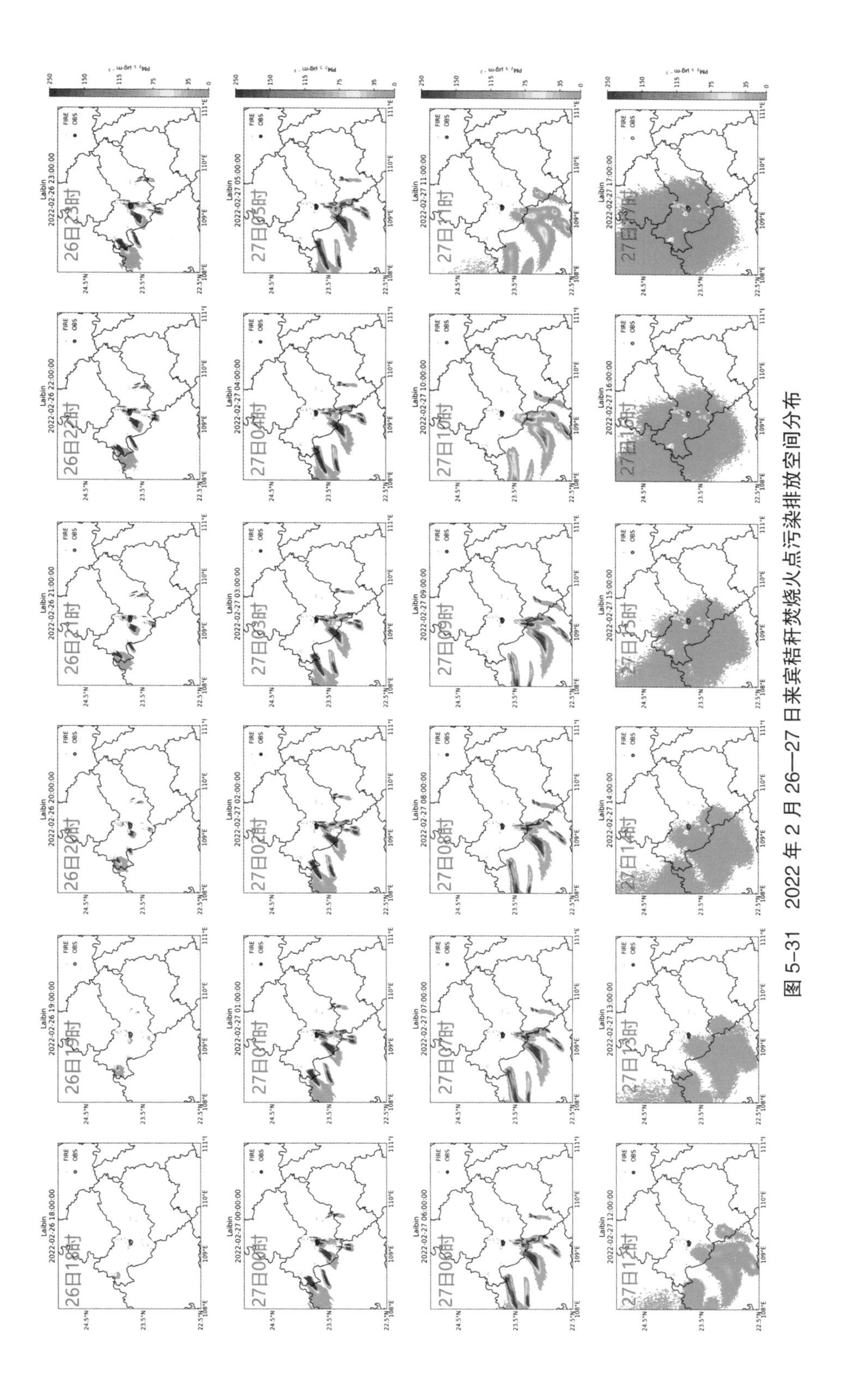

图 5-31　2022 年 2 月 26—27 日来宾秸秆焚烧火点污染排放空间分布

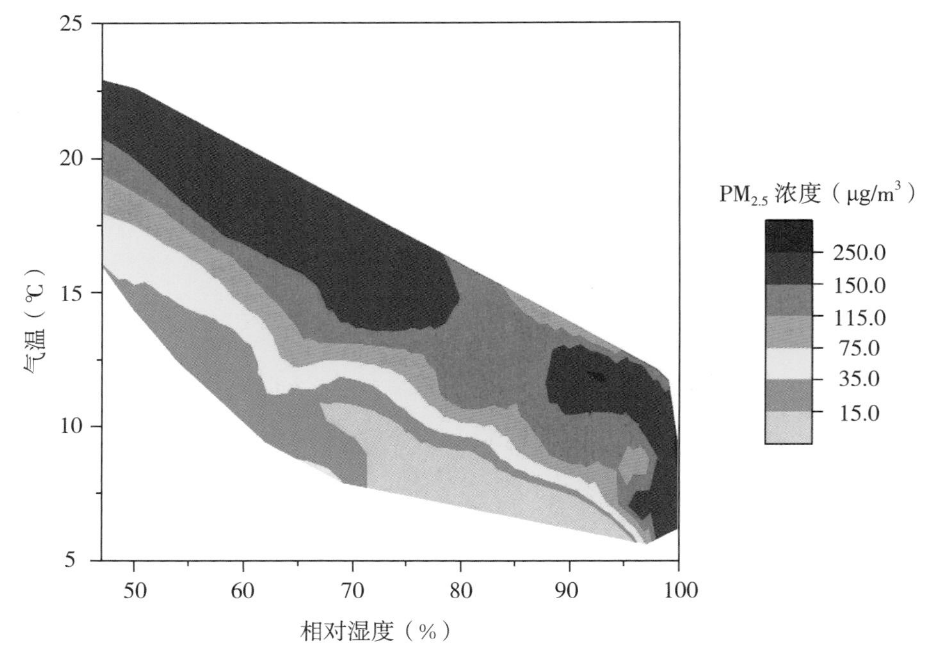

图 5-32　2022 年 2 月 27 日天气污染期间来宾气温、相对湿度、污染物浓度分布

（六）秸秆焚烧管控成效评估

2023 年以前，广西秸秆综合利用率较低。从图 5-33 的 2019—2023 年历年 1—2 月广西各市空气质量污染程度及秸秆焚烧量变化示意图可以看出，秸秆综合利用率跟不上，每年的秸秆焚烧量基本无变化。在此前提下，大气污染程度主要取决于气象条件，发生大量秸秆焚烧时，若气象扩散条件好，区域性大气污染过程则较轻；若气象扩散条件差，引发重污染天气的概率则明显增加。2023 年，广西秸秆综合利用找到突破口，自治区生态环境厅联合自治区糖业发展办推进实施制糖企业包干处理禁烧重点区域蔗叶试点工作，秸秆综合利用率明显提升，秸秆焚烧量明显减少。如来宾、北海、崇左和柳州，区域性大气污染程度明显减轻，来宾消除重度污染天，北海因秸秆焚烧导致的污染天为 0 天。广西近 5 年来首次消除因秸秆焚烧导致的重污染天。

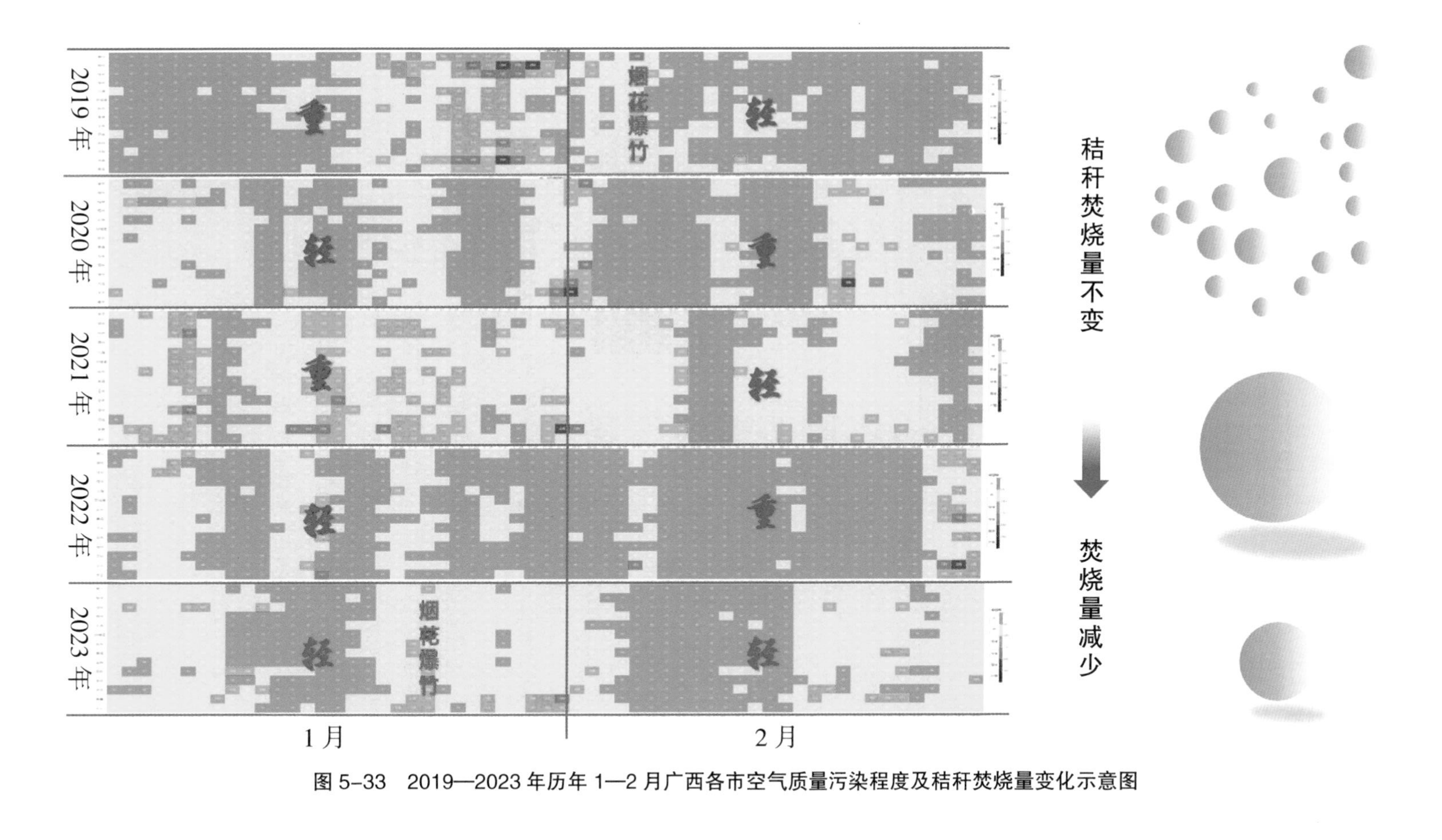

图5-33　2019—2023年历年1—2月广西各市空气质量污染程度及秸秆焚烧量变化示意图

以2023年制糖企业包干处理禁烧重点区域蔗叶试点城市来宾、北海、崇左和柳州为例，根据火点辐射功率核算，2023年第一季度来宾、北海、崇左和柳州秸秆焚烧排放$PM_{2.5}$的量分别为135.8 t、34.1 t、169.8 t和116.8 t（见图5-34），同比下降83.2%、96.4%、83.3%和65.3%，减排成效较明显。

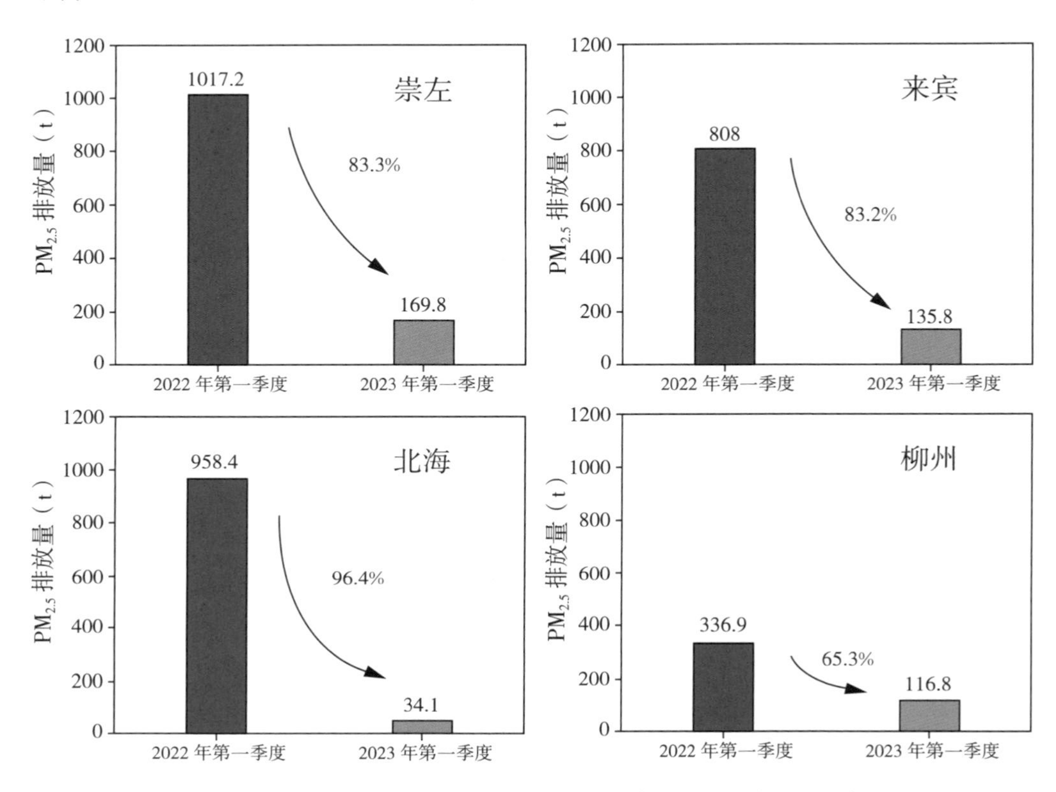

图5-34　崇左、来宾、北海和柳州秸秆焚烧$PM_{2.5}$排放量同比变化

实践证明，秸秆焚烧管控后，榨季污染排放明显减少，广西重污染天被消除自然水到渠成。根据数据统计估算，2023年秸秆焚烧管控后，广西第一季度$PM_{2.5}$浓度至少改善20%，改善幅度直接关系到广西全年$PM_{2.5}$浓度是否可以下降至25 μg/m^3，达到世界卫生组织（WHO）设定的第二阶段标准。因此，秸秆焚烧管控是广西大气环境质量进一步改善的必然选择，也是建设美丽广西的必由之路。

三、广西 O_3 污染问题

（一）广西 O_3 污染气象影响型特征显著

1. 广西 O_3 污染呈现大小年特征

台风外围影响是广西 O_3 污染比较典型的气象条件，即有台风外围下沉气流影响时，广西大概率出现 O_3 污染天。年际间不同气象条件对 O_3 污染贡献影响存在波动性，O_3 污染呈现大小年特征。例如，2022 年 O_3 污染天显著偏多，为 189 城次；2016 年 O_3 污染天明显偏少，为 13 城次；其他年份 O_3 污染天范围为 30 ～ 53 城次，属于正常年份（见图 5-35）。文献研究表明，台风引起的气流垂直运动会导致对流层与平流层的物质交换，平流层的 O_3 随台风下沉气流输送明显加剧了对流层的 O_3 污染。

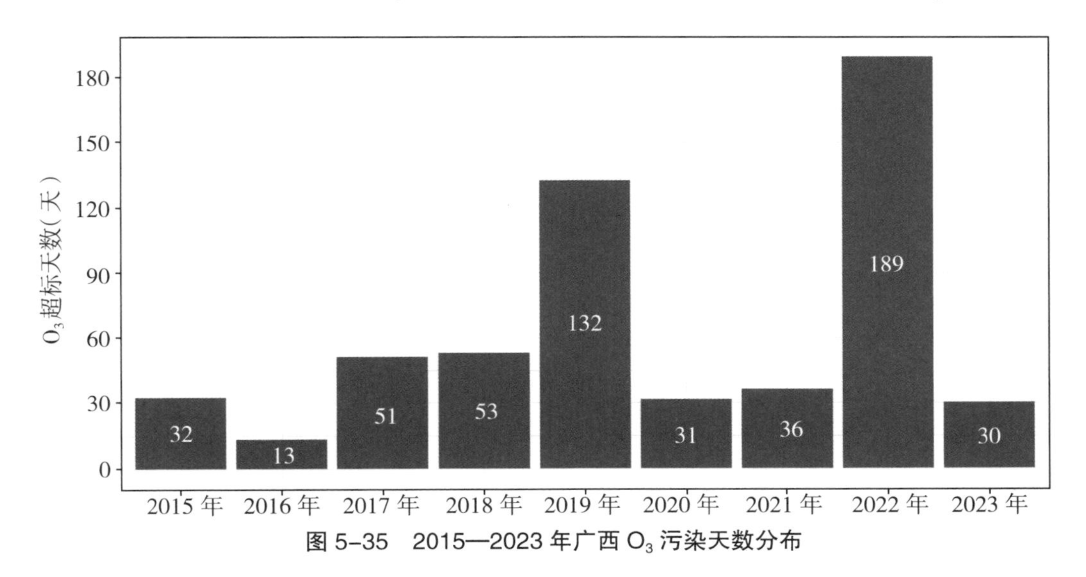

图 5-35　2015—2023 年广西 O_3 污染天数分布

2.O_3 高值站点变动较大

2019 年和 2022 年是广西 O_3 浓度最高的两年，2019 年所有国控站点 O_3 浓度超过 136 μg/m³ 的有海滩公园、贵城子站、江南子站、新市环保局、来宾二中、柳东小学、来宾技工学校、桂林监测站、古亭山和区农职院（见表 5-3）。其中，海滩公园浓度最高，而柳东小学、古亭山和区农职院都偏离市中心，植被较多。2022 年所有国控站点 O_3 浓度超过 145 μg/m³ 的有创业大厦、桂林监测站、桂林旅游学院、龙隐路小学、政协大楼、柳东小学、海滩公园、桂林八中、贺州环保小区、贺州西湾。其中，创业大厦浓度最高。综上，两年间 O_3 高值点变动较大。原因一是与区域气象条件导致的背景浓度高有关；二是自然源 VOCs 排放导致 O_3 浓度上升，无相应 NO_x 滴定消耗导致；三是台风外围下沉气流变化影响大。

表 5-3　2019 年和 2022 年广西环境空气国控站点 O_3 浓度超标排名及周边环境

排名	2019 年				2022 年			
	城市站点	所在城市	O_3 浓度（$\mu g/m^3$）	站点周边情况	城市站点	所在城市	O_3 浓度（$\mu g/m^3$）	站点周边情况
1	海滩公园	北海	152	靠海，周边有船只、港口	创业大厦	桂林	155	新区，政府单位办公楼，周边比较空旷
2	贵城子站	贵港	149	市区内，道路主干道附近	监测站	桂林	153	附近汽车站和火车站，交通主干道
3	江南子站	贵港	148	市区内，道路主干道附近	旅游学院	桂林	153	高校，周边环境比较空旷
4	新市环保局	北海	147	附近有工地、主干道和汽车站	龙隐路小学	桂林	152	公园附近，植被多
5	来宾二中	来宾	146	市区内，老城区	政协大楼	贺州	151	
6	柳东小学	柳州	145	郊区，周边植被多	柳东小学	柳州	150	郊区，周边植被多
7	来宾技工学校	来宾	144	市区，道路交通主干道	海滩公园	北海	149	靠海，周边有船只、港口
8	监测站	桂林	141	附近汽车站和火车站，交通主干道	八中	桂林	148	交通主干道附近
9	古亭山	柳州	140	郊区，周边植被多	环保小区	贺州	147	城区
10	区农职院	南宁	137	郊区，周边植被多	西湾	贺州	146	国道边，柴油货车比较多，工业园区下游

（二）广西 O_3 污染生成机制

广西 O_3 污染生成机制体现了非线性特征，包括本地光化学反应生成和气象贡献。广西 O_3 生成受气象条件制约比较明显，特别是台风外围影响是广西 O_3 污染比较典型的气象条件，即台风外围下沉区域影响时，广西大概率会出现臭氧污染。广西春夏季对流天气较多，对流会造成平流层 O_3 入侵，一定程度上增加了对流层 O_3 浓度。年际间不同的气象条件对 O_3 污染贡献影响存在波动，气象条件对 O_3 污染产生的作用总体符合气象影响型特征。广西 O_3 本地光化学反应机理与全国其他地区基本一致，均为前体物受光照发生链式反应生成 O_3。广西 O_3 本地生成总体特征是 O_3 浓度升高，但不至于造成污染，本地排放 O_3 生成前体物主要包括 NO_x 和 VOCs，VOCs 包括 AVOCs 和 BVOCs。AVOCs 主要来源于溶剂涂料、油气挥发及石油化工等行业，BVOCs 主要来源于天然源植被（见图 5-36）。广西 VOCs 前体物主要是乙烯、甲苯、正丁烷、间 / 对 - 二甲苯。与全国其他地区不同的是广西植被天然源 VOCs 排放量总体较大，特别是桉树、马尾松和杉木，气温较高时 VOCs 排放量明显增加，在天然源排放量大的月份，天然源 VOCs 排放量占总 VOCs 排放量超 22.4%，因此，广西天然源 VOCs 排放是 O_3 生成的一个不可忽视的来源。

从广西 O_3 污染形成机制上分析减排改善路径，由于气象条件是不可改变的，天然源排放主要受植被影响，但植被也是广西生态环境状况指数的重要组成部分，从森林覆盖率来看，桉树、马尾松和杉木是广西乔木林优势树种，面积占乔木林总面积的 48.84%，因此，虽然天然源对 O_3 的影响比较大，但需要进一步深入研究，才能制定更科学化的减排措施。广西减排改善路径主要是工业源、移动源和溶剂使用源。

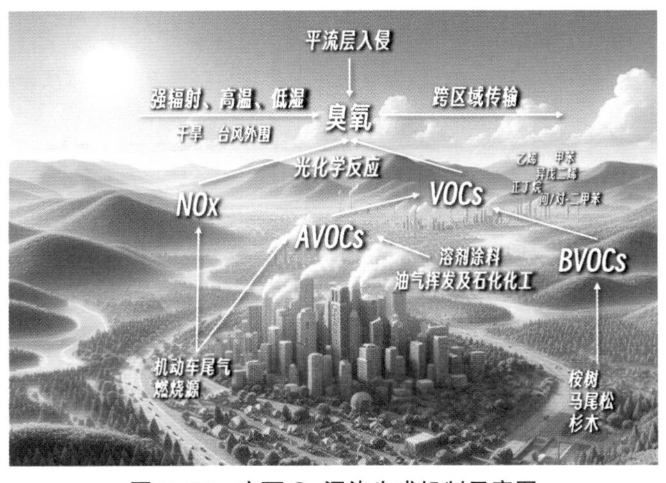

图 5-36　广西 O_3 污染生成机制示意图

（三）O_3 前体物 PAMS 浓度水平及化学组成

1. 广西及各重点城市浓度水平

2020—2022 年，广西环境空气 PAMS 浓度水平较稳定，浓度范围为 14.18 ～ 16.05 ppbv，2023 年上半年平均浓度较前 3 年明显上升，浓度达 19.99 ppbv。由于各城市工业结构不同，VOCs 的浓度水平可能存在差异，其中贵港和南宁整体浓度较高，与源清单 VOCs 排放量基本吻合；桂林，来宾和防城港浓度相对较低。从逐年变化来看，南宁、桂林两市浓度变化趋势接近，2020—2022 年期间平均浓度波动较小，2023 年上半年较前 3 年明显升高，浓度分别为 27.88 ppbv 和 22.03 ppbv；贵港浓度逐年波动较大，其中 2021 年明显高于其他年份，为所有城市中最高，浓度达 30.16 ppbv，其次为 2023 年，浓度为 21.48 ppbv；来宾和防城港 VOCs 浓度较稳定，逐年变化较小，浓度范围分别为 11.78 ～ 16.46 ppbv 和 8.95 ～ 12.46 ppbv（见图 5-37）。

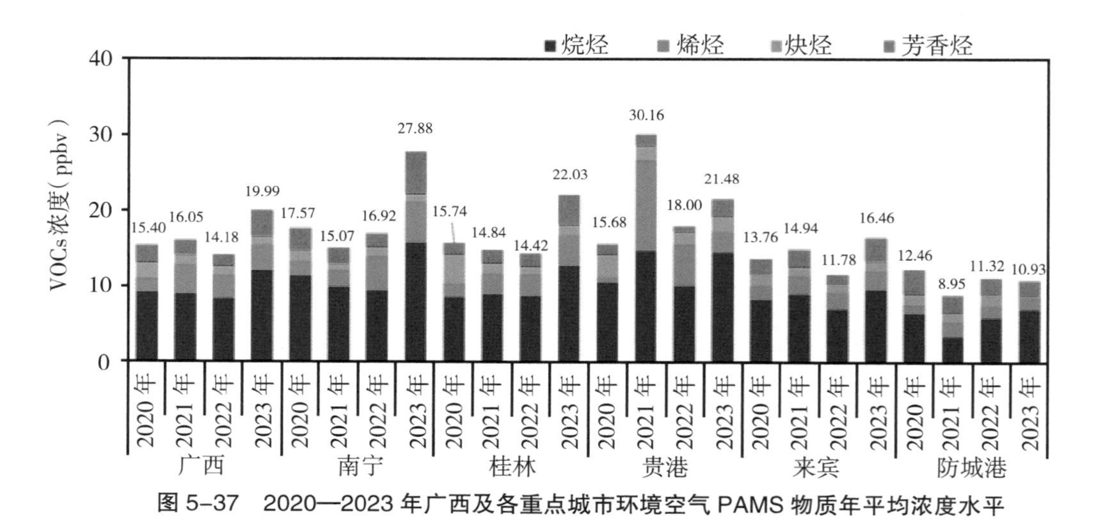

图 5-37　2020—2023 年广西及各重点城市环境空气 PAMS 物质年平均浓度水平

2. 广西各重点城市浓度水平逐月变化

2020 年 10 月—2023 年 6 月期间，广西各重点城市 VOCs 月平均浓度呈现一定的季节特征，秋冬季浓度较高，夏季浓度相对较低。

从重点城市 VOCs 浓度水平逐月变化可以看出，O_3 浓度较高的城市 VOCs 高值均出现在上半年，呈现先上升后下降的趋势，2—3 月出现峰值。根据该时间特征和重点源、天然源 VOCs 源谱结果，判断该特征一方面可能来源于甘蔗榨季秸秆大量焚烧产生的 VOCs，另一方面可能是与春季气温回升，植物源排放 VOCs 有关（见图 5-38）。

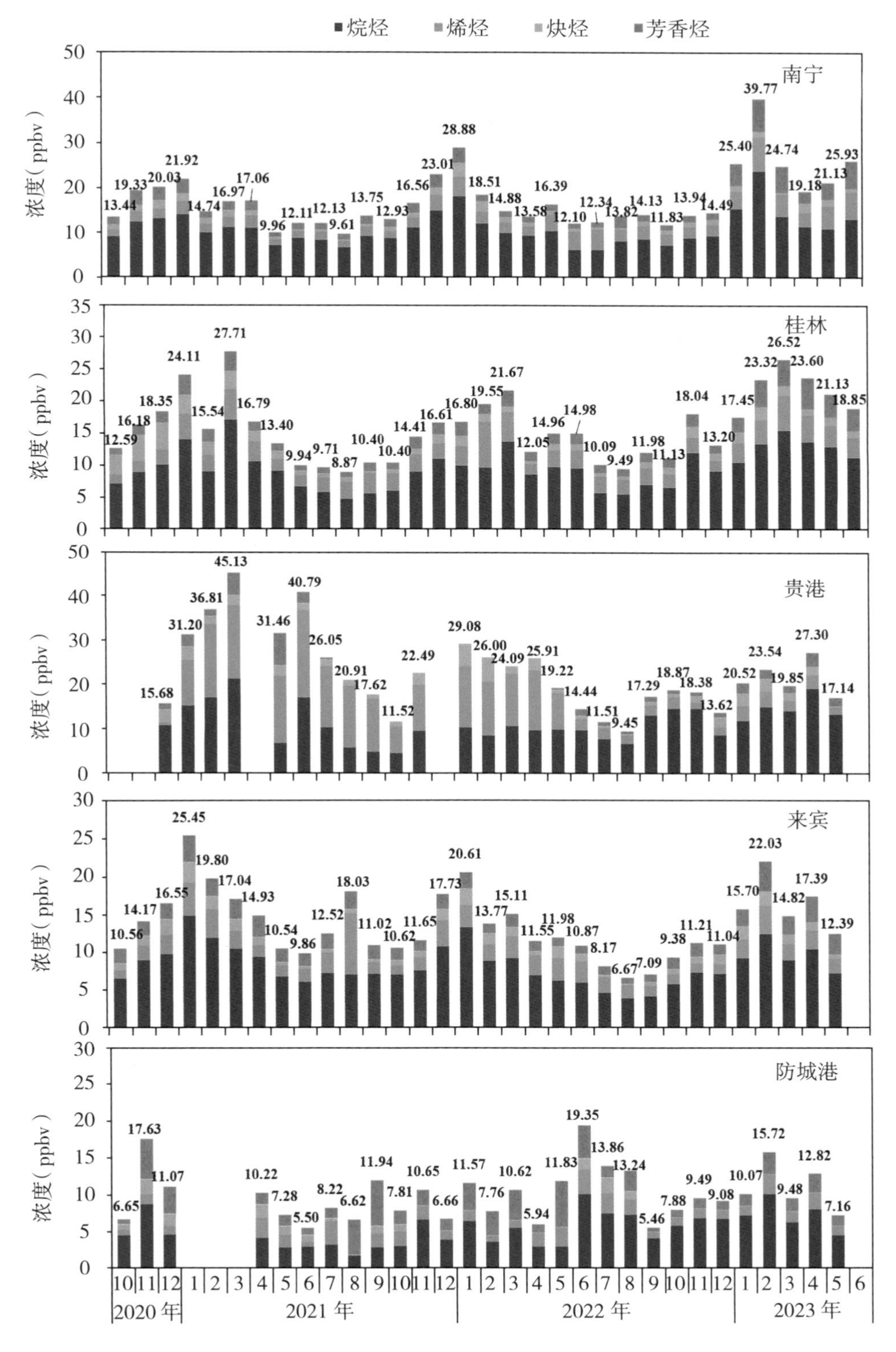

图 5-38　2020 年 10 月至 2023 年 6 月广西重点城市环境空气 PAMS 物质浓度逐月变化

3. 广西及各重点城市环境空气 PAMS 物质化学组成

2020 年 10 月—2023 年 6 月期间，广西环境空气 PAMS 物质化学组成均以烷烃为主，占比为 56.6% ～ 61.3%，除 2020 年外，占比较大的为烯烃和芳香烃，占比范围分别为 15.8% ～ 23.1% 和 10.4% ～ 16.8%；2020 年炔烃占比较高，仅次于烷烃，达 14.7%，占比排第三的为芳香烃，占比为 14.1%，烯烃占比稍小，为 10.7%（见图 5-39）。

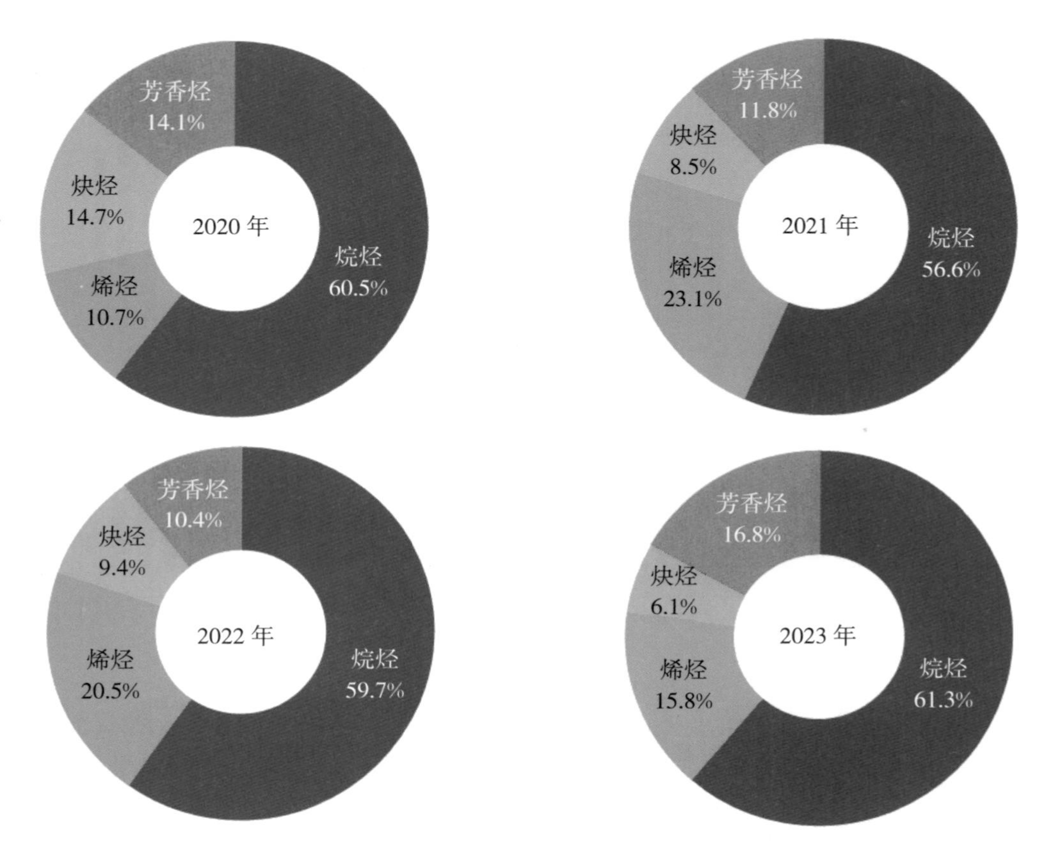

图 5-39　2020 年 10 月—2023 年 6 月广西环境空气 PAMS 物质化学组成占比情况

2020 年 10 月—2023 年 6 月，广西各重点城市 PAMS 物质化学组成有一定差异，但均以烷烃为主，占比范围为 40.9% ～ 68.7%；贵港烯烃占比较为突出，尤其是 2021 年和 2022 年，烯烃占比分别达 39.7% 和 29.0%，与周边工业排放息息相关；防城港芳香烃占比明显高于其他地市，占比范围为 18.6% ～ 26.5%，受典型行业石油化工排放影响明显；桂林 2020 年炔烃占比突出，仅次于烷烃，高达 24.7%，占比较高时段主要集中在 2020 年 11 月—12 月，受燃烧源影响明显（见图 5-40）。

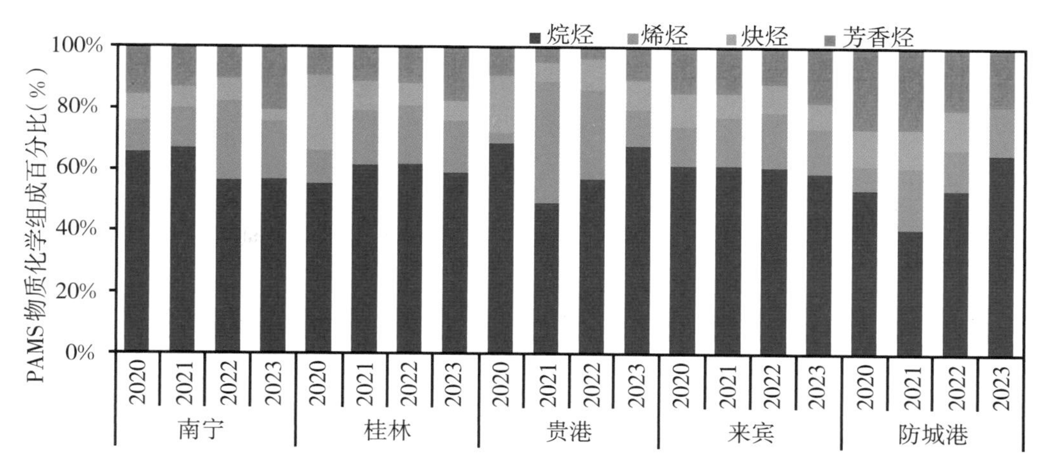

图 5-40　2020 年 10 月—2023 年 6 月广西各重点城市环境空气 PAMS 物质化学组成占比变化

（四）PAMS 组分对 O_3 生成的影响分析

1. 广西及各重点城市 O_3 生成潜势（OFP）

2020—2022 年，广西环境空气 OFP 变化趋势与浓度变化趋势一致，OFP 值波动较小；2023 年上半年 OFP 值较前 3 年明显上升，达 171.24 μg/m^3（见图 5-41）。从各重点城市 OFP 值年际变化来看，来宾和防城港 OFP 值整体较小且较稳定，OFP 值范围为 67.87 ～ 130.57 μg/m^3；南宁、桂林和贵港 OFP 值波动较大，其中，南宁 2023 年上半年 OFP 值最高，高达 285.27 μg/m^3，明显高于其他城市各个年份，其次为贵港 2021 年、桂林 2023 年以及南宁 2022 年，OFP 值分别为 263.25 μg/m^3、203.22 μg/m^3 和 163.45 μg/m^3；其他年份各重点城市 OFP 值均在 150.00 μg/m^3 以下，其中贵港 2020 年 OFP 值最小，为 56.23 μg/m^3，其次为桂林 2020 年，为 60.51 μg/m^3。

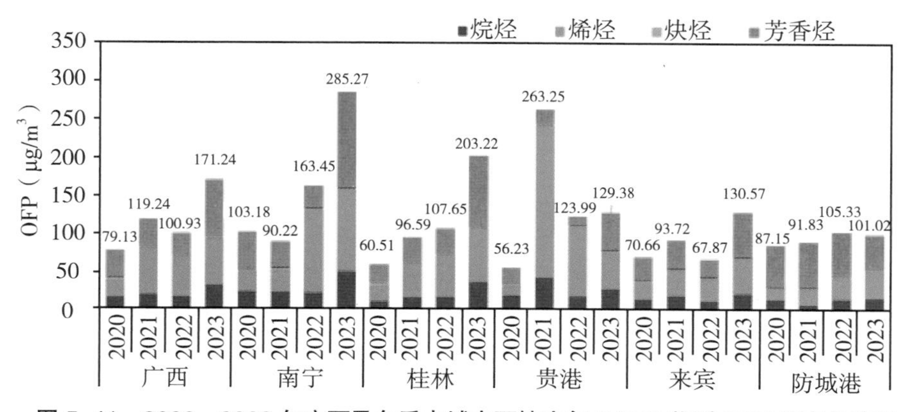

图 5-41　2020—2023 年广西及各重点城市环境空气 PAMS 物质 OFP 值变化情况

2020年10月—2023年6月期间，广西各重点城市OFP值逐月变化趋势略有差异。南宁OFP值介于57.05～364.82 μg/m^3，其中2023年OFP值明显较高，2023年2月OFP最高，达364.82 μg/m^3，其次为2023年6月（323.31 μg/m^3），1月、3月和5月，OFP值均在220.00 μg/m^{3}以上，其他年份各月OFP值较小且较稳定；桂林2023年2月—6月、2022年2月—3月以及2021年1月和3月OFP值较高，范围为150.99～244.77 μg/m^3，其他月份OFP值较小，尤其2020年4月，仅44.98 μg/m^3；贵港2021年1月—2022年5月期间OFP值明显较高，其中2021年6月最高，达436.54 μg/m^3，其他月份OFP值较小；来宾逐月OFP值较稳定，其中2021年8月、2023年2月和4月OFP值略高，均在150.00 μg/m^{3}以上，其他月份OFP值范围为47.30～146.06 μg/m^3；防城港逐月OFP值波动较大，范围为28.56～248.39 μg/m^3，其中2021年9月、2022年5月—6月OFP值较高，均在200.00 μg/m^{3}以上，而2020年10月、2021年6月以及2022年9月OFP值较低，低于50.00 μg/m^3（见图5-42）。

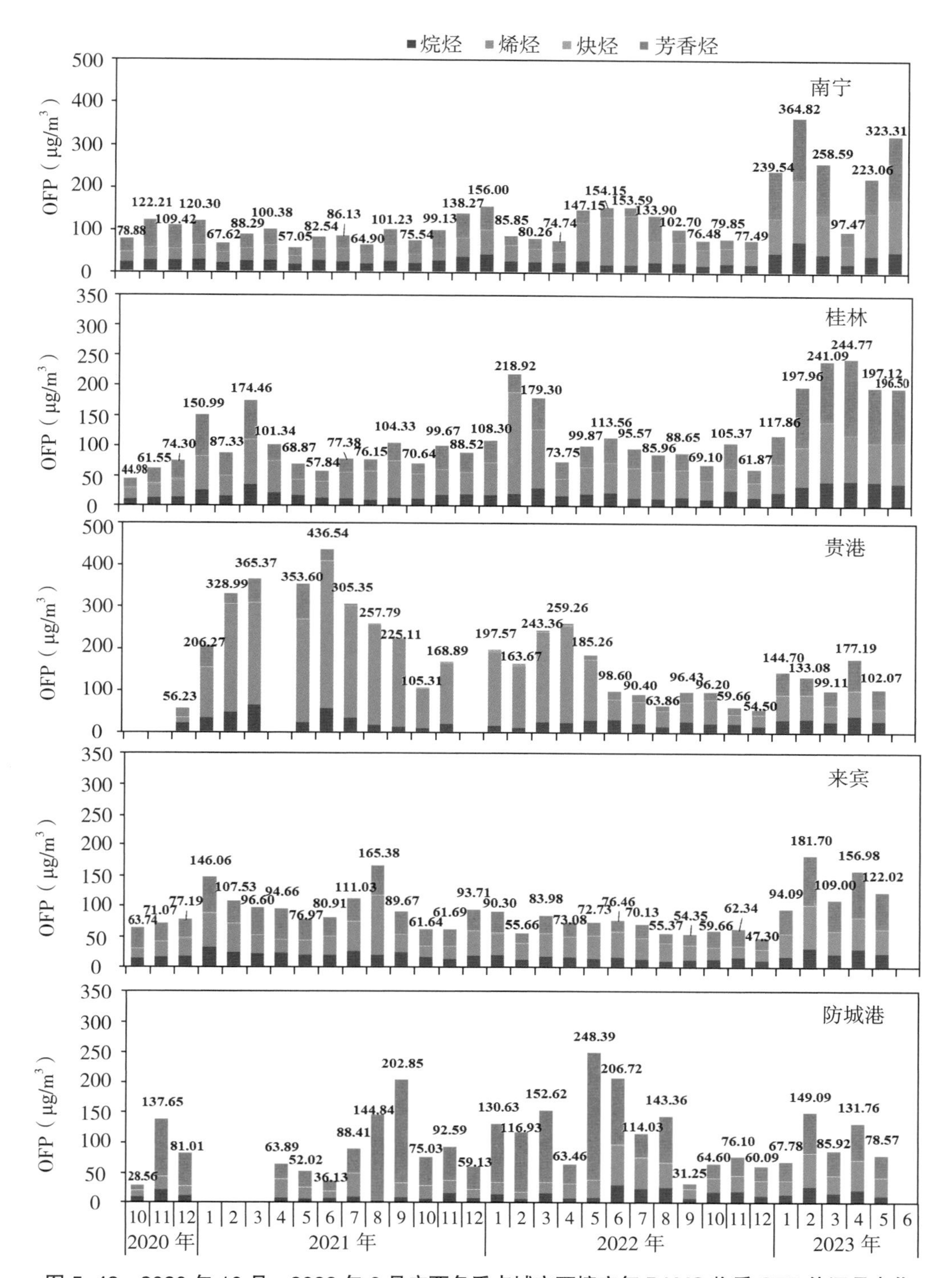

图 5-42 2020 年 10 月—2023 年 6 月广西各重点城市环境空气 PAMS 物质 OFP 值逐月变化

2. 广西及各重点城市 PAMS 各组分对 OFP 的贡献占比

2020 年 10 月—2023 年 6 月期间，2020 年和 2023 年芳香烃对 O_3 生成潜势的贡献最高，分别为 46.4% 和 43.8%，其次为烯烃，贡献占比分别为 28.0% 和 36.3%；2021 年和 2022 年烯烃贡献占比最为突出，分别为 50.6% 和 52.1%，其次为芳香烃，贡献占比分别为 30.3% 和 28.4%；烷烃位于烯烃和芳香烃之后，贡献占比范围为 18.0% ～ 22.8%；炔烃对 OFP 贡献较小，贡献占比均在 3.0% 以下（见图 5–43）。

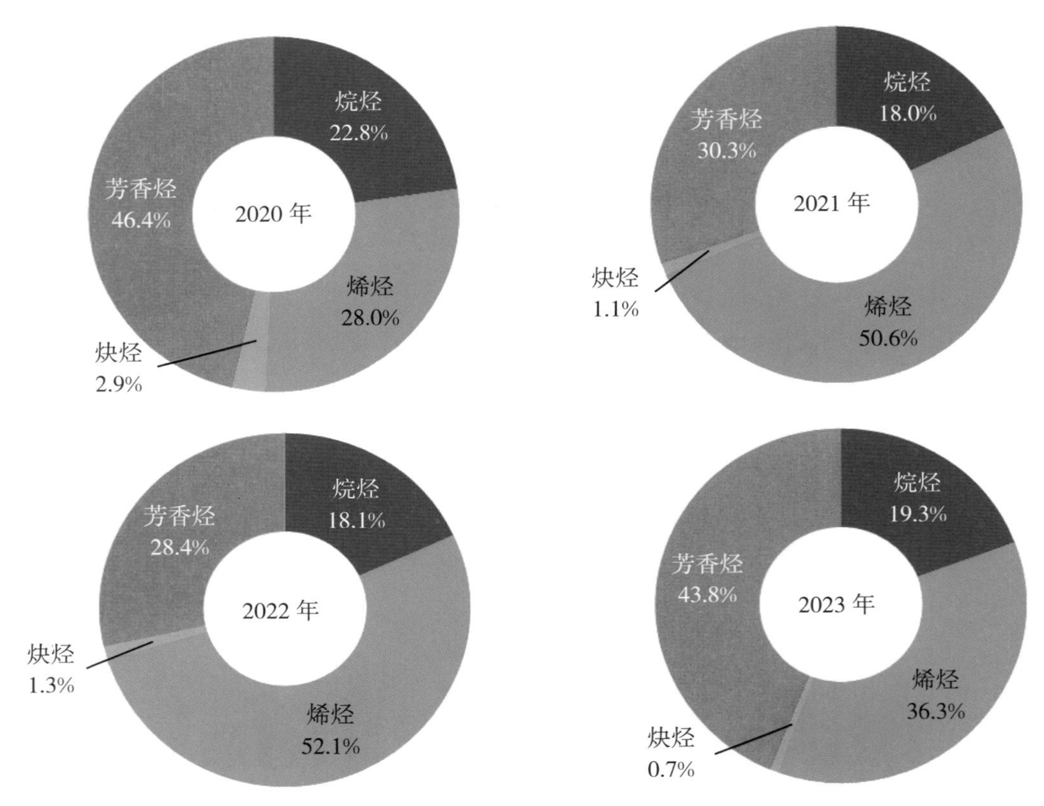

图 5–43　2020 年 10 月—2023 年 6 月广西环境空气 PAMS 物质对 OFP 的贡献占比

2020 年 10 月—2023 年 6 月期间，除贵港外，其他城市 PAMS 组分对 OFP 的贡献与全区情况类似，均以烯烃或芳香烃为主，贡献占比范围分别为 17.6% ～ 67.0% 和 18.1% ～ 65.8%；烷烃次之，贡献占比范围为 9.6% ～ 24.8%。贵港与其他城市相比，PAMS 组分对 OFP 贡献占比略有差异，其中 2020 年烷烃（37.0%）贡献突出，明显高于其他城市，仅次于芳香烃（38.0%），烯烃贡献占比仅 19.7%；而 2021 年和 2022 年烯烃贡献占比突出，分别为 75.3% 和 73.0%，明显高于其他城市，其次为烷烃，占比分别为 16.5% 和 16.0%，而芳香烃贡献较小。各城市炔烃对 OFP 贡献占比均较小，除贵港和桂林2020年外，其他城市各年份炔烃占比均低于3.0%（见图5-44）。

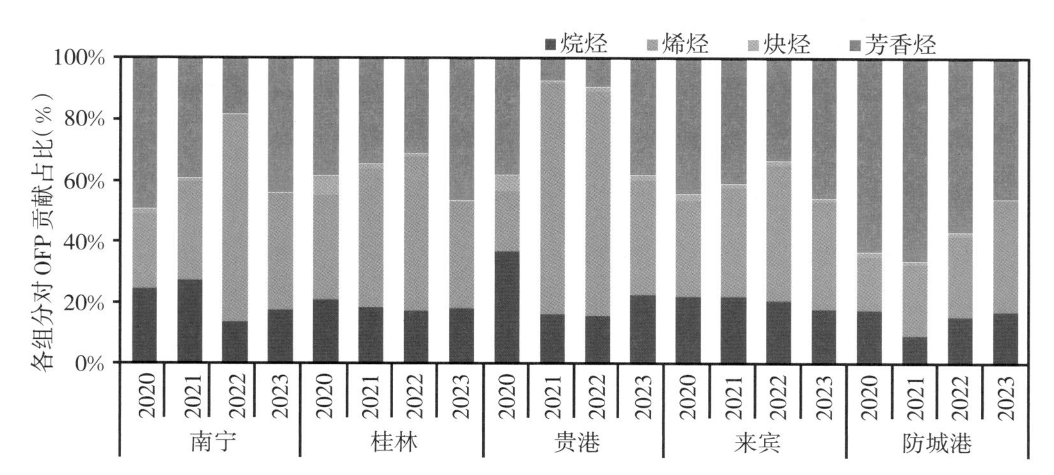

图5-44　2020—2023年广西各重点城市环境空气PAMS物质对OFP的贡献占比

3. PAMS关键组分识别

（1）广西VOCs整体概况。

2020年10月—2023年6月期间，广西环境空气VOCs物质浓度排名前十组分包括5种烷烃、2种烯烃、2种芳香烃和1种炔烃，前十组分浓度之和占总浓度的73.0%；排名前五的组分分别为乙烷、丙烷、乙烯、乙炔和正丁烷；对OFP贡献前十的组分包括5种烯烃、3种芳香烃和2种烷烃，OFP之和占总OFP的64.0%，排名前五的组分分别为乙烯、间/对-二甲苯、丙烯、异戊二烯和甲苯（见图5-45）。

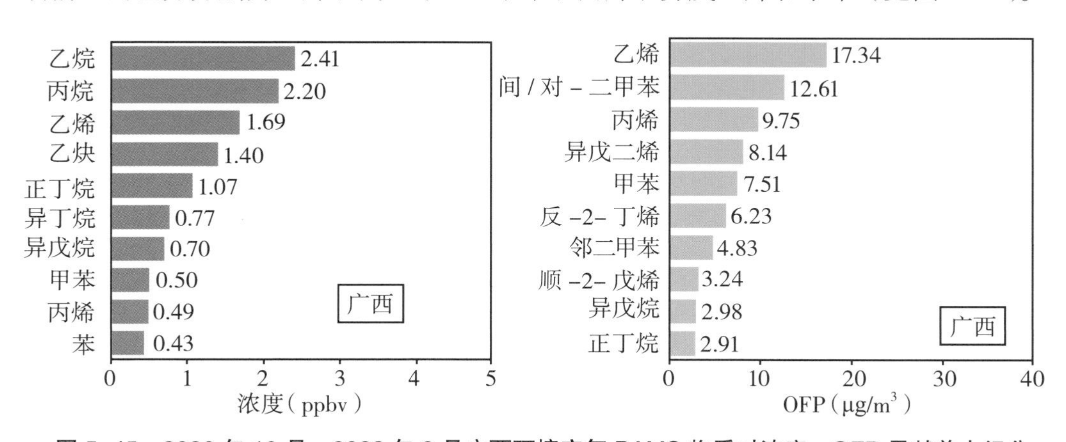

图5-45　2020年10月—2023年6月广西环境空气PAMS物质对浓度、OFP贡献前十组分

（2）重点城市关键组分。

VOCs 组分繁多，来源也十分复杂。不同时段，由于工业企业的活动水平不同，排放的 VOCs 种类会有相应的变化；在不同区域，由于工业结构不尽相同，排放的 VOCs 也会有所差异，而与之对应的关键组分的种类也会随之变化。2020 年 10 月—2023 年 6 月，根据环境空气监测数据统计，南宁、桂林和来宾对 VOCs 浓度贡献排名前五的组分均相同，仅顺序略有差别，分别为乙烷、丙烷、正丁烷、乙烯和乙炔，这五种组分的浓度分别占总测量物浓度的 48.4%、57.8% 和 60.5%（见图 5–46）；贵港和防城港前五组分略有差异，除均有的乙烷、乙烯、乙炔和丙烷外，贵港排名前五的组分还有丙烯，防城港为异丁烷，两城市排名前五组分分别占总组分的 59.4% 和 47.6%。

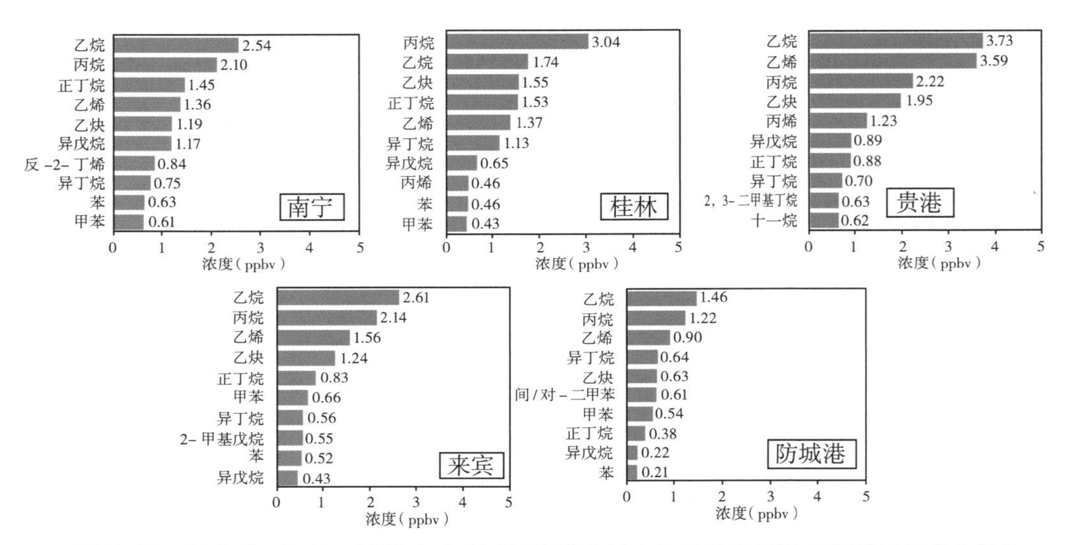

图 5–46　2020 年 10 月—2023 年 6 月广西各重点城市 PAMS 物质浓度贡献排名前十组分

南宁、来宾和防城港 3 个城市对 OFP 贡献排名前三的组分均相同，分别为间 / 对 – 二甲苯、乙烯和甲苯，仅顺序有所差异；前三组分 OFP 之和占总 OFP 的比例分别为 38.07%、37.34% 和 37.86%，其中防城港间 / 对 – 二甲苯 OFP 值明显高于其他 2 个城市，而来宾乙烯 OFP 明显较高；桂林 OFP 排名前三组分分别为乙烯、异戊二烯和间 / 对 – 二甲苯，对 OFP 的贡献分别为 14.05%、11.53% 和 11.49%，其中异戊二烯的浓度明显高于其他地市，受植物源影响明显；贵港 OFP 排名前三的组分分别为乙烯、丙烯和反 –2– 丁烯，对 OFP 的贡献分别为 36.95%、24.67% 和 13.49%，乙烯 OFP 值明显高于其他城市（见图 5–47）。综合来看，乙烯及间 / 对 – 二甲苯为对广西各地市 O_3 污染影响较大的组分。

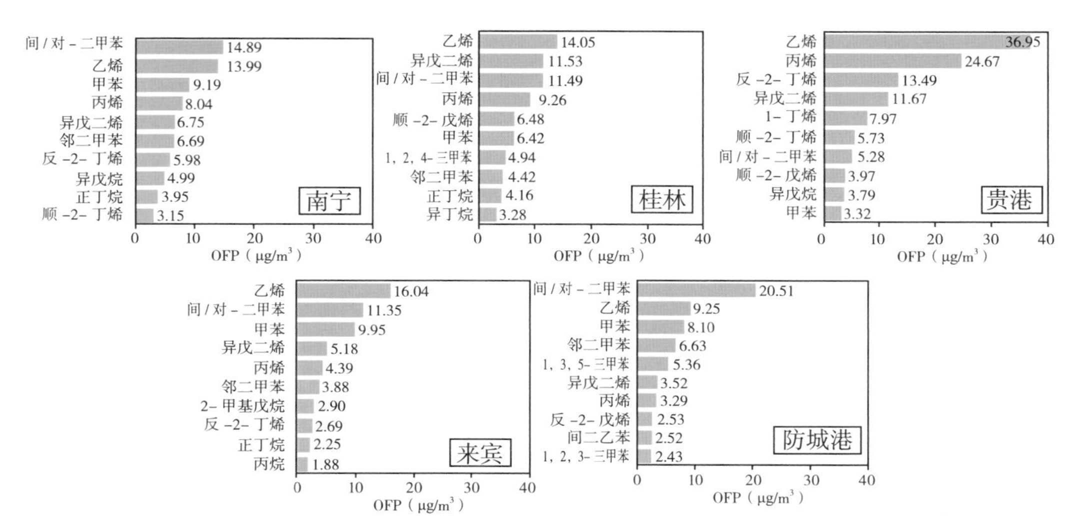

图 5-47　2020 年 10 月—2023 年 6 月广西各重点城市环境空气 PAMS 物质对 OFP 贡献前十组分

4. 重点城市 PAMS 关键组分的行业来源

为了探究重点城市环境空气关键组分与重点城市典型行业之间的联系，本研究先确定关键组分的行业来源，将环境空气 PAMS 组分质量百分比与各典型城市典型行业排放的 PAMS 组分质量百分比进行对比（见图 5-48 至图 5-51）。从图中可以看出，南宁环境空气质量占比靠前的关键组分主要为乙烷、丙烷、异丁烷和正丁烷等烷烃，还有乙烯、乙炔以及苯、甲苯、乙苯、间 / 对 - 二甲苯和邻二甲苯等芳香烃，其中南宁典型行业包装印刷行业排放的 PAMS 组分中占比较高的为甲苯、间 / 对 - 二甲苯和邻二甲苯等芳香烃，与南宁环境空气芳香烃关键组分较一致，说明南宁环境空气芳香烃受包装印刷行业影响较大；贵港环境空气质量占比较高的关键组分包括乙烷、丙烷、异丁烷、正丁烷和异戊烷等烷烃，乙烯、丙烯等烯烃，乙炔以及乙苯和间 / 对 - 二甲苯等芳香烃，其中主要的烷烃、烯烃组分以及乙炔与贵港人造纤维板排放的 PAMS 关键组分较一致，说明人造纤维板是其主要来源之一，而芳香烃关键组分与涂料制造行业排放的 PAMS 关键组分相似，说明芳香烃受溶剂涂料行业影响较大；来宾乙烷、丙烷、异丁烷和正丁烷等烷烃占比较高，与汽车及配件制造行业以及生物质燃烧行业排放的烷烃组分较一致，说明来宾环境空气烷烃组分受这两个行业共同影响，而乙烯、乙炔以及苯、甲苯、乙苯和间 / 对 - 二甲苯等芳香烃组分与生物质燃烧排放的 PAMS 优势组分一致，说明主要受生物质燃烧行业影响；防城港环境空气关键组分主要为乙烷、丙烷、异丁烷、正丁烷、异戊烷和正戊烷等烷烃以及甲苯、间 / 对 - 二甲苯等芳香烃，与防城港典型行业石油化工行业排放的 PMAS 优势组分一致，说明防城港烷烃和芳香烃关键组分受石油化工影响明显。

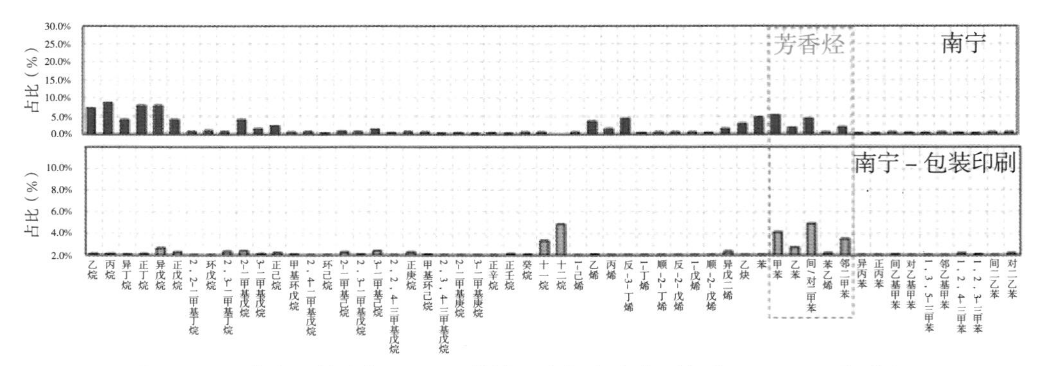

图 5-48　南宁环境空气 PAMS 关键组分与南宁典型行业 PAMS 组分对比

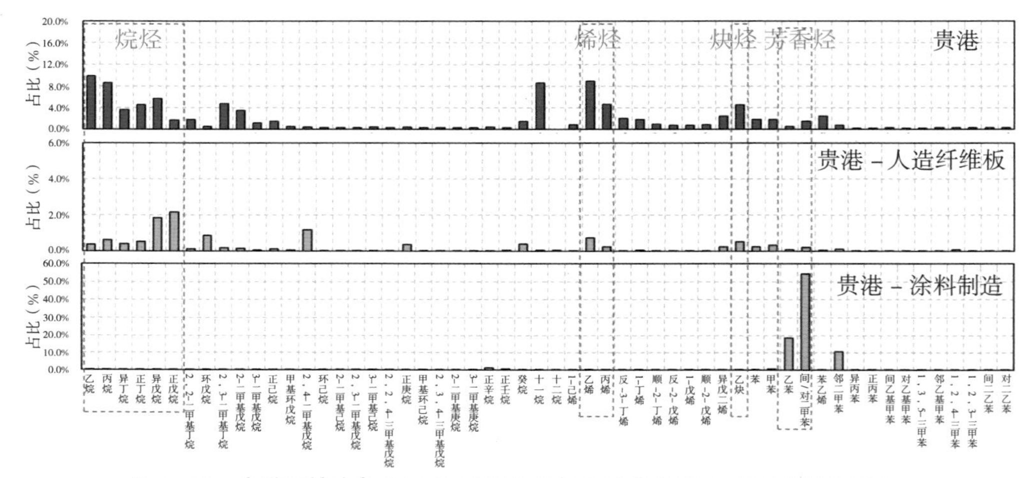

图 5-49　贵港环境空气 PAMS 关键组分与贵港典型行业 PAMS 组分对比

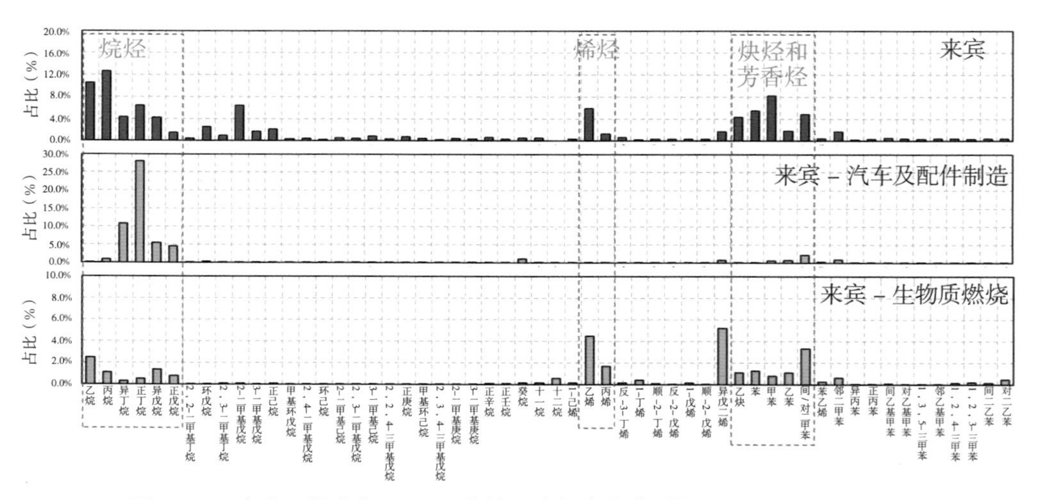

图 5-50　来宾环境空气 PAMS 关键组分与来宾典型行业 PAMS 组分对比

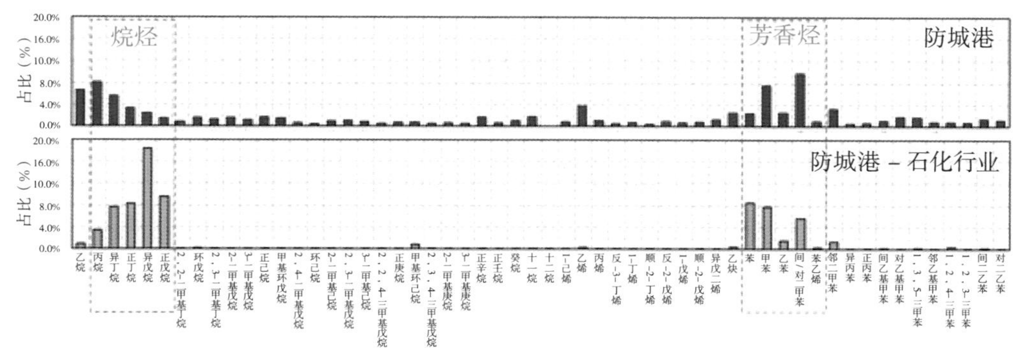

图 5–51　防城港环境空气 PAMS 关键组分与防城港典型行业 PAMS 组分对比

5. 广西 O_3 前体物 PAMS 关键组分及 OFP 分析结论

（1）2020—2022 年，广西环境空气 O_3 前体物平均 PAMS 浓度水平较稳定，浓度范围为 14.18 ～ 16.05 ppb，2023 年上半年平均浓度较前 3 年明显上升，浓度达 19.99 ppb；VOCs 逐年化学组成类似，均以烷烃为主，占比范围为 56.6% ～ 61.3%。

（2）2020—2022 年，广西 OFP 变化趋势与浓度变化趋势一致，2020—2022 年期间 OFP 值波动较小，2023 年上半年 OFP 值较前 3 年明显上升，达 171.24 μg/m^3；2020 年和 2023 年芳香烃对 OFP 贡献占比最大，分别为 46.4% 和 43.8%，其次为烯烃；2021 年和 2022 年烯烃贡献占比更为突出，分别为 50.6% 和 52.1%。

（3）广西 VOCs 物质浓度排名前五的组分分别为乙烷、丙烷、乙烯、乙炔和正丁烷，对 OFP 贡献前五组分分别为乙烯、间 / 对－二甲苯、丙烯、异戊二烯和甲苯，上述组分需重点关注。

（4）南宁环境空气 VOCs 关键组分的行业来源受包装印刷行业影响较大；贵港关键组分的行业来源受人造纤维板行业和涂料行业影响较大；来宾关键组分的行业受汽车及配件制造行业以及生物质燃烧行业影响较大；防城港关键组分的行业来源受石油化工行业影响较大。

（五）O_3 前体物来源解析

1. VOCs 来源识别与来源解析方法简介

（1）VOCs 来源及示踪物种。

环境大气中 VOCs 既可以由污染源直接排放进入环境大气（一次来源），也可以通过光化学反应生成（二次来源）。其中，一次来源又可分为天然源和人为源。天然源包括生物排放（如植被、土壤微生物等）和非生物过程（如火山喷发、森林或草原大火等）；人为源则主要来自化石燃料燃烧（如汽车尾气、煤燃烧等）、生物质燃料燃烧、油料挥发和泄漏（如汽油、液化石油气、天然气等的泄漏）、溶剂和涂料的挥发（如油漆、清洗剂和黏合剂等的挥发）、石油化工、烹饪和烟草烟气等。从全球尺度看，天然源对 VOCs 排放的贡献占主导地位，但是在人为活动主导的地区，人为源是 VOCs 排放最重要的来源。

不同污染源所排放的 VOCs 化学组成存在差异。例如，乙烯、乙炔和苯等化合物在化石燃料和生物质燃烧源中含量丰富；机动车尾气是城市地区最重要的燃烧排放物，相比于煤、液化石油气（Liquefied Petroleum Gas, LPG）和天然气等其他燃料的燃烧排放物，汽油车尾气中乙炔、异戊烷、正戊烷、2，2- 二甲基丁烷、甲基叔丁基醚、正己烷和 2- 甲基己烷的含量更为丰富；柴油车尾气中高碳组分（如癸烷和十一烷）和羰基化合物的含量则显著高于汽油车尾气。

大气中的 VOCs 还可能来自一些非燃烧过程，包括燃料（如汽油、LPG 和天然气）的挥发或泄漏、溶剂和涂料的使用、化工原料或产品的存贮或泄漏等。与燃烧过程不同，这些排放过程中不含乙炔等燃烧示踪物。异戊烷、甲基叔丁基醚（MTBE）、正戊烷、丁烷、C6 烷烃和甲苯是汽油顶空蒸气中丰度最高的 VOCs 组分；丙烷是 LPG 的主要组分，而甲烷和乙烷则是天然气的主要成分。

在溶剂和涂料挥发排放的 VOCs 源成分谱中，芳香烃是丰度最高的非甲烷烃类化合物。在一些工业行业生产中（如电子行业、有机合成等），低碳卤代烃（如二氯甲烷、一氯甲烷、三氯乙烯、四氯乙烯、氯仿等）是常用的工业溶剂和工业原料或介质。

在石油化工产品生产、输送和储存过程中都可能存在 VOCs 泄漏。Jobson 等发现在休斯敦地区大气中的乙烯、丙烯、1- 丁烯、正己烷、甲基环己烷、苯乙烯等组分会受到当地化工排放的影响。由于工艺过程和产品的差异，石油化工行业无组织排放的 VOCs 在化学组成上会存在较大差异。刘莹等通过在化工厂下风向处进行外场测量发现，某些企业排放的 VOCs 中卤代烃含量可以达到 32%，有些企业的 VOCs 排放是以苯和苯乙烯为主要组分，而石油精炼排放的主要 VOCs 物种是乙烯、正己烷、C5–C6 环烷烃和苯等。

除人为排放外，生物源排放和二次生成也是一些 VOCs 组分的重要来源。尽管机动车尾气和化工行业也是异戊二烯的排放源，但生物排放是夏季异戊二烯的最重要来源。另外，α- 蒎烯、β- 蒎烯和柠檬烯等萜烯类 VOCs 也主要来自生物源排放。大气中的羰基化合物可以通过烃类的光化学氧化过程生成，也可以来自一次排放。

污染示踪物指的是某类污染源区别于其他排放源的特征性物种，也称作“标志物（Marker）”。示踪物一般具备以下性质：①这些物种反映的是特殊污染源的信息，只代表某一类排放源而不代表其他的源；②化学性质稳定，在传输过程中保持原有的状态。通过观测示踪物环境浓度的变化，可定性分析某类污染源对大气 VOCs 的影响。在源解析技术中，大气样品的 VOCs 组成可看成各污染源排放物种的线性加和，选择各污染源的示踪物可在一定程度上解决源成分谱的共线性问题。表 5-4 为常见 VOCs 示踪物对主要排放源的标识。

表 5-4　常见 VOCs 示踪物对主要排放源的标识

来源	VOCs 示踪物
燃烧过程	
燃料不完全燃烧	乙烯、乙炔
汽油车尾气	C5-C6 烯烃、2，2- 二甲基丁烷、2- 甲基戊烷、3- 甲基戊烷
柴油车尾气	癸烷、十一烷
挥发或泄漏过程	
天然气	甲烷、乙烷
液化石油气 LPG	丙烷
汽油挥发	异戊烷
石油化工	乙烯、正己烷、苯乙烯
工业溶剂 / 工业固定源	间 / 对 - 二甲苯、乙苯
其他	
生物源	异戊二烯

（2）VOCs 来源解析技术。

大气挥发性有机物研究的主要目标就是确定大气中 VOCs 来自哪些污染源，以及不同污染源对大气 VOCs 不同化学成分的贡献。VOCs 的来源研究是一项非常具有挑战性的工作，主要有以下 3 个原因：① VOCs 来源种类繁多，而且包括很多无组织排放过程（如民用排放过程、工业上的逸散性排放和森林火灾等）；② VOCs 的源排放特征具有显著的地域差异，且随着法规政策和控制措施的改变而呈动态变化；③有些 VOCs 组分还可能存在二次来源和未知源。

VOCs 来源分析的方法主要有排放清单和受体模型两种。排放清单是基于某一地区的某种或某一类活动对特定大气污染物的排放量及时空分布的数据汇总清单。通过排放清单可以计算各个过程的 VOCs 排放量并确定各个排放过程对 VOCs 排放总量的贡献率。该方法的优点是概念上简单易懂，但排放因子的代表性和外推统计量的合理性容易受到质疑：一是大量的排放因子数据使用美国、欧洲等地区的值，缺少本地化的测量数据；二是由于经济快速增长，我国产业和能源结构变化迅速，排放因子和活动水平数据需要适时更新。因此，概括来讲这种“自下而上”方式获得的 VOCs 排放数据在变化趋势、空间分布和来源结构三方面具有一定程度的不确定性。

除了传统的源清单法，自 20 世纪 70 年代开始，受体模型（Receptor model）就开始应用于大气中的 VOCs 来源问题的研究。受体模型认为大气中污染物的浓度为各排放源的线性加和，如果两个污染源的排放特征有差别，则可以通过对受体点大气环境中和各类排放源中的 VOCs 化学组分进行回归分析，估算各类排放源对受体点大气 VOCs 浓度的贡献。受体模型不依赖于排放量的估算，因此是一种“自上而下”的来源分析方法。且由于受体模型对排放源的贡献进行解释而不是预测，因此结果比较客观和准确。

受体模型需要输入外场观测到的受体点大气环境中 VOCs 的浓度和化学组成，不依赖于活动水平数据和气象条件。常用的源解析模型有化学质量平衡（Chemical Mass Balance, CMB）和正矩阵因子分析（Positive Matrix Factorization, PMF）两种。其中 CMB 模型需要预先了解和输入污染源的排放信息，主要应用于 VOCs 排放特征研究较充分的地区；而 PMF 模型无须源谱，但对观测数据量有一定要求。

2. 基于比值法的 VOCs 来源初判

VOCs 组分间的相关性能够反映其来源组成的信息，可用于对主要污染源进行初步判断。相关性分析可排除气象因素及物理因素，如干湿沉降等的干扰，通过两种特征的 VOCs 组分的算术均值或几何均值的比值（或线性拟合的斜率）初步判断该区域大气中 VOCs 的可能来源及相对重要性，这是因为活性相当的两种物种，其环境浓度的比值与其排放源中的比值相等。

采用物种间相关性分析进行来源初步定性判断，选取“甲苯 / 苯”对广西全区 5 个重点城市在线监测期间的大气环境 VOCs 进行来源初判。

一般来说，城市大气中单环芳香烃（苯、甲苯、乙苯、间 / 对 - 二甲苯和邻二甲苯等）的浓度较高，是人为排放源的代表组分。大部分苯系物之间的相关性很好，可以说明它们具有相似的来源。甲苯与苯的比值（T/B）（ppbv/ppbv，下同）是一种常用的识别芳香烃来源的指标。在城市地区，苯的主要来源是燃烧过程，如机动车尾气排放、生物质燃烧、燃煤过程等；甲苯除了来自机动车排放外，涂料和溶剂的使用也是重要来源。在工业区的环境空气中测到的 T/B 为 4.8 ～ 5.8，而溶剂使用中 T/B 是 11.5，在隧道实验中 T/B 是 1.52，在其他燃烧过程中 T/B 是 0.2 ～ 0.6。

图 5–52 为 2020 年 10 月—2023 年 6 月在线监测期间各城市甲苯与苯的相关性散点图。由图可知，5 个重点城市中，桂林和南宁大气中 T/B 集中在隧道实验（T/

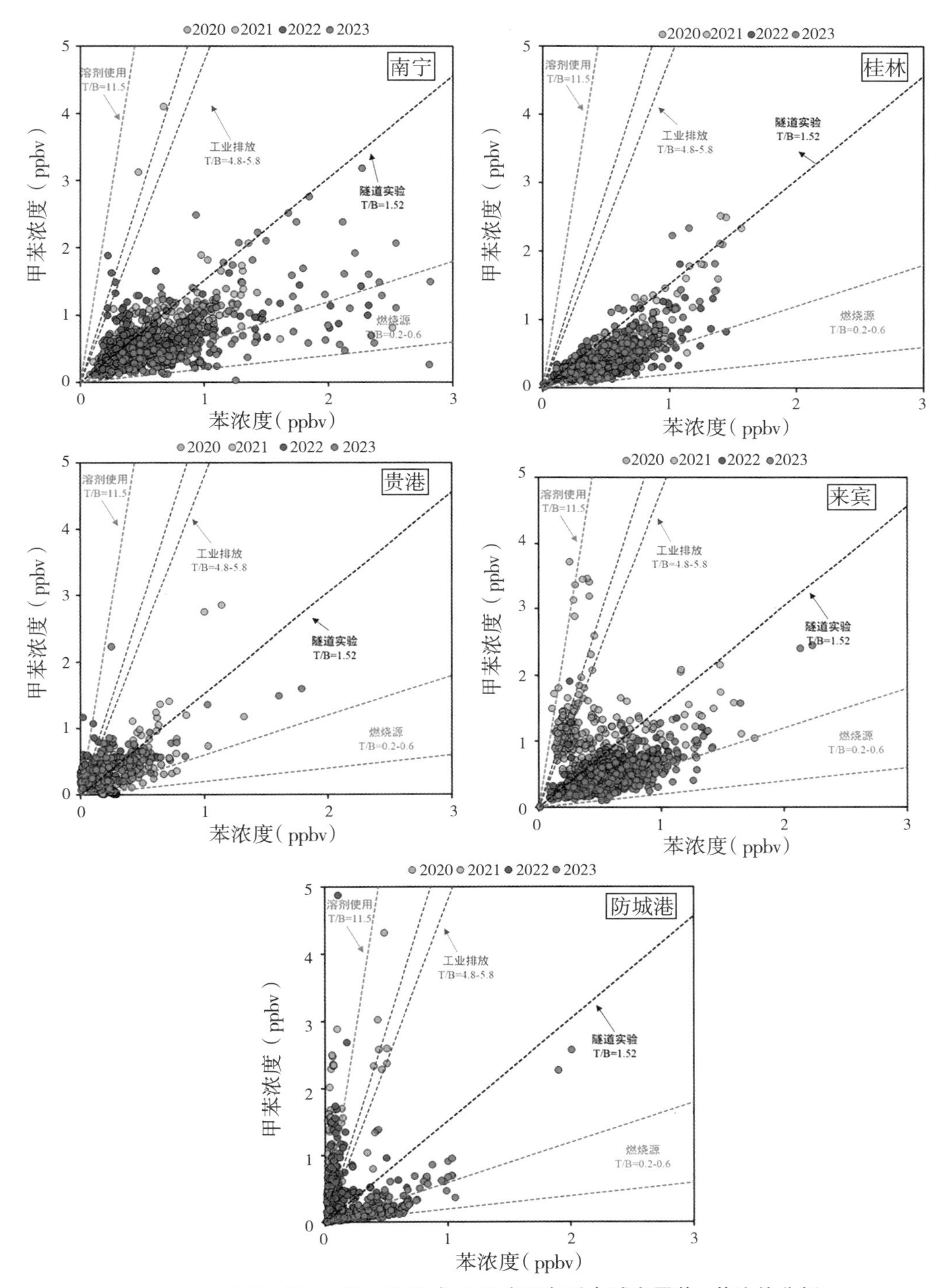

图 5-52　2020 年 10 月—2023 年 6 月广西各重点城市甲苯 / 苯比值分析

B=1.52）和燃烧源附近（T/B 为 0.2 ～ 0.6），表明其主要受机动车尾气和燃烧源的影响；贵港和来宾 T/B 主要在隧道实验上下波动，表明其受机动车尾气、工业排放和燃烧源共同影响，其中来宾 2021 年受工业排放影响尤为明显，其他年则偏向受燃烧源影响；防城港 T/B 主要受机动车尾气、燃烧源和溶剂使用排放共同影响，其中 2020—2022 年 T/B 主要受机动车尾气和溶剂使用影响明显，而 2023 年燃烧源对甲苯和苯的来源贡献较大。

3. 基于 PMF 的 VOCs 来源解析

PMF、PCA/APCS 和 UNMIX 都是多元分析模型，这些模型的运行并不需要输入 VOCs 源谱信息。PCA/APCS 对于解释源种类较少时非常有用，而且所需数据也较少，但它需要将数据全部标准化，还需要将真实的零换算成绝对主成分得分，并参与计算。因此 PCA/APCS 一般用于 PMF 模型解析前的预判工作。

PMF 模型不需要将数据标准化，而是直接运用最小二乘法，寻求最优解。在对 PMF 解析出的各个因子进行解释时需要依据已知的各个 VOCs 排放源的化学组成特征，但不需要源谱作为输入数据。PMF 和 CMB 都是 EPA 官方推荐的源解析技术，在国内外的发展均比较成熟，是应用最为广泛的源解析工具。UNMIX 是图像比值分析和多元受体模型的结合，需要假定某种源的示踪物来源唯一，并给定源的个数，目前在 VOCs 来源解析工作中应用较少。

在对所研究区域 VOCs 来源构成和排放特征认识不足的情况下，CMB 模式的应用会受到限制，PMF 模型则只需要输入环境数据，通过分析各 VOCs 组分的变化规律（时间变化或空间差异）识别出主要的 VOCs 排放源及其化学组成特征，并计算各类排放源对大气环境中 VOCs 浓度的贡献。和其他方法相比，PMF 模型具有不需要测量源成分谱、分解矩阵中元素非负、可以利用数据标准偏差来进行优化等优点。该方法已经成功应用在对北京、香港、广州等地区大气中颗粒物和 VOCs 来源的研究中。PMF 法中，n 行 m 列的数据矩阵 X（n 和 m 分别为样品数和被测物种数）可以分解为两个矩阵 G（$n \times p$）和 F（$p \times m$）和一个残余矩阵 E，其中 p 代表提取的因子数（见图 5–53）。

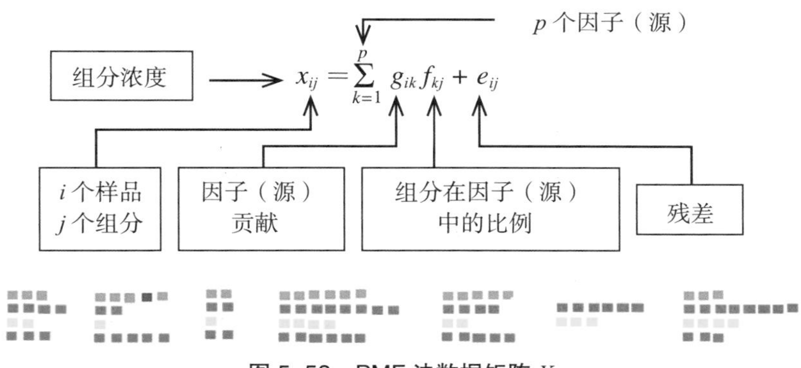

图 5-53　PMF 法数据矩阵 X

G 是有 p 个源的源贡献矩阵，F 为源成分矩阵。PMF 法通过最小化目标函数 Q 来获得解决方案。Q 是基于样品观测误差的函数，定义如下：

$$Q=\sum_{i=1}^{n}\sum_{j=1}^{m}\left(\frac{e_{ij}}{s_{ij}}\right)^2 \qquad e_{ij}=x_{ij}-\sum_{k=1}^{p}g_{ik}f_{kj}$$

其中，s_{ij} 是观测值 x_{ij} 的测量误差。PMF 法通过最小二乘法并利用非负约束来求解，这些非负约束包括两个方面：①源不能具有负的物种浓度（$f_{kj}\geqslant 0$）；②样品不能具有负的源贡献（$g_{ij}\geqslant 0$）。通过利用这些非负约束，使所解得的因子具有更好的物理解释。

4.O_3 前体物解析结果

（1）整体结果。

图 5-54 和图 5-55 分别是基于广西桂北、桂中 4 个城市和桂南防城港市自动监测站点 VOCs 及对 O_3 生成的贡献（OFP）的 PMF 来源解析平均结果。从图 5-53 中可以看出，桂北和桂中地区机动车尾气对 VOCs 浓度的贡献最高，占 35.6%，其次是溶剂涂料和燃烧源，二者占比相当，分别为 21.3% 和 20.5%，工业排放相对较少，为 17.6%，天然源占 5.1%。防城港机动车尾气贡献与桂北地区相近，占 35.8%，溶剂涂料使用贡献低于桂北和桂中地区，为 18.9%，天然源贡献高于桂北和桂中地区，占比 6.5%。与桂北和桂中地区不同的是，防城港油气挥发和石油化工贡献明显，这与当地的产业结构直接相关。防城港位于北部湾地区，存在石化相关基地，油气挥发和石油化工排放相对较重，二者分别贡献 16.6% 和 22.1%。因此，从 VOCs 来源来看，与各地区的能源结构和产业结构密不可分。

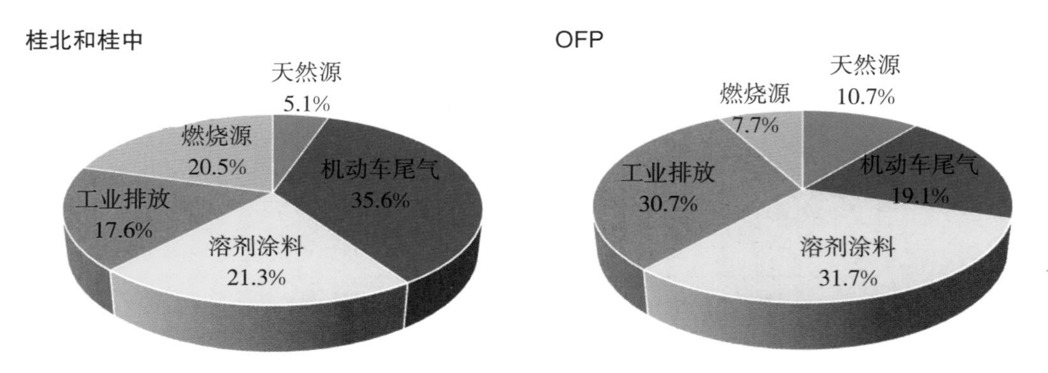

图 5-54　桂北和桂中 4 个城市 PMF 来源解析结果

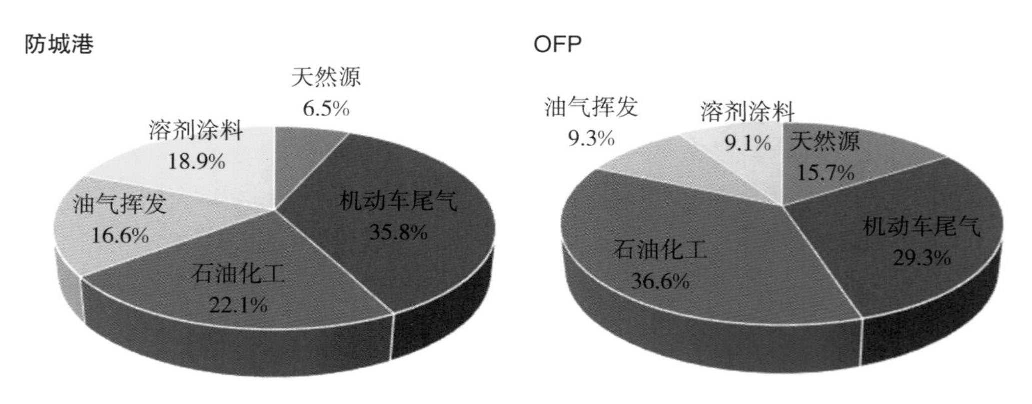

图 5-55　防城港 PMF 来源解析结果

通过来源解析可以了解不同排放源对 VOCs 的贡献情况，然而不同的排放源对 O_3 生成潜势的贡献不同。桂北和桂中地区溶剂涂料的 OFP 贡献占比最大，高达 31.7%，其次是工业排放，OFP 的贡献占比为 30.7%，这是由于溶剂涂料大量使用的芳香烃活性较高，工业排放中排放的乙烯、丙烯等物种活性较高，对 O_3 生成贡献占比较大；机动车尾气、天然源和燃烧源的 OFP 贡献占比相对较低，分别为 19.1%、10.7% 和 7.7%。

防城港对 O_3 贡献最大的来源则是石油化工，其 OFP 的贡献占比高达 36.6%，机动车尾气对 OFP 的贡献为 29.3%，天然源、油气挥发和溶剂涂料对 OFP 的贡献较小，分别为 15.7%、9.3% 和 9.1%。因此在对 O_3 污染管控时，应管控对 O_3 贡献较大的排放源。

（2）关键组分。

图 5-56 为桂北和桂中 4 个城市关键组分来源占比情况。从图中可以看出，正

丁烷主要来源于机动车尾气排放，占比为 68.6%，其次是溶剂涂料。乙烯主要来自工业排放和溶剂涂料，贡献占比分别为 47.2% 和 34.3%，工业源中如橡胶塑料制品排放乙烯。甲苯主要来源于溶剂涂料和机动车尾气，两种源的贡献分别为 51.8% 和 39.4%。间 / 对 – 二甲苯则主要来源于溶剂涂料，占比高达 98.2%，同时有少量的工业排放，如医药、农药等相关行业企业。

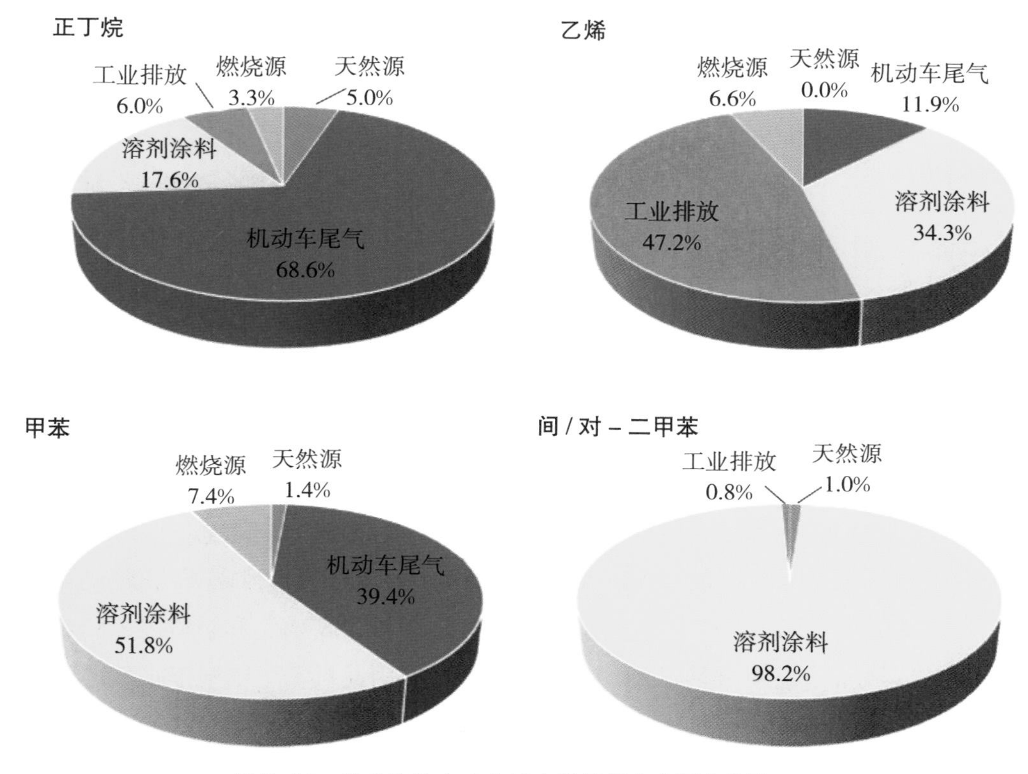

图 5–56　桂北和桂中 4 个城市关键组分来源占比情况

图 5–57 为防城港 O_3 前体物关键组分来源占比情况。从图中可以看出，正丁烷 42.7% 来自油气挥发，机动车尾气和石油化工分别占 28.0% 和 27.8%。乙烯主要来自机动车尾气和石油化工，表明防城港石油化工和机动车尾气对乙烯来源影响显著。甲苯和间 / 对 – 二甲苯主要来源于溶剂涂料使用源，溶剂涂料对这 2 种组分的贡献占比分别为 88.5% 和 85.9%，其他源对这 2 种组分的贡献均较低。

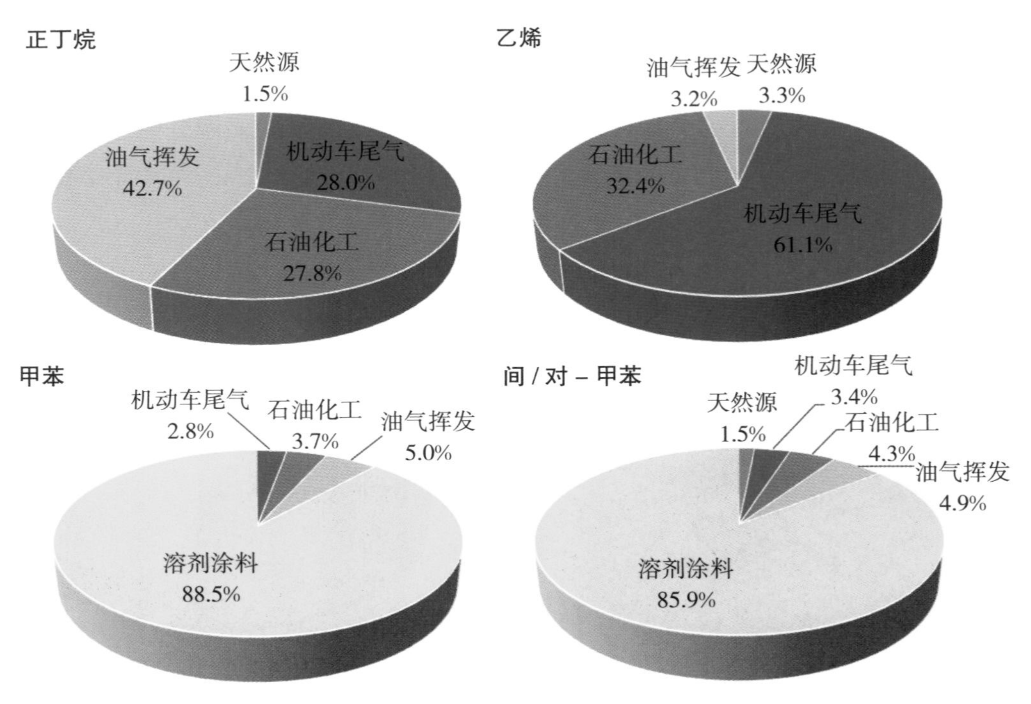

图 5–57　防城港关键组分来源占比情况

（3）不同城市来源。

图 5–58 为不同城市的 VOCs 解析结果。由图可以看出，不同城市 VOCs 源贡献存在一定差别，这主要与站点周边局地排放源以及在不同风速风向下的输送影响有关。桂林的机动车尾气贡献高达 55.7%，其次是南宁（36.4%）和防城港（35.8%），南宁为首府城市，桂林和防城港的点位处于城区，因此机动车尾气排放占比较高。贵港工业排放占比高达 38.3%；贵港和来宾的燃烧源贡献较多，分别为 24.2% 和 26.7%，这与 2 个城市的整体能源结构有关；南宁溶剂涂料占比显著（31.6%），其次为来宾（21.7%）；防城港石油化工和油气挥发贡献明显，这与地理位置和能源结构有关，桂南地区存在较多的石化企业，且当地存在较多的储油库，因此石油化工和油气挥发占比显著。

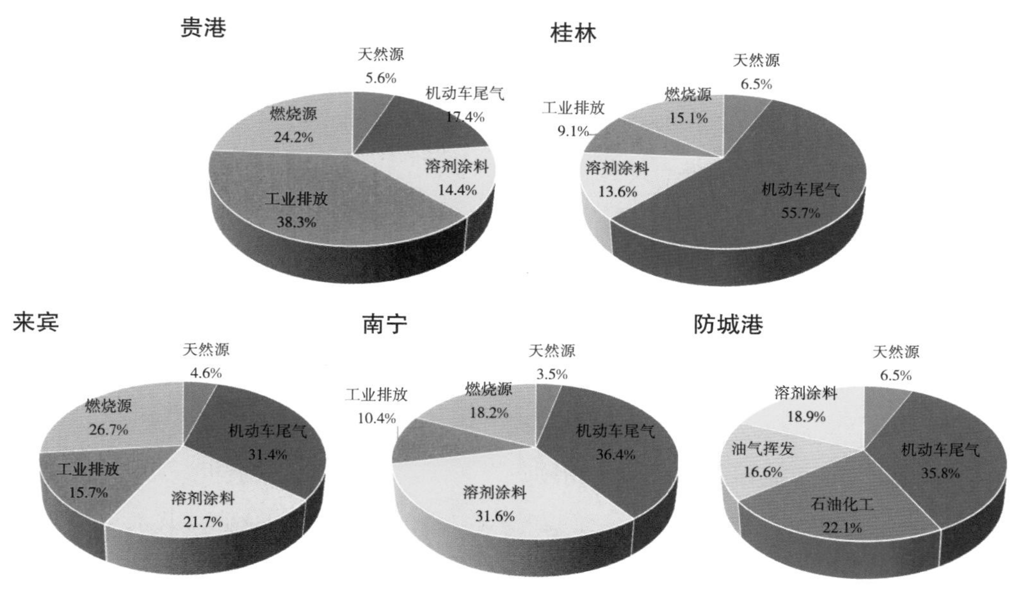

图 5-58　各城市的 VOCs 解析结果

5.O_3 前体物源解析结论

（1）桂北和桂中地区机动车尾气对 VOCs 浓度的贡献最高，占 35.6%，其次是溶剂涂料和燃烧源，分别为 21.3% 和 20.5%，工业排放相对较少，为 17.6%，天然源占 5.1%。

（2）桂南地区防城港机动车尾气对 VOCs 浓度的贡献占 35.8%，溶剂涂料使用低于桂北地区，贡献为 18.9%，天然源贡献高于桂北地区，占比 6.5%。防城港油气挥发和石油化工贡献明显，二者分别贡献 16.6% 和 22.1%。

（3）桂北和桂中地区溶剂涂料源对 OFP 贡献最大，高达 31.7%，其次是工业排放，OFP 的贡献为 30.7%，机动车尾气、燃烧源和天然源的 OFP 贡献相对较小，分别为 19.1%、10.7% 和 7.7%。防城港对 O_3 贡献最大的源则是石油化工，其 OFP 的贡献高达 36.6%，机动车尾气对 OFP 的贡献为 29.3%，天然源、油气挥发和溶剂涂料对 OFP 的贡献较少，分别为 15.7%、9.3% 和 9.1%。

（4）从桂北和桂中 4 个城市关键组分的来源来看，正丁烷主要来源于机动车排放，占比为 68.6%，其次是溶剂涂料。乙烯主要来自工业排放和溶剂涂料，贡献占比分别为 47.2% 和 34.3%。甲苯和间 / 对 – 二甲苯主要来源于溶剂涂料，占比分别为 51.8% 和 98.2%。

（5）桂林的机动车尾气贡献高达 55.7%，其次是南宁（36.4%）和防城港（35.8%），南宁为首府城市，桂林和防城港的点位处于城区，因此机动车尾气排放占比较高。贵港工业排放占比高达 38.3%；来宾和贵港的燃烧源贡献较多，分别为 26.7% 和 24.2%，这与 2 个城市的整体能源结构有关。南宁溶剂涂料占比显著（31.6%），其次为来宾（21.7%）。防城港石油化工和油气挥发占比显著，分别为 22.1% 和 16.6%，这与地理位置和能源结构有关。

（六）VOCs 重点行业源谱分析

1. 重点行业 VOCs 排放调查及源谱构建

针对 2020—2022 年广西区内不同城市进行了污染源样品采样，涉及 8 个典型城市（来宾、北海、防城港、贵港、贺州、柳州、南宁和梧州）以及陶瓷制品、人造石、石油化工、涂料制造、包装印刷、汽车及配件制造、人造板纤维板制造、船舶排放 8 个行业和生物质燃烧，涵盖 20 家具有行业代表性的企业，共采集 47 个有效污染源样品，其中，罐采样样品 47 个，醛酮样品 47 个。并对采集的有效污染源样品进行分析，得到广西重点行业的 VOCs 化学组成特征和 VOCs 源排放成分谱，为广西 VOCs 来源解析等污染防治工作打下了坚实的基础。

对 8 个设区市共 20 家典型企业的生产车间或废气收集和排气系统的排口进行采样，其中有组织排放采样时优先选择在垂直管段，避开烟道弯头和断面急剧变化的部位，对于预估浓度较低的样品（5 ppm 以下），直接用苏玛罐进行采集，对于预估浓度较高的样品（5 ppm 以上），利用气袋采样然后转移至苏玛罐中保存分析；无组织样品采样时，选取车间或者生产工段浓度最高点进行采样，采样罐置于距地面 1.5 m 以上的高度，必要时举过头顶；醛类、酮类化合物采用填充了 2，4- 二硝基苯肼（DNPH）的采样管进行采集，每个样品采样流量设定为 0.6L/min，定时采样 5min。本次共计采集污染源样品 47 个，其中来宾、北海、防城港、贵港、贺州、柳州、南宁和梧州的源样品数据分别为 12 个、9 个、2 个、8 个、4 个、2 个、8 个和 2 个，共监测烷烃、烯烃、乙炔、芳香烃、卤代烃、VOCs 和有机硫共计 117 种组分。广西环境空气 VOCs 污染源样品采集行业、企业数量及样品数量状况见图 5-59。广西典型城市环境空气 VOCs 污染源样品采集信息见表 5-5，VOCs 分析组分和编号汇总见表 5-6。

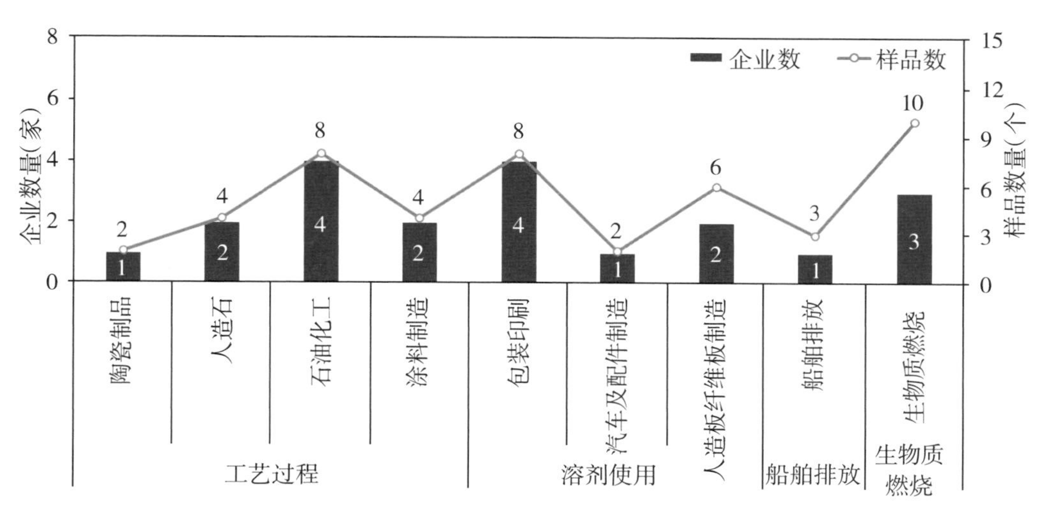

图 5–59　广西环境空气 VOCs 污染源样品采集行业、企业数量及样品数量状况

表 5–5　广西典型城市环境空气 VOCs 污染源样品采集信息

序号	城市	行业	企业数（家）	污染源样品数量（个）
1	来宾	汽车及配件制造	1	2
2		生物质燃烧	3	10
3	北海	石油化工	3	6
4		船舶排放	1	3
5	防城港	石油化工	1	2
6	贵港	人造板纤维板制造	2	6
7		涂料制造	1	2
8	贺州	人造石	2	4
9	柳州	涂料制造	1	2
10	南宁	包装印刷	4	8
11	梧州	陶瓷行业	1	2

表 5–6　广西典型城市环境空气 VOCs 分析组分和编号汇总

编号	名称	编号	名称	编号	名称
1	乙烷	41	乙炔	81	四氯乙烯
2	丙烷	42	苯	82	二溴一氯甲烷
3	异丁烷	43	甲苯	83	1，2– 二溴乙烷
4	正丁烷	44	乙基苯	84	氯苯

续表

编号	名称	编号	名称	编号	名称
5	环戊烷	45	间 / 对 - 二甲苯	85	溴仿
6	异戊烷	46	邻二甲苯	86	1，1，2，2- 四氯乙烷
7	正戊烷	47	苯乙烯	87	1，3- 二氯苯
8	2，2- 二甲基丁烷	48	异丙基苯	88	1，4- 二氯苯
9	2，3- 二甲基丁烷	49	正丙苯	89	苄基氯
10	2- 甲基戊烷	50	间乙基甲苯	90	1，2- 二氯苯
11	3- 甲基戊烷	51	对乙基甲苯	91	1，2，4- 三氯苯
12	正己烷	52	1，3，5- 三甲基苯	92	六氯 -1，3- 丁二烯
13	2，4- 二甲基戊烷	53	邻乙基甲苯	93	氟利昂 113
14	甲基环戊烷	54	1，2，4- 三甲基苯	94	甲基异丁基酮
15	2- 甲基己烷	55	1，2，3- 三甲基苯	95	2- 己酮
16	环己烷	56	间二乙基苯	96	异丙醇
17	2，3- 二甲基戊烷	57	对二乙基苯	97	乙酸乙烯酯
18	3- 甲基己烷	58	萘	98	乙酸乙酯
19	2，2，4- 三甲基戊烷	59	氟利昂 12	99	甲基丙烯酸甲酯
20	庚烷	60	氟利昂 114	100	甲基叔丁基醚
21	甲基环己烷	61	氯甲烷	101	四氢呋喃
22	2，3，4- 三甲基戊烷	62	氯乙烯	102	1，4- 二氧己环
23	2- 甲基庚烷	63	溴甲烷	103	甲醛
24	3- 甲基庚烷	64	氯乙烷	104	乙醛
25	正辛烷	65	氟利昂 11	105	丙烯醛
26	正壬烷	66	1，1- 二氯乙烯	106	丙酮
27	癸烷	67	二氯甲烷	107	丙醛
28	十一烷	68	1，1- 二氯乙烷	108	丁烯醛
29	十二烷	69	反 -1，2- 二氯乙烯	109	甲基丙烯醛
30	乙烯	70	顺 -1，2- 二氯乙烯	110	2- 丁酮
31	丙烯	71	三氯甲烷	111	正丁醛
32	反 -2- 丁烯	72	1，1，1- 三氯乙烷	112	苯甲醛

续表

编号	名称	编号	名称	编号	名称
33	1- 丁烯	73	四氯化碳	113	戊醛
34	顺 -2- 丁烯	74	1，2- 二氯乙烷	114	间甲基苯甲醛
35	1，3- 丁二烯	75	三氯乙烯	115	己醛
36	1- 戊烯	76	1，2- 二氯丙烷	116	二硫化碳
37	反 -2- 戊烯	77	二氯溴甲烷		
38	顺 -2- 戊烯	78	反 -1，3- 二氯丙烯		
39	1- 己烯	79	顺 -1，3- 二氯丙烯		
40	异戊二烯	80	1，1，2- 三氯乙烷		

注：其中，间 – 二甲苯和对 – 二甲苯在表中按间 / 对 – 二甲苯一种组分算，故列举的组分数为116 种。

2. 重点行业 VOCs 源成分谱分析

（1）工艺过程源。

工艺过程源涉及面广，污染物排放量大，不同行业排放的污染物不仅与原辅材料、生产工艺技术、控制措施和管理水平密切相关，而且与同一产品在生产过程中通常有多处排放源有关。其中，既有在原料运输、存储、破碎等原辅料处理过程的排放，也有在工艺生产中加热、反应过程的排放；既有经集气罩等收集处理后的有组织排放，也有生产过程中挥发散逸的无组织排放。

本次针对广西陶瓷制品、人造石、石油化工和涂料制造 4 类主要的工艺过程源进行了样品采集，样品采集涉及车间的无组织排放以及烟囱的有组织排放，涵盖主要涉及 VOCs 排放的原料存储、车间生产过程以及排口等，可系统表征不同行业的 VOCs 源排放特征。

①化学组成概况。

工艺过程源共计采集 9 家企业 18 个有效样品。不同行业排放 VOCs 组分有较大区别，其中人造石、涂料制造行业，主要涉及 VOCs 排放的环节为原辅料的挥发，工艺过程中稀释剂、油漆等的使用，占比均以芳香烃为主，分别为 91.1% 和 88.7%；涂料制造行业排在第二的为烷烃，占比为 5.6%；陶瓷制品和石油化工行业均以烷烃为主要 VOCs 组分，占比分别为 48.4% 和 47.5%。陶瓷制品行业排在第二的为芳香烃，占比为 19.6%。石油化工行业排在第二的为 OVOCs，贡献占比达 26.3%（见图 5–60）。

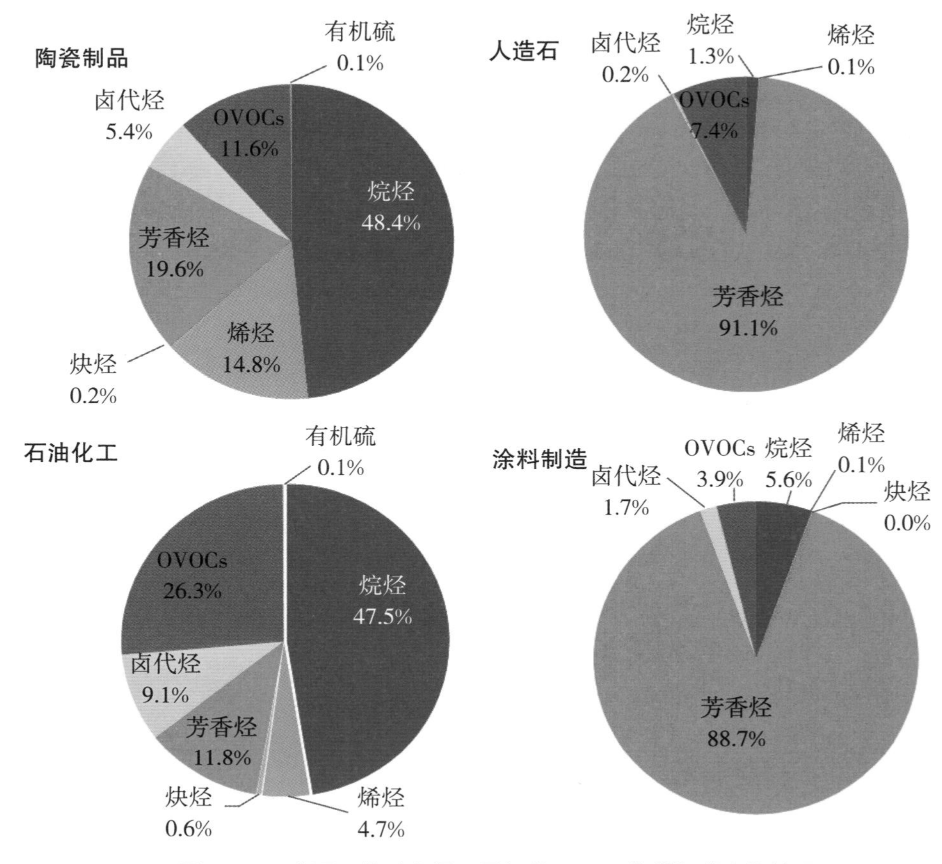

图 5-60　广西工艺过程源不同行业 VOCs 化学组成占比情况

②工艺过程源行业源成分谱。

广西工艺过程源不同行业 VOCs 排名前十组分以及源成分谱分别见图 5-61 和图 5-62，不同行业 VOCs 排放组分差异较大。陶瓷制品主要涉及 VOCs 排放的工艺为喷墨烘干等过程，源成分谱主要以乙烷（21.4%）和丙烷（9.4%）为主，然后依次为乙烯（5.1%）、丙烯（5.1%）、甲苯（4.7%）和间 / 对 - 二甲苯（4.5%）。人造石源成分谱以苯乙烯（90.2%）为主，其他组分均占比较小，主要来源于人造石生产过程中使用的苯乙烯有机溶剂作为稀释剂，在生成过程中会排放含有大量苯乙烯的有机废气。石油化工行业 VOCs 主要排放环节涉及催化裂化等工艺过程排放以及废气焚烧处理、设备动静密封点泄漏、有机液体储存与挥发，源成分谱以异戊烷（12.4%）、正丁烷（8.9%）、异丁烷（8.3%）以及甲基叔丁基醚（5.8%）为主。涂料制造源成分谱以间 / 对 - 二甲苯（48.3%）、乙基苯（15.5%）、邻二甲苯（13.0%）以及甲苯（9.5%）为主，主要来自生产过程中原料添加、混合及搅拌等工序的无组织排放。

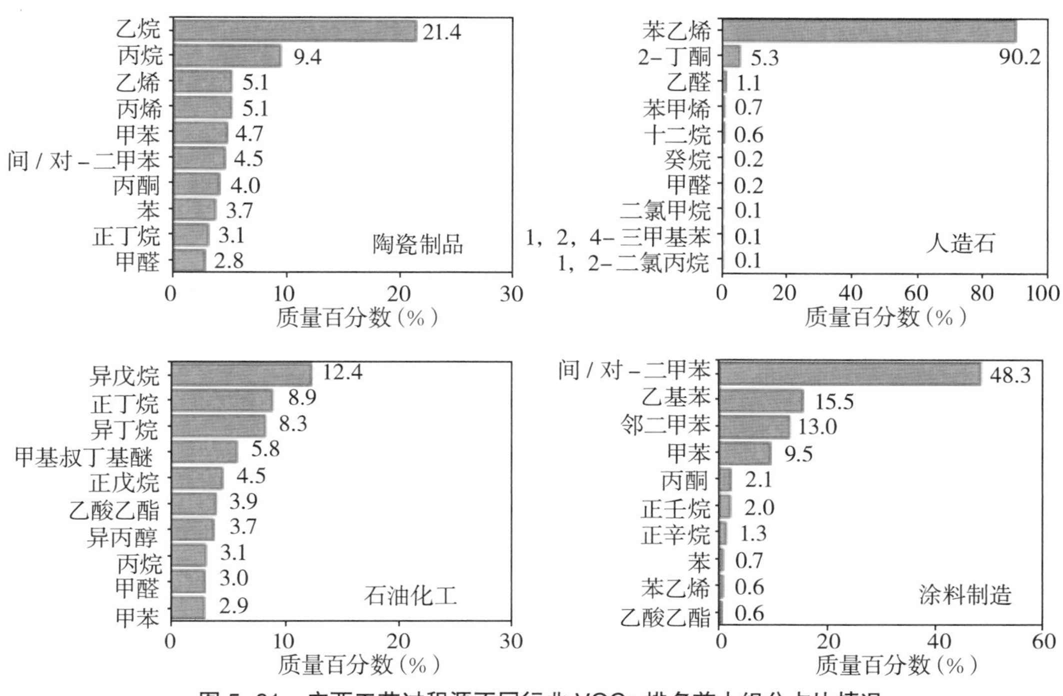

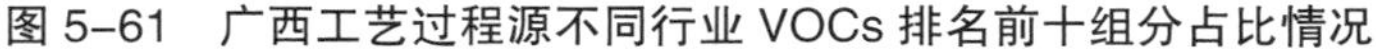
图 5–61　广西工艺过程源不同行业 VOCs 排名前十组分占比情况

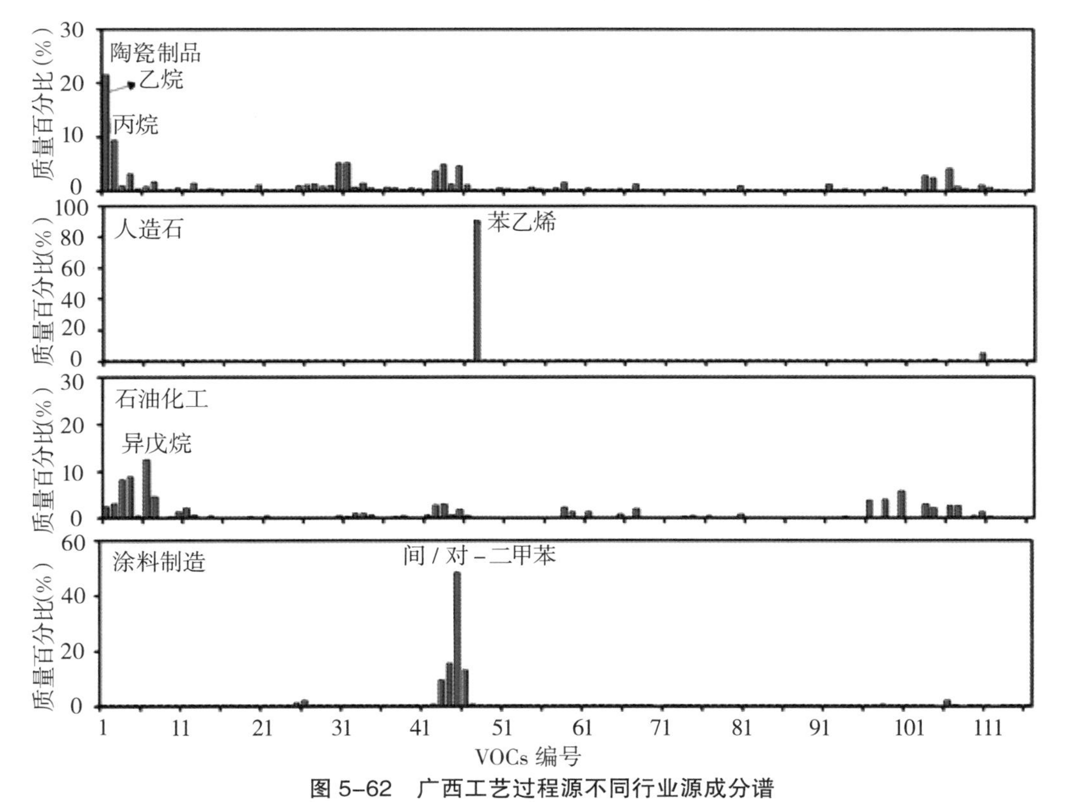

图 5–62　广西工艺过程源不同行业源成分谱

（2）溶剂使用源。

溶剂使用源是指在溶剂使用过程中由于有机溶剂挥发导致的 VOCs 排放，其涉及的行业非常广泛，且越来越成为重要的 VOCs 贡献源。溶剂使用大类涵盖包装印刷、船舶涂装、汽车及配件制造、人造板纤维板制造、金属表面处理以及电子元器件制造等多种行业。本次共计采集 7 家涉及溶剂使用的典型企业的样品，共采集污染源样品 16 个，涉及包装印刷、汽车及配件制造以及人造板纤维板制造 3 个行业。

①化学组成概况。

图 5–63 为广西溶剂使用源不同行业 VOCs 化学组成占比情况。从图中可以看出，溶剂使用不同行业排放的 VOCs 组分有较大的差别，与原辅材料的使用息息相关，涉及 VOCs 排放的主要为生产过程中溶剂、清洗剂、涂料、油墨等有机溶剂的使用。包装印刷和人造板纤维板制造行业均以 OVOCs 为主，占比分别为 93.3% 和 77.4%，其次均为烷烃，占比分别为 5.5% 和 15.9%；汽车及配件制造行业 VOCs 占比以烷烃为主，占比为 51.9%，其次为卤代烃，占比达 29.6%。

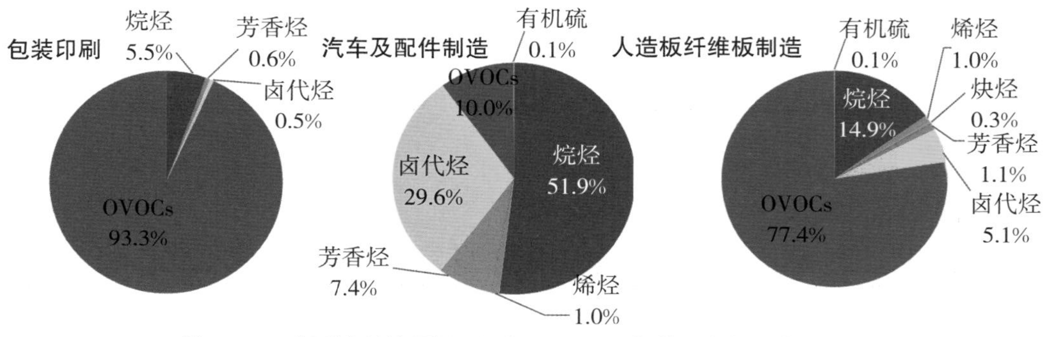

图 5–63　广西溶剂使用源不同行业 VOCs 化学组成占比情况

②溶剂使用源行业源成分谱。

溶剂使用源不同行业排名前十组分占比情况以及源成分谱见图 5–64 及图 5–65，不同类别使用行业 VOCs 排放成分谱及主要组分差异较大。包装印刷行业 VOCs 排放主要来源于喷漆以及印刷过程中加热干燥时油墨中可挥发性有机物质的释放，广西采样企业主要使用水性漆，溶剂类的苯系物含量较少，而醇类等溶于水的物质含量较多，源成分谱主要以异丙醇（60.4%）为主；其次为乙酸乙酯（10.6%），其他组分占比较小。汽车及配件制造源成分谱以二氯甲烷（28.7%）和正丁烷（28.1%）为主，排名第三的是异丁烷（10.8%）；主要来源于汽车在涂装过程中大量使用的涂料和有机溶剂，以及零配件生产过程中注塑、喷涂和黏合等工艺。人造板纤维板制造源成分谱以甲醛（64.1%）为主，排名第二和第三的分别为二氯甲烷（4.2%）和乙

醛（4.0%），主要来源于上胶、热压工段胶水凝固过程产生的 VOCs 废气。

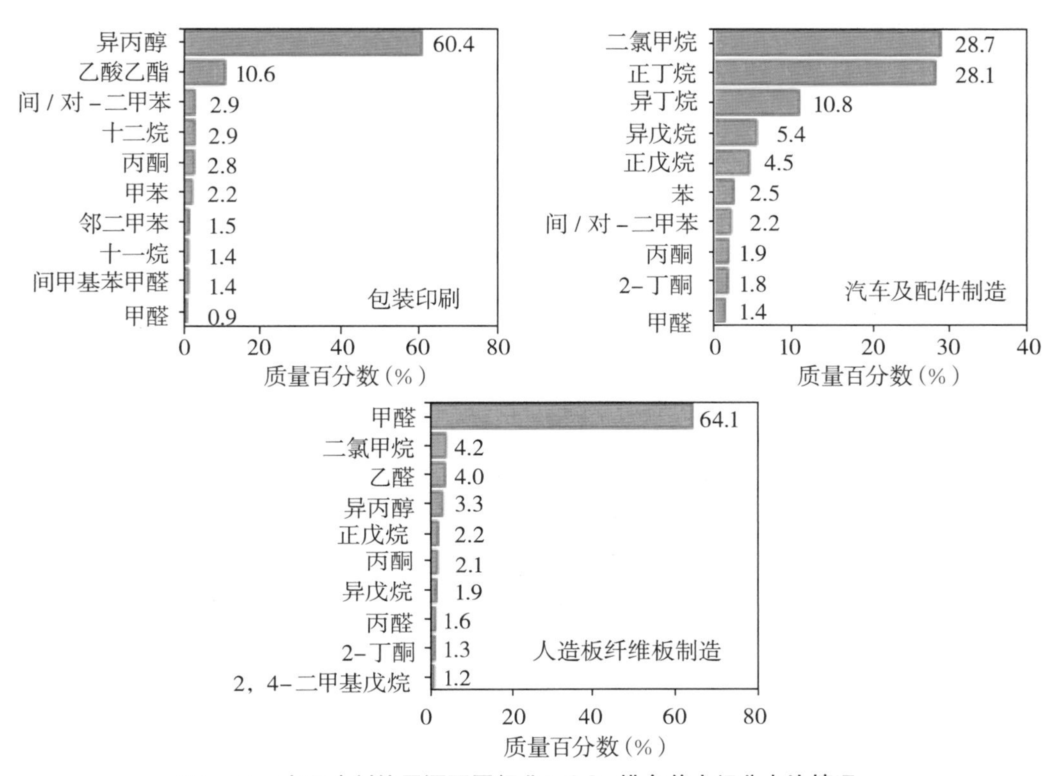

图 5–64　广西溶剂使用源不同行业 VOCs 排名前十组分占比情况

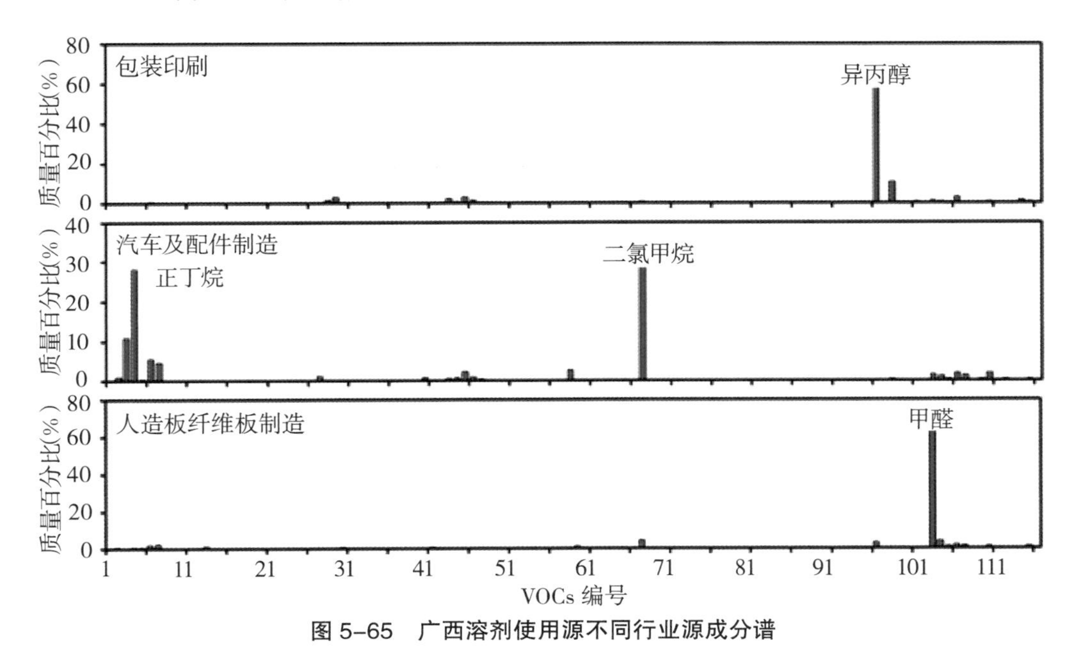

图 5–65　广西溶剂使用源不同行业源成分谱

（3）船舶排放源。

船舶在航行、停泊港口和装卸货物的过程中会排放 VOCs 有机废气，本研究对北海市电建渔港码头进行了采样分析。

①化学组成概况。

船舶排放行业主要排放组分为芳香烃，占比高达 52.3%，排名第二和第三的分别为 OVOCs 和烷烃，占比分别为 17.3% 和 16.1%，卤代烃排名第四，占比为 10.6%，其余组分占比均较低（见图 5-66）。

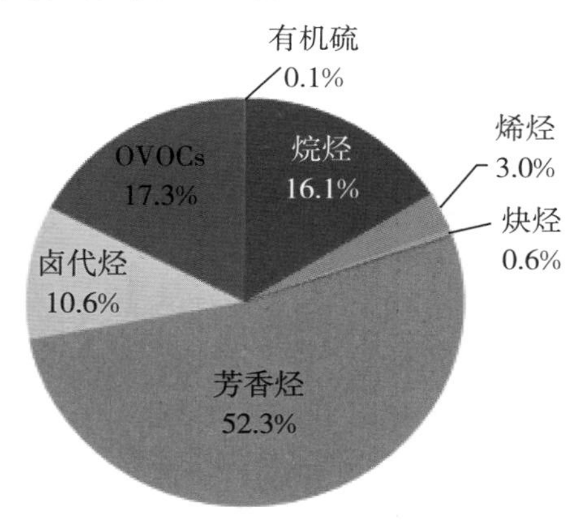

图 5-66　广西船舶排放行业 VOCs 化学组成占比情况

②船舶排放源成分谱。

对广西船舶行业排放源谱及关键组分进行分析，可以了解到，广西船舶行业主要排放的组分为苯乙烯和丙酮，质量百分比分别为 37.9% 和 8.4%，主要来自船舶行驶过程中的燃料燃烧（见图 5-67 和图 5-68）。

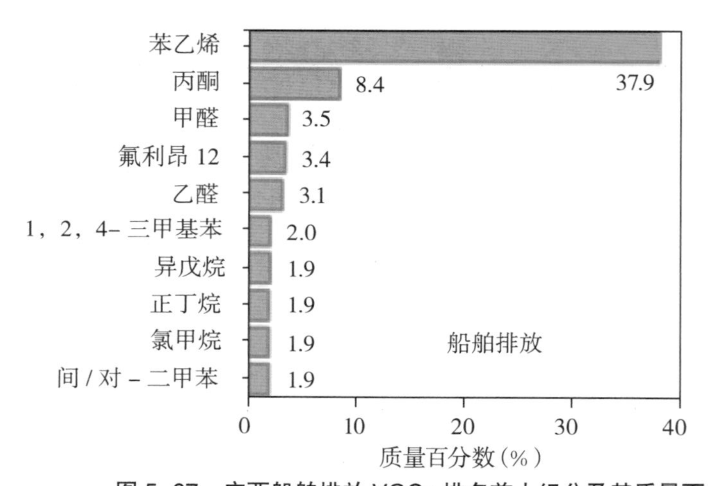

图 5-67　广西船舶排放 VOCs 排名前十组分及其质量百分数

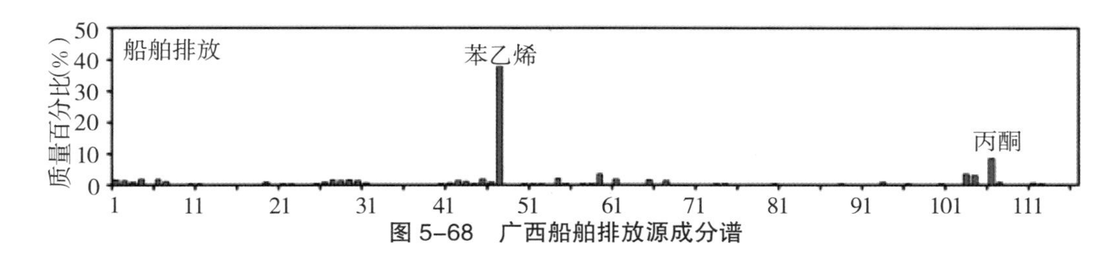

图 5-68　广西船舶排放源成分谱

（4）生物质燃烧。

生物质燃烧是指将生物质材料作为燃料，一般主要是将农林废弃物（如秸秆、锯末、甘蔗渣等）作为原材料，经过粉碎、混合、挤压等工艺制成各种成型、可直接燃烧的燃料，燃烧转化成热能和电能等，其在原料堆放以及焚烧过程中会释放 VOCs 废气。

①化学组成概况。

生物质燃烧行业排放以 OVOCs 为主，占比高达 48.9%；其次为烯烃，占比为 20.1%；再次为芳香烃，占比为 13.3%；烷烃和卤代烃占比接近，分别为 8.0% 和 7.4%，炔烃占比较小，仅 2.2%（见图 5-69）。

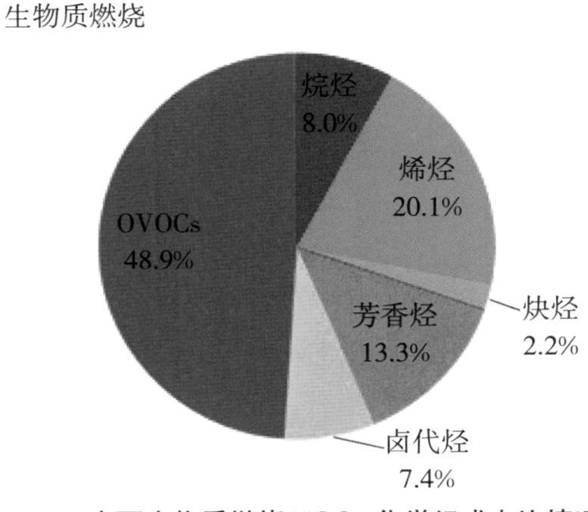

图 5-69　广西生物质燃烧 VOCs 化学组成占比情况

②生物质燃烧行业源成分谱。

生物质燃烧行业主要排放的组分为甲醛（15.0%）、乙醛（14.5%）和丙酮（12.8%）等 OVOCs 以及异戊二烯（5.2%）和乙烯（4.5%）等烯烃，主要来自燃烧过程中的排放（见图 5-70 和图 5-71）。

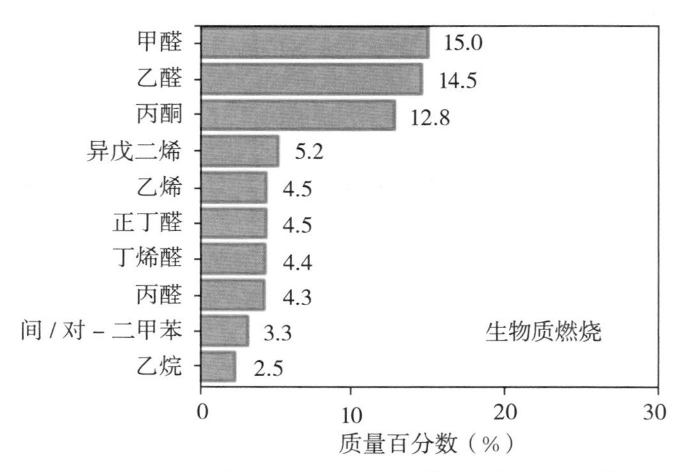

图 5–70　广西生物质燃烧 VOCs 排名前十组分及其质量百分数

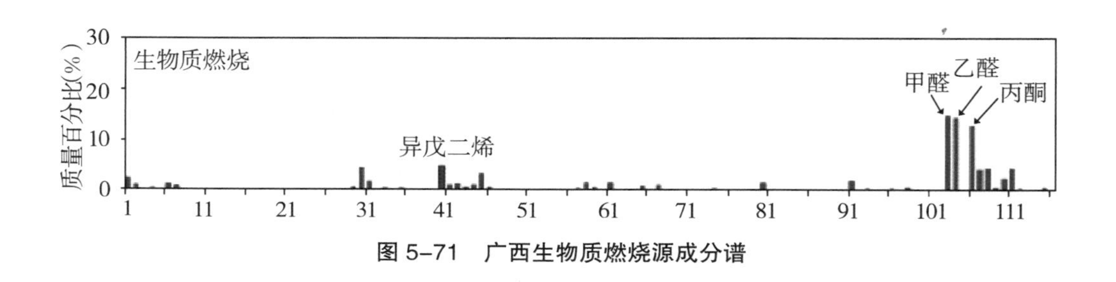

图 5–71　广西生物质燃烧源成分谱

3. 重点行业 VOCs 源成分谱对比

为进一步研究广西 VOCs 源成分谱的行业特性，将广西典型行业源成分谱与已公开发表的其他研究进行比较，被比较的源成分谱均为行业直接排放的源谱，其 VOCs 组分与广西一致，均为 117 种，结果见图 5–72。广西石油化工行业源谱与其他研究类似，二者均以烷烃占比最高，但广西石油化工行业烷烃占比相对更高，同时 OVOCs 占比也高于其他研究，这些组分来源于各类油品及原料加工以及尾气处理过程，烯烃和芳香烃占比则低于其他研究源谱。其中，石油化工行业异戊烷、正丁烷和异丁烷高于其他研究，而丁二烯和苯乙烯等组分低于其他研究。广西涂料制造排放以芳香烃为主，而其他研究则以芳香烃和 OVOCs 为主，广西间 / 对 – 二甲苯排放较其他研究高 39.0%，而 OVOCs 中的异丙醇和乙酸乙酯则分别低于其他研究 17.2% 和 18.2%，这主要是因为产品原辅料的不同。广西涂料制造主要原料为醇酸树脂、钴催干剂、200# 溶剂汽油等，不包含异丙醇及乙酸乙酯。与其他研究相比，包装印刷行业源谱差异较小，两者均以 OVOCs 为主，其中广西异丙醇占比突出，

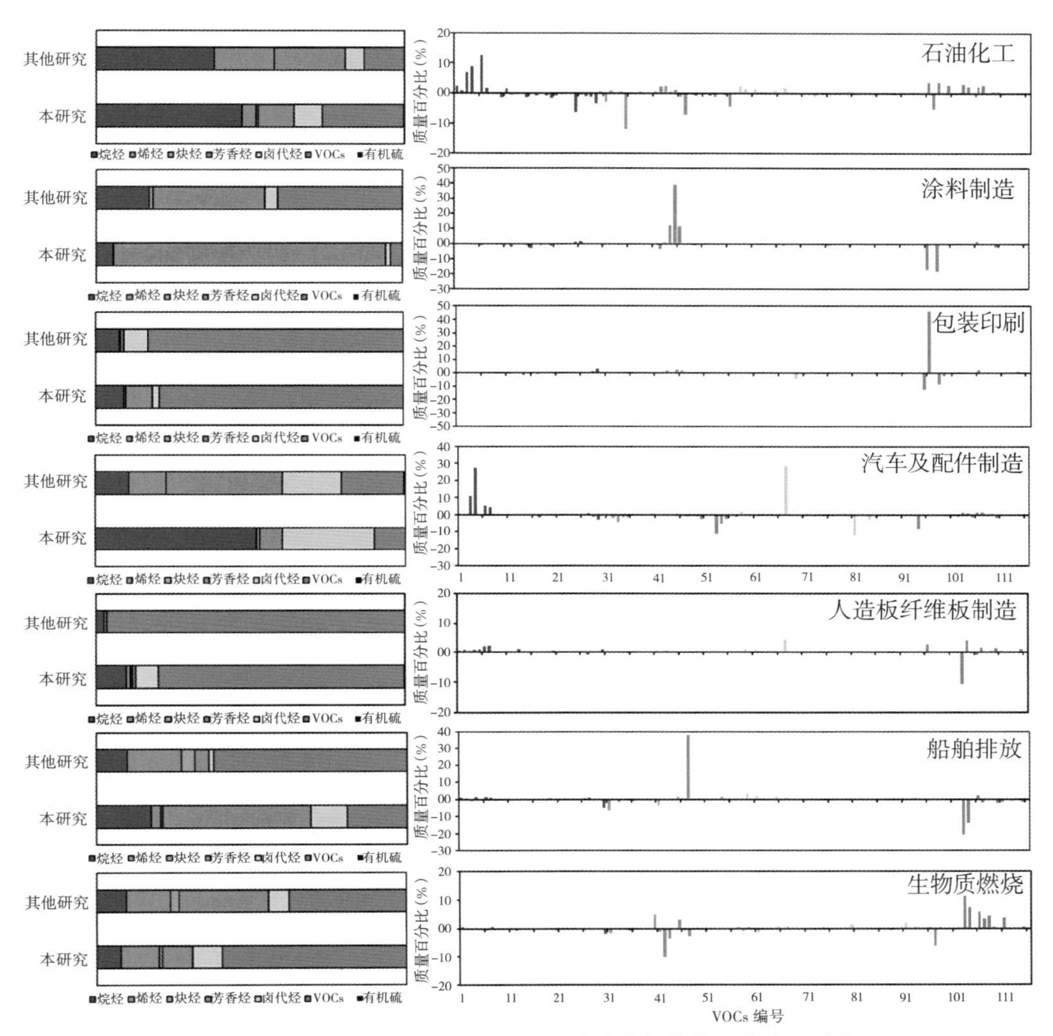

图 5-72　广西不同行业 VOCs 源成分谱与其他研究结果对比

比其他研究高出 46.1%，其他组分差距较小。汽车及配件制造行业源谱略有差异，主要体现在广西 VOCs 排放组分以烷烃为主，其他研究主要为芳香烃，区别在于溶剂以及涂料使用的类别和剂量不同，本研究二氯甲烷和正丁烷质量浓度占比比其他研究分别高出 28.6% 和 27.6%，其他研究中邻乙基甲苯高出本研究 11.6%。人造板纤维板行业源谱较一致，均以 OVOCs 为主，但本研究 OVOCs 质量占比低于其他研究，主要表现在甲醛质量占比比其他研究低 10.8%。广西船舶排放行业与其他研究相比存在较大的差异，其他研究 OVOCs（61.2%）占比较高，其甲醛和乙醛质量浓度占比比本研究分别高出 20.9% 和 14.1%。本研究中广西主要以芳香烃为主，其中苯乙烯为优势组分，质量占比比其他研究高 37.9%；生物质燃烧行业源谱与其他研究较一致，均以 OVOCs 为主，但也存在差异，主要表现在甲醛和乙醛等组分，分别高出 11.2% 和 7.4%；其他研究芳香烃占比明显高于本研究，其中苯质量占比最明显，高出 10.1%。工艺过程源和船舶排放与其他研究相比差异较大，溶剂使用源和生物质燃烧与其他研究较一致，主要与企业所采用的原辅材料及工艺流程的差异密切相关。因此建立本地化的源谱对广西精准溯源提供数据支撑至关重要。

对广西大气环境 VOCs 贡献较高的源种类主要有机动车尾气、工业排放、石油化工、燃烧源以及溶剂涂料等，本研究针对广西不同的典型源进行采样分析并构建源成分谱，确定包括汽车及配件制造、生物质燃烧、石油化工、船舶维修、人造纤维板制造、涂料制造、人造石、包装印刷以及陶瓷行业在内的九大重点行业源成分谱，并根据源成分谱的关键组分光化学反应活性特征，建立行业重点企业管控名录（见表 5–7）。

表 5–7　广西大气环境行业重点企业管控名录

排序	重点行业	企业名称	关键 VOCs 组分	是否为重点管控企业
1	汽车及配件制造	广西某汽车饰品有限公司	正丁烷（28.1%）、二氯甲烷（28.7%）、异丁烷（10.8%）、异戊烷（5.4%）、正戊烷（4.5%）	否
2	生物质燃烧	象州某废弃物热电有限公司	甲醛（14.9%）、丙酮（13.6%）、异戊二烯（13.6%）、正丁醛（7.7%）、乙醛（7.3%）	是
3		来宾某环保新能源有限公司	乙醛（17.7%）、丙酮（17.3%）、甲醛（14.9%）、异戊二烯（10.2%）、丙醛（4.3%）	是
4	石油化工	中国石化某炼化有限责任公司	异戊烷（20.2%）、异丙醇（12.5%）、乙酸乙酯（12.0%）、正丁烷（10.1%）、乙烷（4.9%）	否
5		广西某能源科技有限公司	异丁烷（16.0%）、甲醛（7.4%）、丙酮（7.1%）、正丁烷（5.8%）、二氯甲烷（5.2%）	是
6		广西北海某石化有限公司	甲基叔丁基醚（22.6%）、正丁烷（11.4%）、异戊烷（9.6%）、3–甲基戊烷（5.9%）、异丁烷（5.4%）	否
7		广西某化工有限公司	异戊烷（18.4%）、正戊烷（9.5%）、萘（8.8%）、苯（8.5%）、正丁烷（8.3%）	否
8	船舶维修	广西北海某渔港	苯乙烯（37.9%）、丙酮（8.4%）、甲醛（3.5%）、氟利昂 12（3.4%）、乙醛（3.1%）	是

续表

排序	重点行业	企业名称	关键 VOCs 组分	是否为重点管控企业
9	人造纤维板制造	贵港市某木业有限公司	甲醛（56.1%）、二氯甲烷（7.7%）、异丙醇（5.2%）、正戊烷（4.1%）、异戊烷（3.5%）	是
10		贵港市某木业有限公司	甲醛（72.2%）、乙醛（4.8%）、丙酮（2.2%）、2，4- 二甲基戊烷（2.1%）、丙醛（1.4%）	是
11	涂料制造	广西某化工有限公司	间 / 对 - 二甲苯（54.5%）、乙苯（18.7%）、邻二甲苯（10.8%）、丙酮（4.3%）、正辛烷（1.2%）	是
12		广西柳州某制漆股份有限公司	间 / 对 - 二甲苯（42.1%）、甲苯（18.3%）、邻二甲苯（15.2%）、乙苯（12.2%）、正壬烷（3.1%）	是
13	人造石	广西某石业有限公司	苯乙烯（91.3%）、2- 丁酮（6.4%）、十二烷（0.7%）、苯甲醛（0.4%）、萘烷（0.3%）	是
14		广西贺州某岗石有限公司	苯乙烯（89.1%）、2- 丁酮（4.1%）、乙醛（2.2%）、苯甲醛（1.0%）	是
15	包装印刷	南宁某科技有限公司	乙酸乙酯（19.2%）、间 / 对 - 二甲苯（10.8%）、丙酮（8.7%）、甲苯（8.3%）、邻二甲苯（5.8%）	是
16		广西南宁某塑料彩印包装有限公司	异丙醇（64.0%）、乙酸乙酯（23.3%）、四氢呋喃（3.4%）、异戊烷（1.7%）、2，3- 二甲基丁烷（1.3%）	否
17		广西南宁某包装彩印有限公司	异丙醇（77.7%）、十二烷（11.2%）、十一烷（5.2%）、丙酮（1.8%）、二氯甲烷（0.7%）	否
18		广西某彩印包装有限公司	异丙醇（95.8%）、2- 甲基戊烷（0.6%）、丙酮（0.5%）、3- 甲基戊烷（0.4%）、正己烷（0.4%）	否
19	陶瓷行业	广西某陶瓷有限公司	乙烷（21.4%）、丙烷（9.4%）、乙烯（5.1%）、丙烯（5.1%）、甲苯（4.7%）	是

4. 重点行业源谱分析结果

（1）人造石、涂料制造行业和船舶维修行业均以芳香烃为主，占比分别为 91.1%、88.7% 和 52.3%；陶瓷制品和石油化工行业均以烷烃为主要 VOCs 组分，占比分别为 48.4% 和 47.6%；包装印刷、人造板纤维板制造行业和生物质燃烧行业均以 OVOCs 为主，占比分别为 93.3%、77.4% 和 48.9%；汽车及配件制造行业 VOCs

占比以烷烃为主，占比为 51.9%。

（2）陶瓷行业源成分谱主要以乙烷（21.4%）和丙烷（9.4%）为主，然后依次为乙烯（5.1%）、丙烯（5.1%）、甲苯（4.7%）和间 / 对 – 二甲苯（4.5%）。人造石源成分谱以苯乙烯（90.2%）为主。石油化工行业源成分谱以异戊烷（12.4%）、正丁烷（8.9%）、异丁烷（8.3%）以及甲基叔丁基醚（5.8%）为主。涂料制造源成分谱以间 / 对 – 二甲苯（48.3%）、乙基苯（15.5%）、邻二甲苯（13.0%）以及甲苯（9.5%）为主。包装印刷行业源成分谱主要以异丙醇（60.4%）为主，其次为乙酸乙酯（10.6%）。汽车及配件制造源成分谱以二氯甲烷（28.7%）和正丁烷（28.1%）为主，其次是异丁烷（10.8%）。人造板纤维板制造行业源成分谱以甲醛（64.1%）为主，其次为二氯甲烷（4.2%）和乙醛（4.0%）。船舶维修行业源主要排放的组分为苯乙烯（37.9%）和丙酮（8.4%）。生物质燃烧行业源主要排放的组分为甲醛（15.0%）、乙醛（14.5%）和丙酮（12.8%）。

本研究的包装印刷、人造纤维板等溶剂使用源以及生物质燃烧等行业源谱与其他研究源谱结果较一致，石油化工、涂料制造、汽车及配件制造、船舶排放等行业与其他研究源谱结果差异较大，主要与企业所采用的原辅材料及工艺流程的差异密切相关。因此建立广西本地化的源谱为当地精准溯源提供数据支撑至关重要。

（七）O_3 污染过程典型案例

自 2015 年以来，2022 年广西 O_3 污染天数比例首次超过细颗粒物，O_3 已成为影响广西大气环境质量的重要污染物。在气候变暖的大背景下，特别是在秋季，广西 O_3 污染形势愈发严峻，迫切需要对 O_3 污染的成因进行分析研究。广西 O_3 污染总体与气象条件密切相关，特别是台风外围下沉气流和副热带高压持续影响下的高温低湿的气象条件，O_3 污染事件的发生受华南区域输送影响也较大。比如，2019 年 10 月和 2022 年 9—10 月广西 O_3 污染过程都具有类似特征。因此，本研究以 2022 年 9—10 月桂林和贵港 O_3 污染过程为典型案例，分析气象条件、本地生成和区域传输、前体物对 O_3 的贡献等，以期厘清广西大气 O_3 污染成因机制，为广西大气 O_3 污染防治工作提供决策参考和科学依据。

1.2022 年 9—10 月广西 O_3 污染概况

2022 年广西 O_3 污染较重，累计超标天为 189 城次，O_3 污染天集中发生在 9—10 月，累计发生 148 城次，占全年 O_3 污染天 88.1%。2022 年 9—10 月，广西累计发生了 6 轮区域性大气 O_3 污染过程（见图 5–73），O_3 污染过程主要呈现 3 个特点：一是 O_3 污染持续时间历史最长。6 轮 O_3 污染过程呈现罕见密集连续特征，出现 O_3

污染天数达 33 天，各地市都创下短期内 O_3 污染天数最多的纪录，其中桂林市 O_3 污染天数最多，累计发生 26 天污染，北海累计发生 15 天污染。二是 O_3 污染程度历史最大。两月内新增 148 城次 O_3 污染，是上年同期的 23.7 倍，是 2015 年同期的 13.8 倍；O_3 浓度 164 $\mu g/m^2$，同比上升 27.1%，与 2015 年相比上升 29.1%（见图 5–74）。广西首次出现 14 个设区市同日 O_3 污染的极端现象，河池发生历史少有的 O_3 污染过程。三是 O_3 夜间超标的异常现象历史最多。全区 9—10 月夜间 O_3 浓度明显升高，有 23 城次出现夜间 O_3 超标，同比增加 22 城次，桂林、贺州、北海和贵港等市有多天夜间 O_3 浓度居高不下，桂林有 2 天出现天一亮 O_3 滑动 8 小时即超标的情况。

桂林和贵港分别代表广西北部和中部城市，由于 VOCs 组分监测等各方面数据充分，因此，以桂林 2022 年 10 月 20—26 日的污染过程和贵港 2022 年 10 月 21—26 日的污染过程作为典型污染过程代表，对广西 O_3 污染成因进行诊断分析。

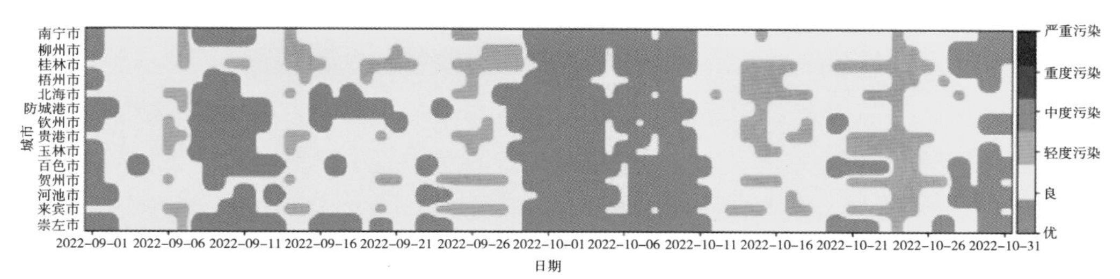

图 5–73　2022 年 9—10 月广西各设区市 O_3 污染日历图

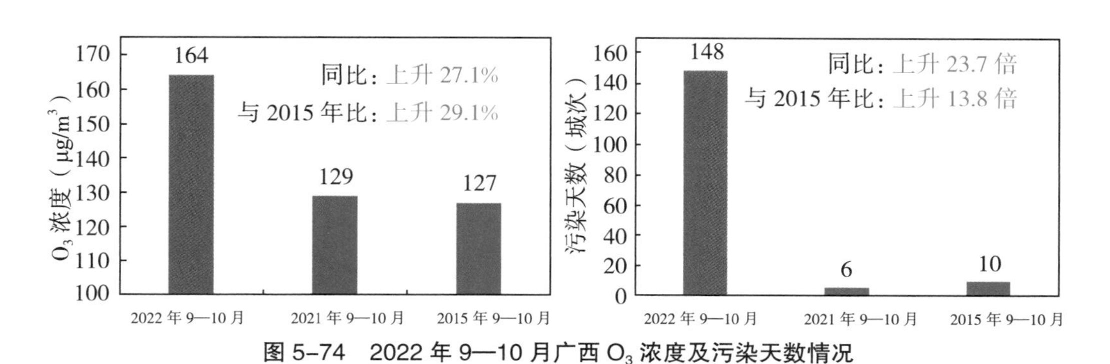

图 5–74　2022 年 9—10 月广西 O_3 浓度及污染天数情况

2.O_3 污染成因分析

（1）天气系统特征。

2022 年 9 月—10 月，副热带高压强盛，受“轩岚诺”“梅花”“南玛都”“奥鹿”和“纳沙”等台风外围下沉气流影响，广西总体气象特征是高温炎热、气候干旱。由于 O_3 污染具有区域性污染特征，从广西近地面及高空天气系统可以看出，9 月 19 日广西处于均压场控制，天气形势静稳，有利于污染物的积聚，O_3 开始超标；

20日起随着北方冷空气连续南下，气温小幅降低，23—24日 O_3 未发生超标；25日起广西高空500 hPa重新受到副热带高压控制，气温有所回升，为光化学反应提供了有利气象条件，导致 O_3 再次超标；随着副热带高压持续发展，加之异常南亚高压的支持，副热带高压再次强势西伸北抬，28日 O_3 污染达到此次污染过程峰值。10月19日起，广西高空500 hPa受副热带高压下沉气流影响，地面受高压系统控制，气温升高，O_3 开始超标；20日起，副热带高压再度大举西伸北抬，尤其是10月21日下午到10月22日白天，代表副热带高压势力的5880线几乎控制整个秦岭淮河以南，之后几天加上高空暖脊控制，天气晴好，再次为 O_3 超标创造了有利气象条件；28日起，受台风“尼格”影响，为我国南方送来充沛水汽，O_3 污染过程随之结束。

（2）污染物与气象因素关联分析。

2022年9月18—30日，桂林的 O_3 等污染物及地面气象要素时间演变规律见图5-75。桂林9月以东北风向影响为主，气温为25～38℃，相对湿度为30%～80%。19—22日以及25—29日 O_3 浓度连续超标，O_3 日变化呈“多峰型”特征。具体来看，18日湿度较高，不利于 O_3 生成，并未出现超标；19—22日期间，气温以及前体物浓度与18日接近，但湿度明显减小，风速明显增强，O_3 呈现多峰型特征且夜间浓度居高不下，出现连续超标，受区域间传输影响明显；23日和24日湿度升高，气温略有降低，O_3 生成条件不利，O_3 浓度较低并未出现超标；25—29日的湿度明显较23—24日低，风速、气温和前体物浓度水平与23—24日接近，但 O_3 浓度持续较高，出现连续超标现象，说明 O_3 污染主要受本地生成和湿度的影响；30日风向突变为偏南风且风速较大，湿度明显增大，扩散条件转好，O_3 污染结束。整体上超标期间前体物浓度升高并不明显，而高温低湿的有利气象条件以及传输影响对 O_3 浓度持续偏高的影响更大，是 O_3 浓度超标的主要因素。

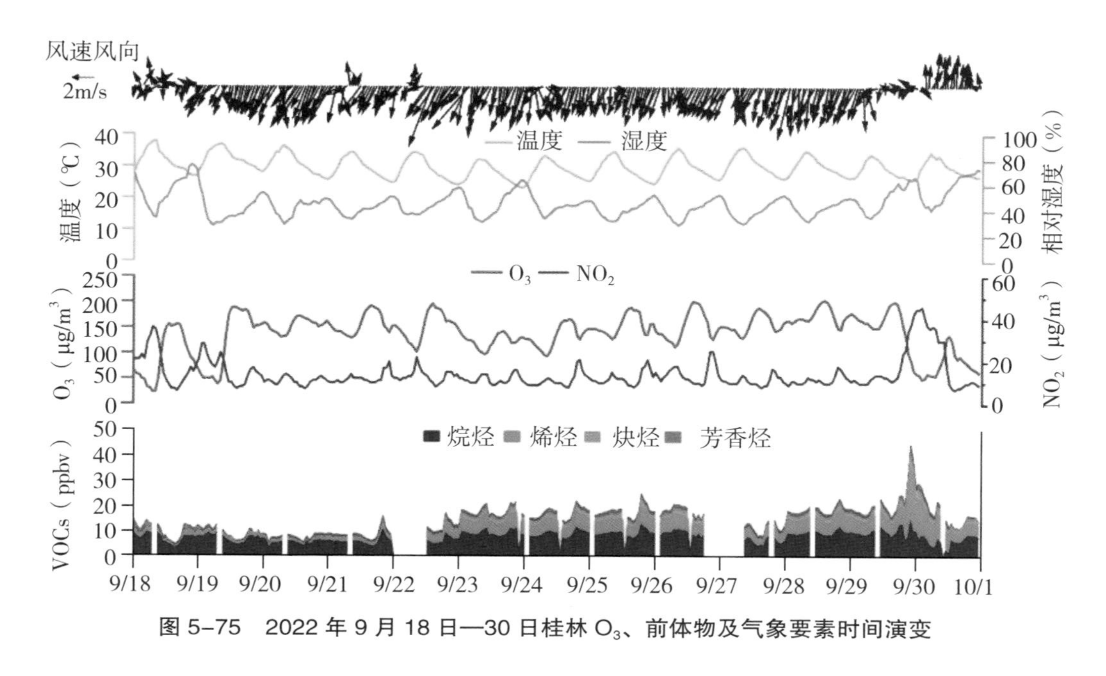

图 5-75　2022 年 9 月 18 日—30 日桂林 O_3、前体物及气象要素时间演变

2022 年 10 月 19 日—27 日，桂林和贵港 O_3 等污染物及地面气象要素时间演变规律如图 5-76、图 5-77 所示。20—26 日桂林市 O_3 出现连续 7 天超标且夜间 O_3 浓度持续偏高，O_3 日变化均呈“多峰型”特征；21 日—26 日贵港 O_3 出现连续 6 天超标，O_3 日变化以单峰型为主。具体来看，桂林 10 月 19 日气温高、湿度低且相对风速较小，气象条件总体有利于 O_3 的生成而不利于扩散，但前体物浓度相对较低，O_3 浓度持续偏高但并未超标；而 22—25 日 NO_x 和 VOCs 等前体物浓度与 19 日相差不大，但气温明显偏高、湿度有所增大且东北方向的风速较大，O_3 浓度持续偏高，呈现多峰特征，说明受传输影响明显；27 日开始气温降低，湿度增大，平均风速明显增强有利于 O_3 扩散，O_3 浓度快速下降，O_3 浓度未超标，O_3 污染结束；整体上 10 月桂林超标期间前体物浓度升高并不明显，而高温低湿的有利气象条件以及传输影响对 O_3 浓度持续较高的影响更大，是 O_3 浓度超标的主要因素。

与桂林不同，贵港 10 月 21—26 日的凌晨和夜间 O_3 出现反弹，反弹期间东北方向风速明显增大，O_3 主要受本地生成为主同时叠加东北方向的传输影响。具体来看，20 日贵港气温和前体物浓度均较低，O_3 生成条件较差，未出现超标；21 日开始至 26 日，气温较 20 日明显升高，最高温度均在 31℃以上，湿度与 20 日相当，但前体物浓度较 20 日明显升高，且 O_3 升高时段 VOCs 和 NO_2 明显消耗，光化学反应较强，O_3 浓度快速升高，出现连续 O_3 污染；27 日，前体物浓度和气温均降低，

O_3 生成条件变差，O_3 浓度接近超标但并未超标，污染结束。总体来看，贵港超标期间前体物浓度升高以及高温低湿的气象条件对 O_3 浓度持续偏高的影响更大。

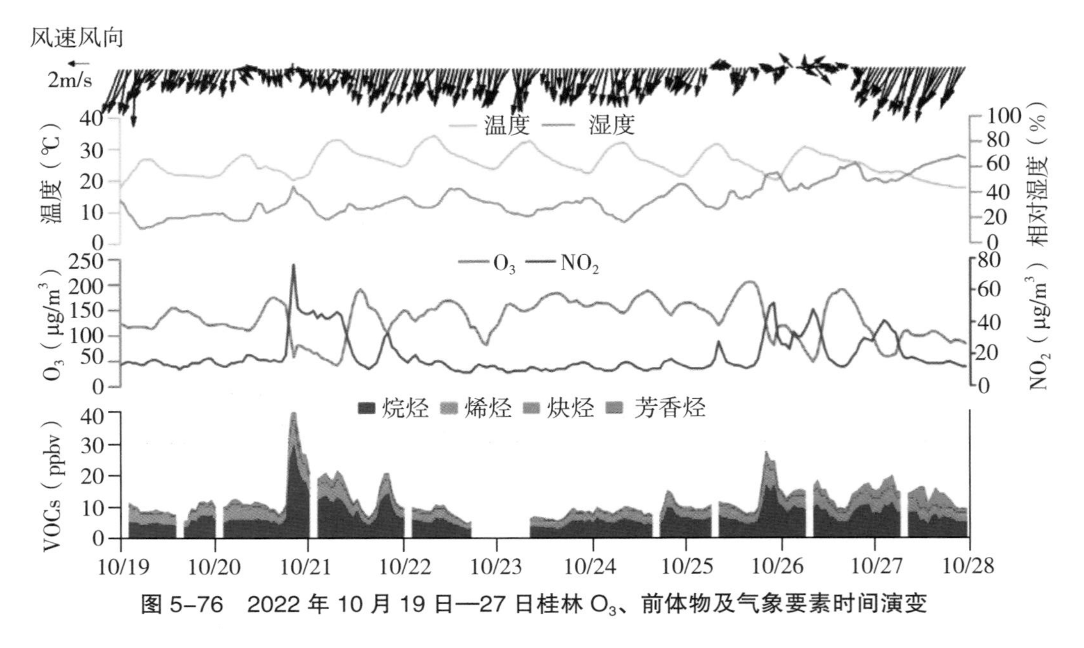

图 5-76　2022 年 10 月 19 日—27 日桂林 O_3、前体物及气象要素时间演变

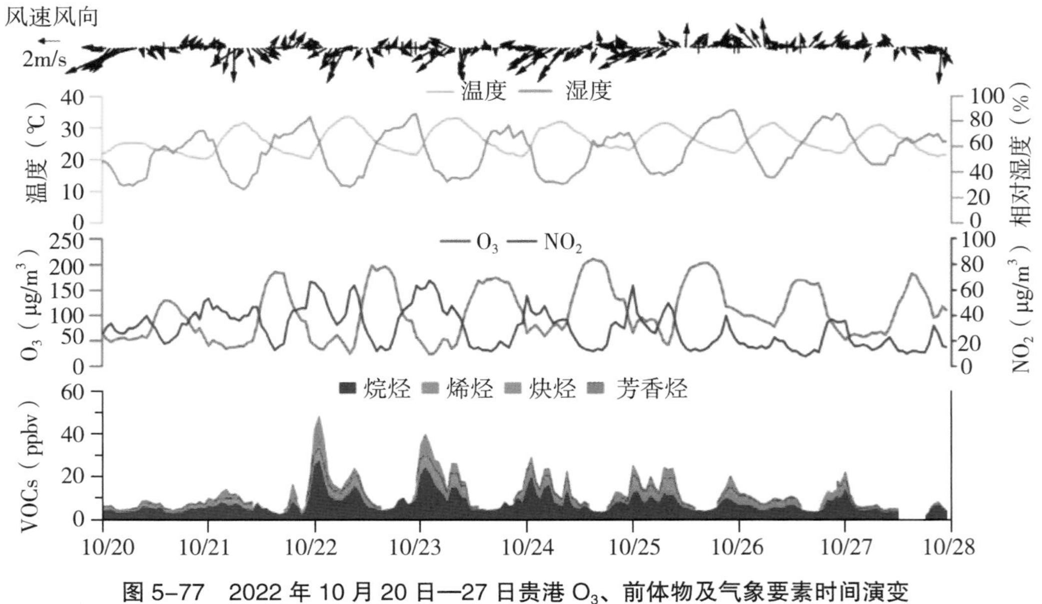

图 5-77　2022 年 10 月 20 日—27 日贵港 O_3、前体物及气象要素时间演变

（3）O_3 本地生成与区域传输。

使用收支平衡模型计算研究污染过程期间 O_3 局地生成与区域传输的关系，基于观测数据计算出实测 O_3 浓度变化速率、局地 O_3 生成速率和外来传输变化速率，用于判定本地 O_3 浓度主要是由于本地光化学生成还是源于外地区域传输所致。以 2022 年 10 月桂林和贵港 O_3 污染为例（见图 5-78）。10 月 20—27 日，桂林和贵港 O_3 超标日受本地生成和区域传输共同影响，区域传输主要集中在凌晨至上午时段，其中贵港的本地生成能力比桂林的强，桂林受传输影响较贵港更为突出，尤其是在 21—23 日和 26 日，桂林受传输影响尤为明显。

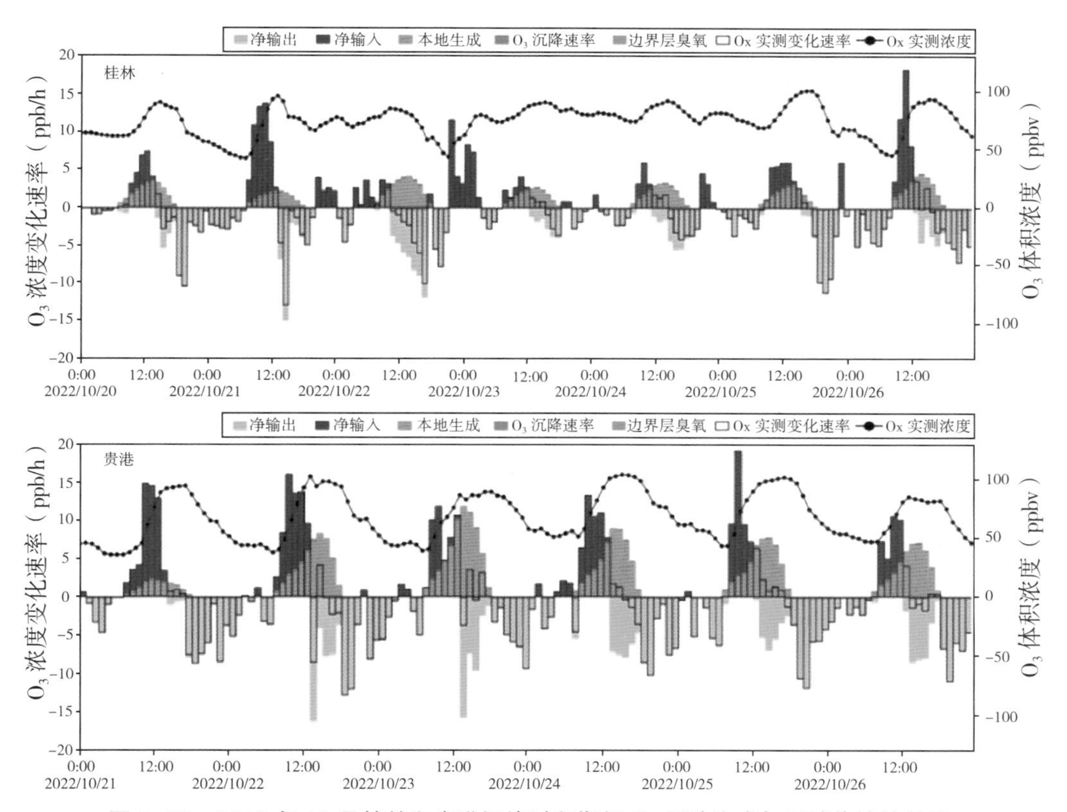

图 5-78　2022 年 10 月桂林和贵港污染过程期间 O_3 局地生成与区域传输的关系

3.O_3 敏感性分析

通过 OBM 模型计算 2022 年 9 月桂林以及 10 月桂林和贵港污染期间不同前体物浓度下 O_3 浓度变化，并绘制 EKMA 曲线（见图 5-79）。9 月桂林属于 VOCs 控制区，10 月桂林和贵港均属于 VOCs 控制区。针对桂林 9 月 O_3 超标天和非超标天关键组分进行分析（见图 5-80），超标期间和非超标期间的浓度及 OFP 值前十组分

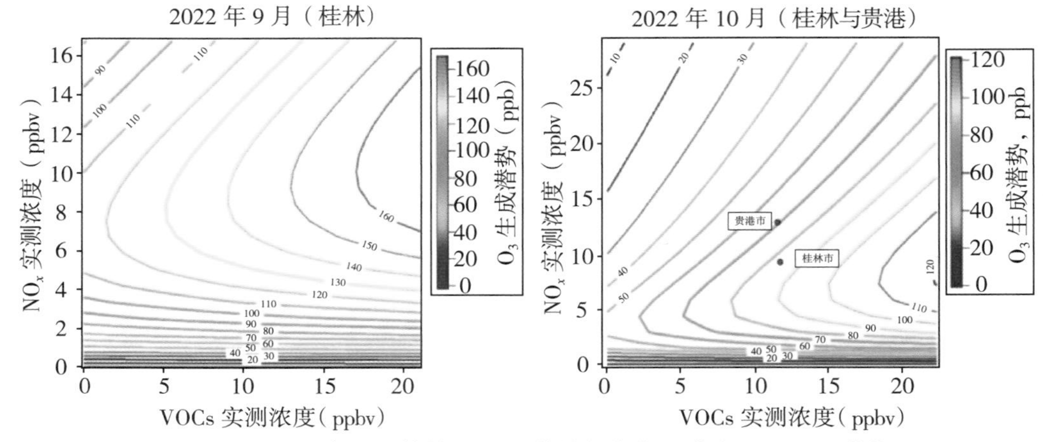

图 5-79　2022 年 9 月桂林和 10 月桂林与贵港 O_3 超标天 EKMA 曲线

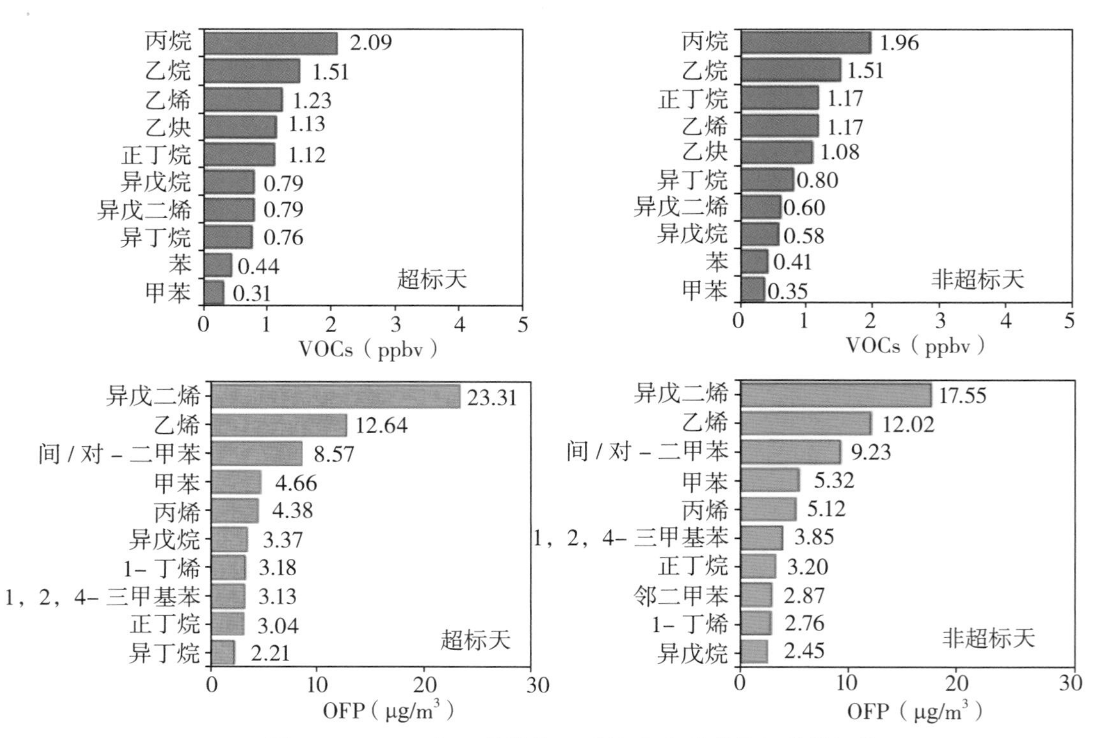

图 5-80　2022 年 9 月桂林 O_3 超标天和非超标天关键组分

基本一致，浓度排名前二的组分均为丙烷和乙烷，OFP 排名前五的组分依次均为异戊二烯、乙烯、间 / 对 – 二甲苯、甲苯和丙烯；超标天与非超标天前十组分浓度接近，但超标天异戊二烯和乙烯的 OFP 值明显高于非超标天，表明受天然源、机动车尾气和石油化工影响更为突出；在超标期间应加强重点组分如异戊二烯、乙烯、间 / 对 – 二甲苯、甲苯等以及重点组分相关排放源的管控。

2022 年 10 月桂林和贵港超标期间 VOCs 和 OFP 值均高于非超标天，尤其是贵港，超标期间 VOCs 浓度和 OFP 值均为非超标天的两倍以上（见图 5–81），这为 O_3 生成提供了充足的“燃料”，有利于 O_3 生成。从 OFP 活性组分来看，污染天烯烃和芳香烃 OFP 值高于非超标天，对 O_3 生成贡献较大。其中，异戊二烯、乙烯为对桂林 OFP 贡献排前二组分，表明受植物源、石油化工和机动车尾气排放源影响明显；贵港丙烯和间 / 对 – 二甲苯为 OFP 排名前二组分，且超标天明显高于非超标天，升幅分别为 216.1% 和 279.1%，表明受机动车尾气以及溶剂涂料等排放源影响突出（见图 5–82）。O_3 污染过程期间应重点关注重点组分以及相关排放源排放情况。

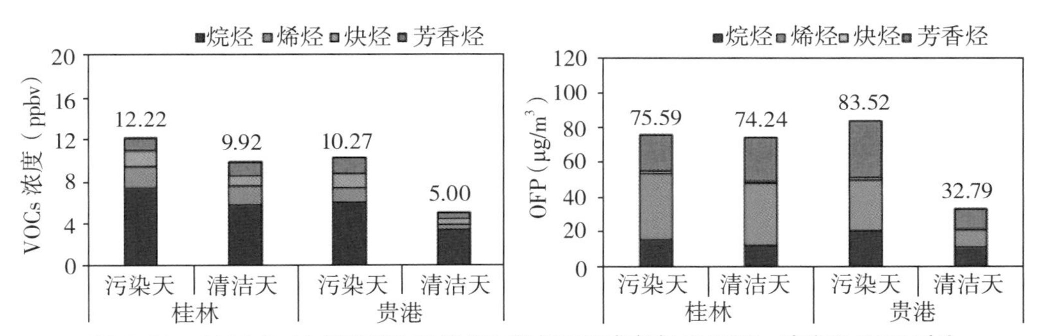

图 5–81　2022 年 10 月桂林和贵港臭氧超标天和非超标天 VOCs 浓度和 OFP 对比

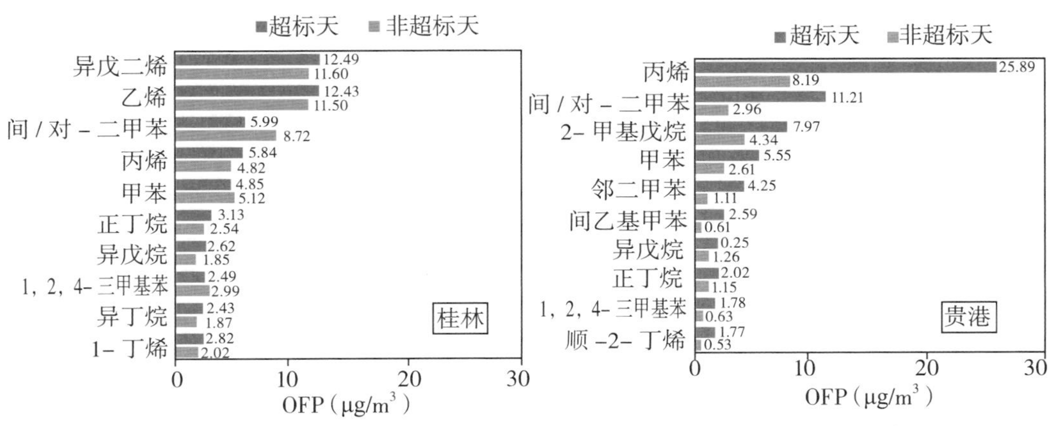

图 5–82　2022 年 10 月桂林和贵港臭氧超标天和非超标天 OFP 前十组分

4. 结论

（1）2022 年 9 月和 10 月，广西受副热带高压控制明显，高温低湿等气象条件是桂林和贵港出现 O_3 超标的主要外因；O_3 前体物充足，尤其贵港 10 月超标期间前体物浓度优势，是有利于 O_3 本地生成的主要内因。

（2）超标期间桂林和贵港 O_3 受本地生成和传输共同影响，其中桂林受传输影响更突出。

（3）污染过程期间，桂林和贵港均处于 VOCs 控制区，异戊二烯、乙烯、间 / 对 - 二甲苯、甲苯和丙烯等是重点活性物质，对 O_3 贡献较大。桂林受天然源、石油化工和机动车尾气排放影响明显，贵港受机动车尾气和溶剂涂料等排放影响突出。

四、污染区域输送影响问题

（一）湘桂走廊区域大气污染影响

湘桂走廊是位于湖南省与广西壮族自治区之间的狭长平原。湘桂走廊被夹在南岭的越城岭与海洋山之间，自古就是中原通向岭南的交通要道；从地形上看，非常明显，冷空气从该通道进入广西，导致虽然广西和广东同样地处岭南，但广西冬天比广东冷。大气污染与气象息息相关，秋冬季主导东北风，在北方大气污染相对较重的形势下，大气污染物随东北气流南下对湘桂走廊一带影响较大。桂林是广西的“北大门”，地形呈喇叭口向外敞开，大气污染传输至城区后，很难继续向南扩散（见图 5-83）。因此，即使在工业废气污染排放量少的情况下，桂林环境空气质量在全区排名仍然靠后。

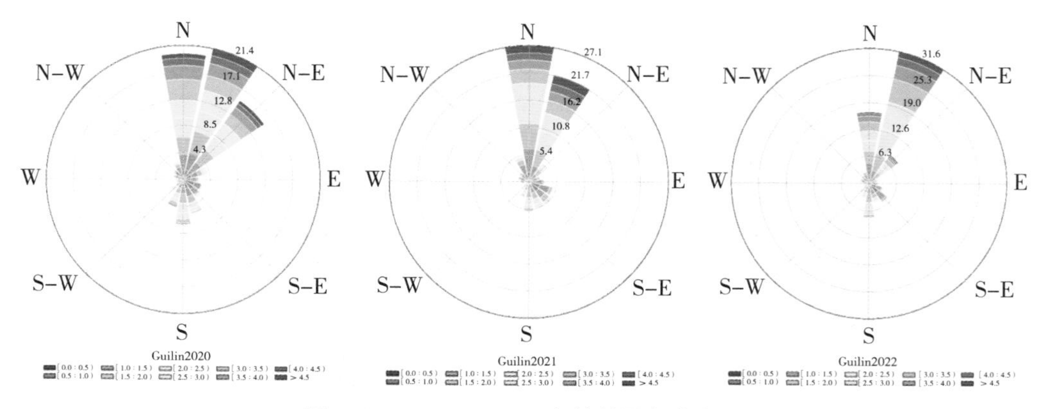

图 5-83　2020—2022 年桂林风向玫瑰图

1. 桂林与永州空气质量比较

桂林和永州是湘桂走廊重点城市，代表了湘桂走廊环境空气质量状况，图 5-84 展示了桂林和永州 2015—2022 年环境空气质量优良天数比率和 $PM_{2.5}$ 浓度变化。由图可见，桂林和永州优良天数比率呈现改善趋势，但近年来年际间波动较大，2017 年以后，桂林优良天数比率明显高于永州，2020 年后呈下降趋势。桂林 $PM_{2.5}$ 浓度呈现显著下降趋势，2017 年后浓度明显低于永州市，永州 2018 年反弹较明显，近年来改善幅度不理想。

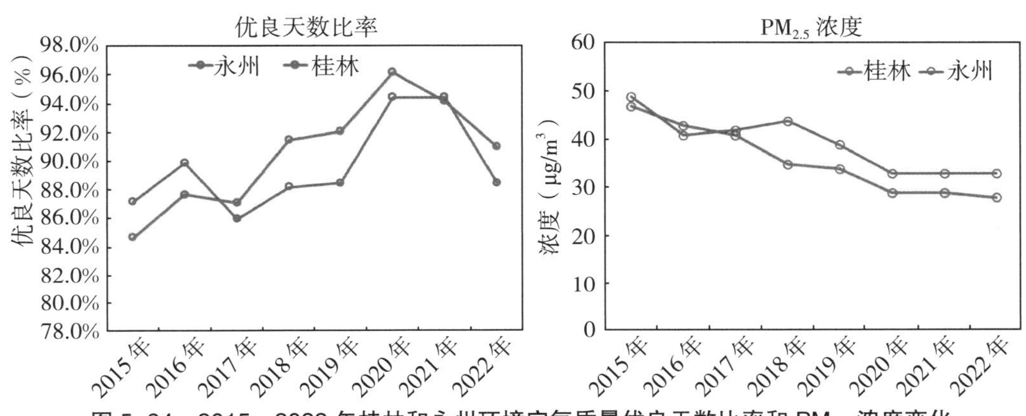

图 5-84　2015—2022 年桂林和永州环境空气质量优良天数比率和 $PM_{2.5}$ 浓度变化

2. 区域污染输送影响

2020—2023 年监测数据显示，桂林和永州 $PM_{2.5}$ 浓度相关性系数 R^2 达到 0.7075，桂林和邵阳 $PM_{2.5}$ 浓度相关性系数 R^2 达到 0.6506，桂林与永州、邵阳 $PM_{2.5}$ 浓度强相关，说明湘桂走廊区域性污染特征相似，受区域气象因素影响较大（见图 5-85）。

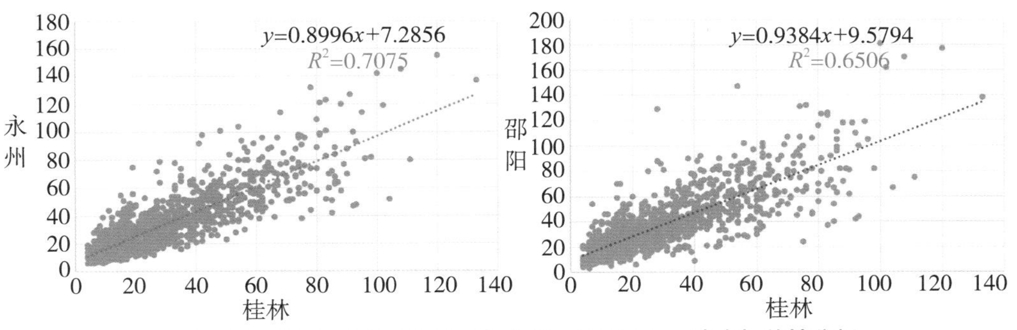

图 5-85　2020—2023 年桂林与永州、邵阳 $PM_{2.5}$ 浓度相关性分析

HYSPLIT（Hybrid Single-Particle Lagrangian Integrated Trajectory）模型是一种混合拉格朗日粒子追踪和欧拉网格计算的模式，其广泛应用于大气污染物的传输、扩散和沉降模拟。根据文献研究，桂林 2015—2016 年气流轨迹聚类中，后向轨迹来自湖南的占比为 25%，来自湖北的占比为 17%，来自河南的占比为 6%，来自江西的占比为 4%，区域大气污染输送影响较明显。为进一步研究湘桂走廊大气污染传输特征及来源，采用 ERA5 再分析资料作为输入数据，使用 HYSPLIT 模型，针对 2018—2022 年的数据进行模拟。研究覆盖所有 $PM_{2.5}$ 浓度超过 75 μg/m³ 以及 O_3 浓度超过 160 μg/m³ 的时刻，由于其他污染物波动较大，选取该城市某一污染物多年来 90% 分位数作为阈值进行筛选。模拟高度选取 100 m，代表污染物在低层大气中的传输情况。模拟分辨率设定为 0.05 度，这一高分辨率能够提供更加精细的空间分布信息，有助于识别污染物的传输通道和来源区域。从模拟结果上看传输贡献，桂林受永州贡献较大，永州受衡阳、邵阳和娄底一带影响较大，说明湘桂走廊通道城市污染天来源具有同一性，即北方区域输送贡献影响大。

区域污染输送一般伴随冷空气活动驱动，从地面监测数据可以明显看出污染过程从北向南演变。以 2017 年 2 月 16 日—18 日的污染传输过程为例（见图 5-86），随着冷锋不断南下，污染物在前锋堆积，污染峰值从河北石家庄抵达河南郑州历时 13 小时，从河南郑州抵达湖北武汉历时 7 小时，从湖北武汉抵达湖南长沙历时 7 小时，从湖南长沙抵达广西桂林历时 20 小时，峰值随着污染南下不断下降，抵达桂林时污染气团峰值浓度仍然达到了重度污染级别（大于 150 μg/m³）。

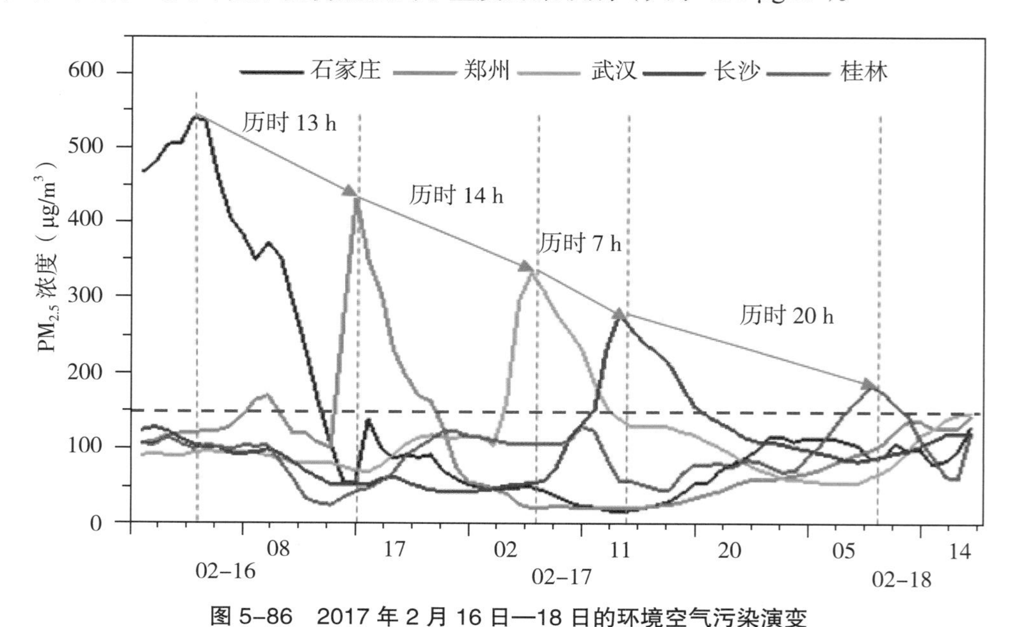

图 5-86　2017 年 2 月 16 日—18 日的环境空气污染演变

随着监测手段不断提升，可以从更多的监测数据表征区域传输过程。以2022年12月10日—13日污染传输过程为例，12月10日污染气团主体在河南和湖北，11日污染气团主体输送至湖南南部，12日污染气团主体输送至湘桂粤交界，13日污染气团消散。污染气团南下输送过程中不断叠加本地生成。从部署在桂林灵川的激光雷达监测结果看（见图5-87），由于受山体阻挡影响，过境污染气团分两次过境影响广西。污染气团高度超过1000 m，平均浓度为100 μg/m³，与当日数值模式模拟结果相当（见图5-88），表明$PM_{2.5}$污染气团传输量非常大，一般的洒水、雾炮等污染防治措施难以有效控制。

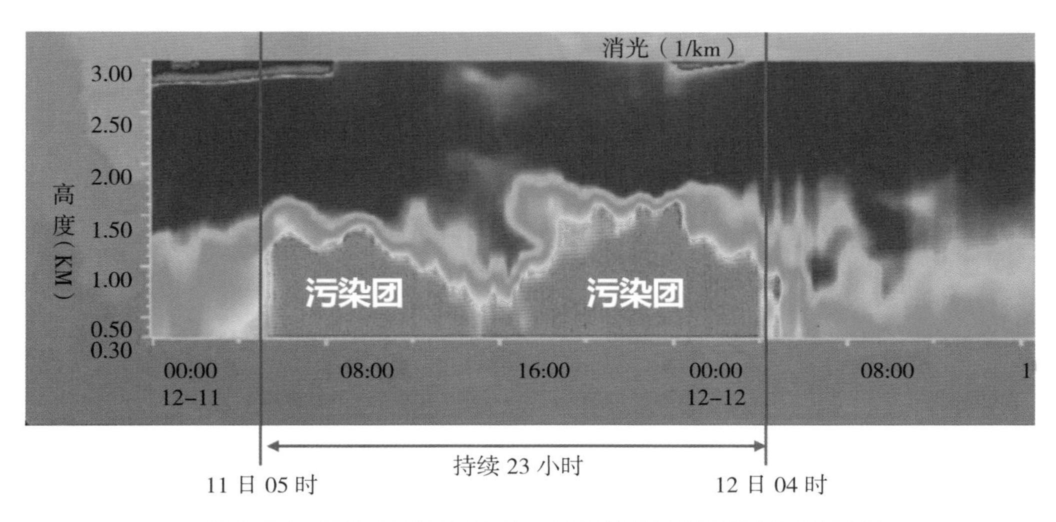

图5-87　2022年12月11日—12日桂林灵川激光雷达监测结果

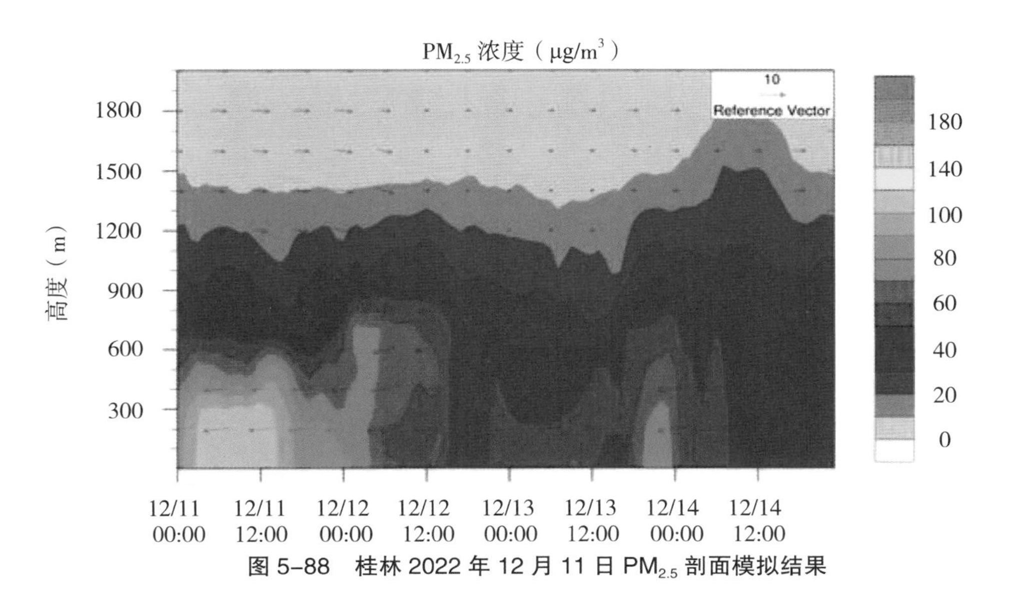

图5-88　桂林2022年12月11日$PM_{2.5}$剖面模拟结果

图 5-89 为 2022 年 12 月 9 日—14 日长沙、永州和柳州环境空气离子组分浓度变化趋势分析。从图中离子组分浓度变化可以看出，传输通道上出现明显峰值时间错位变化特征组分，先是长沙出现峰值，再到永州，最后到柳州，组分以 NO_3^-、SO_4^{2-} 和 NH_4^+ 突变最为明显。与非传输时段组分浓度相比，柳州 NO_3^-和 NH_4^+ 突变显然是北方大气污染团输送进来影响所致，因为本地排放产生的 NO_3^-和 NH_4^+ 占比相对较低。

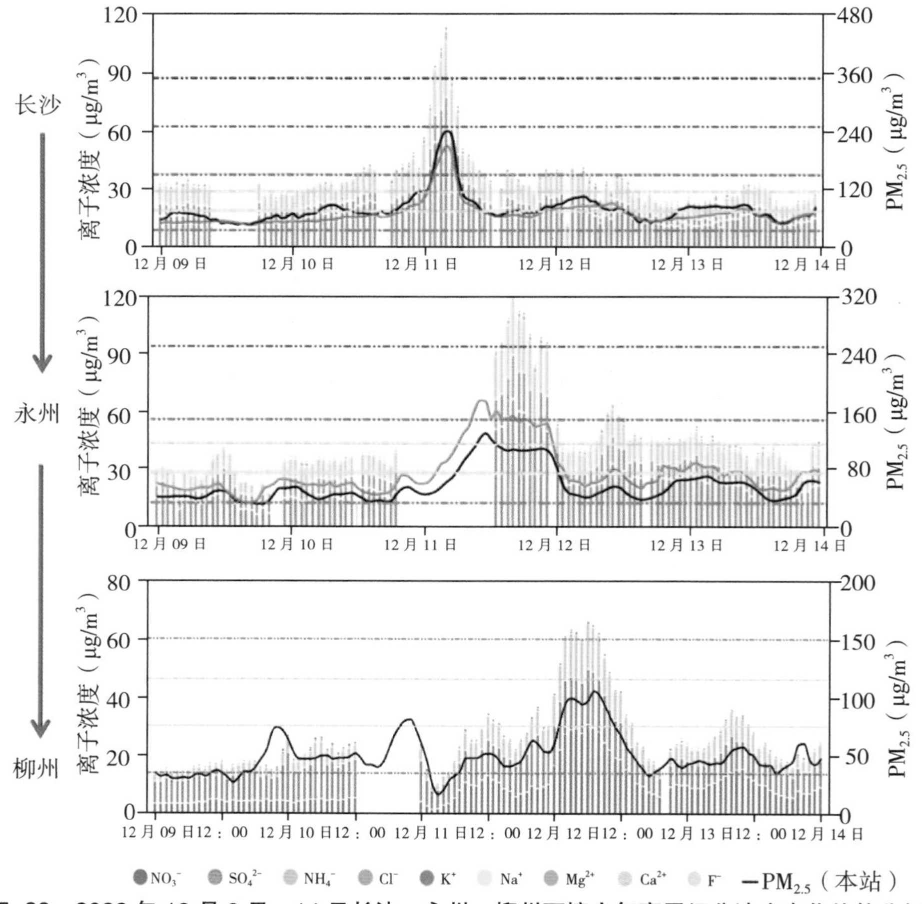

图 5-89　2022 年 12 月 9 日—14 日长沙、永州、柳州环境空气离子组分浓度变化趋势分析

近年来，桂林平均每年受区域大气污染传输影响 3 ～ 4 次，发生污染天 4 ～ 8 天（见图 5-90），该图为典型的大气污染输送过程日历图，污染传输大部分发生在每年 1 月和 12 月，据初步统计，桂林每年因区域传输导致优良天数比率损失 1.1 ～ 2.2 个百分点，对桂林优良天数比率考核目标达成影响较大，因此，大气污染防治区域联防联控非常有必要。

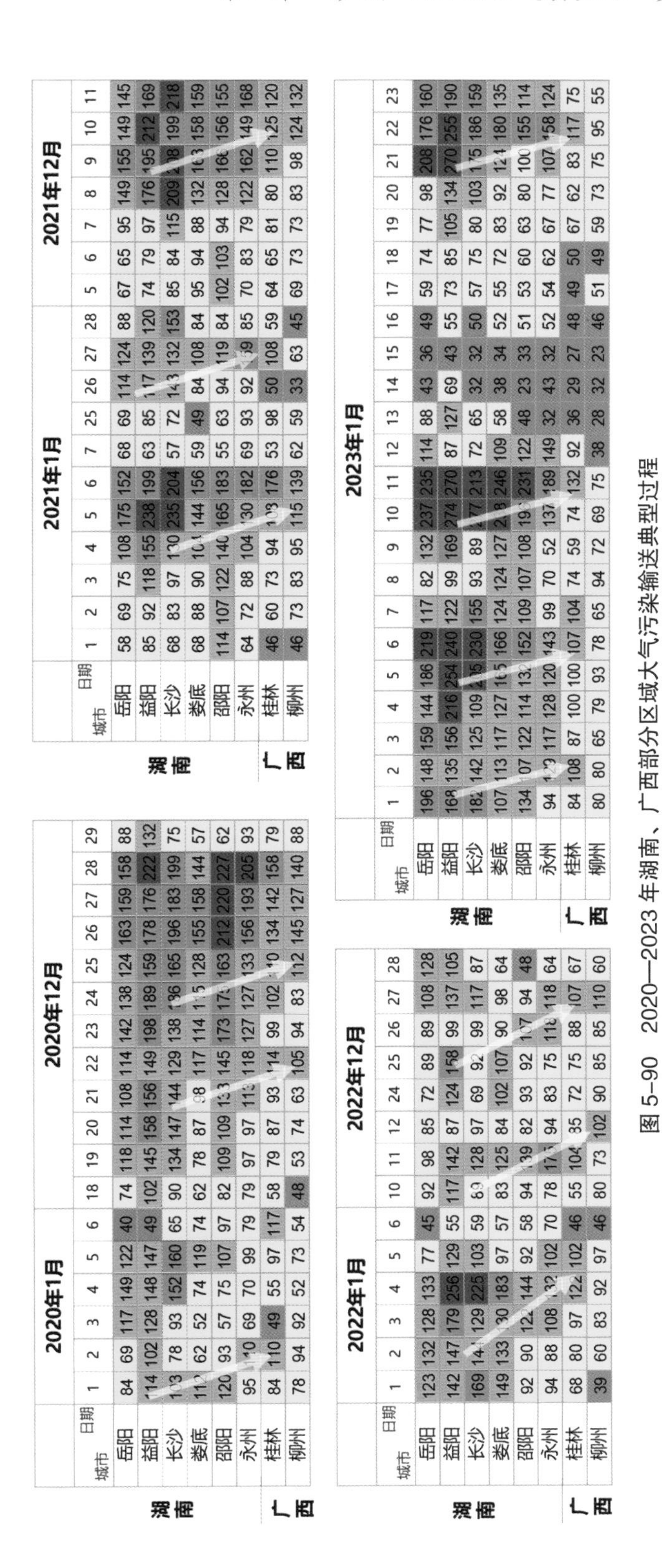

图 5-90 2020—2023 年湖南、广西部分区域大气污染输送典型过程

（二）东南亚烧荒影响

1. 东南亚烧荒影响广西的相关文献研究

近年来，在广西大气污染防治得到明显控制的背景下，区域输送影响给广西西南部城市完成环境空气质量考核目标带来较大的挑战。南亚和东南亚地区是全球生物质燃烧的高发地区，特别是在春季，受当地普遍存在的焚烧农作物秸秆习惯影响，秸秆焚烧排放导致春季的中南半岛处在气溶胶光学厚度的高值区。根据卫星观测和再分析数据发现，中南半岛生物质焚烧主要集中在每年1—4月，其中，1—2月，主要发生在中南半岛南部；3—4月，主要发生在中南半岛北部，污染排放强度在3月最为突出。春季生物质燃烧气溶胶呈现出显著的5～12天周期的天气尺度变化特征，强烈的生物质燃烧造成南亚和东南亚地区严重的大气污染。有研究表明，由于经济条件限制加之缺乏相应的监管，东南亚的生物质燃烧排放正在逐年增加。广西处于东南亚下风方向，春季强烈的西南风会将东南亚大气中的污染物输送影响广西。

廖国莲等人通过MODIS卫星气溶胶光学厚度遥感监测，结合气象高空观测数据，包括850 hPa、700 hPa及500 hPa风场分析了两个东南亚秸秆焚烧火点排放的污染物输送影响广西的典型案例，分别是2010年4月12日和2015年4月4日的污染案例。从气溶胶光学厚度和风矢量图可以看出中南半岛高浓度气溶胶先输送抵达越南沿岸及北部湾海面，与南海或中南半岛南部的偏南气流汇合并加强，然后进入广西，抬高广西污染物浓度水平，严重时会造成污染天。

2015年3月中旬，高元官在广西涠洲岛开展为期40天的大气综合观测实验。由于每年3—4月，北部湾受海洋季风影响，以西南风为主，可利用生物质燃烧的示踪物质K^+和左旋葡聚糖定性分析东南亚生物质燃烧排放对我国北部湾的影响。受生物质燃烧影响的示踪物质的浓度变化与生物质燃烧输送的关系研究表明，涠洲岛在偏南方向气流影响下，偏南方向气团非海盐K^+浓度明显上升，其他方向气团非海盐K^+浓度没有上升；西南方向气团$C_2O_4^{2-}$上升明显。由于左旋葡聚糖来源单一，仅来自生物质燃烧排放。卫星遥感显示东南亚存在大量火点时，西南方向气团左旋葡聚糖浓度明显上升，而K^+浓度和左旋葡聚糖浓度具有较高的相关性，同源性特征明显，这说明东南亚生物质燃烧排放是影响北部湾大气颗粒物组分的重要潜在源之一。

科普类自媒体“中国气象爱好者”曾发布多期有关东南亚生物质燃烧的报道，诸如“美国卫星紧盯东南亚：越南等国大规模‘烧荒’已惊动太空”“东南亚烧荒，我国南方吸‘二手烟’！太空可见：广东广西云变脏了”等，从卫星云图上可以清晰看到东南亚烧荒浓烟烟羽输送影响广西。

2019 年 12 月—2020 年 11 月，邢佳莉在广西背景点十万大山采集 128 个大气细颗粒物样品，利用气相色谱质谱仪（GC-MS）进行实验室有机化合物的测定，综合运用有机分子标志法、主成分分析法（PCA）以及后向轨迹模型法等溯源方法分析背景点有机气溶胶的组成和污染来源。研究发现，广西背景点左旋葡聚糖浓度较高，表明该区域受生物质燃烧影响显著，统计结果显示，生物质燃烧贡献超过 35%。通过左旋葡聚糖与甘露聚糖的浓度比（L/M）以及甘露聚糖和半乳聚糖的比（M/G）相结合识别背景点燃烧的种类，该背景点春季以硬木燃烧居多，符合东南亚烧荒规律。

2. 春季广西空气污染受输送影响典型案例

从 2018 年以来广西环境空气质量来看，东南亚生物质燃烧输送影响广西大气污染程度每年都有差异，与干旱程度和西南季风的强弱有密切关系，越干旱、西南季风越强则影响越重。生物质燃烧不仅抬高了春季区域 $PM_{2.5}$ 浓度，O_3 浓度也明显上升。崇左每年 4—5 月均出现 O_3 浓度的“小峰值”，西南季风强的年份也会出现 1 ～ 3 天 O_3 污染，可能与生物质燃烧产生大量臭氧输送或由陆生植物排放的生物源挥发性有机物（BVOCs）与大气中强氧化性物质（如氢氧自由基等）发生光化学反应并经海洋传输至广西有关。

（1）典型案例一：2018 年 3 月 7 日崇左市 $PM_{2.5}$ 污染过程。

从中国环境监测总站全国城市空气质量实时发布平台发布的城市环境空气质量可以看到，云南临近边境城市西双版纳、普洱和红河州，广西边境城市崇左均发生了轻度污染，污染来源极有可能相同。崇左市 3 月 7 日 AQI 日平均值标况为 102，实况为 94。

从 3 月 6 日地面天气形势图可以看出，云南南部和桂西南均受弱低压系统影响，地面弱北风，925 hPa 及 850 hPa 以西南气流影响为主，该段时间东南亚一带火点非常多。3 月 6 日 5 时 CO 浓度明显飙升，从卫星遥感监测看，表明东南亚烧荒导致的污染物从高空输入影响崇左，$PM_{2.5}$ 浓度也逐步抬升。3 月 7 日凌晨起，冷空气开始影响崇左，风向转为东北风，风速显著增强，气温快速下降，其间虽有降水分布，但 $PM_{2.5}$ 浓度不降反升，显然是前期高空污染物受冷空气影响下沉到地面，导致 $PM_{2.5}$ 浓度居高不下；直到 18 时，受冷空气持续影响，污染物被清除，污染过程结束（见图 5-91）。

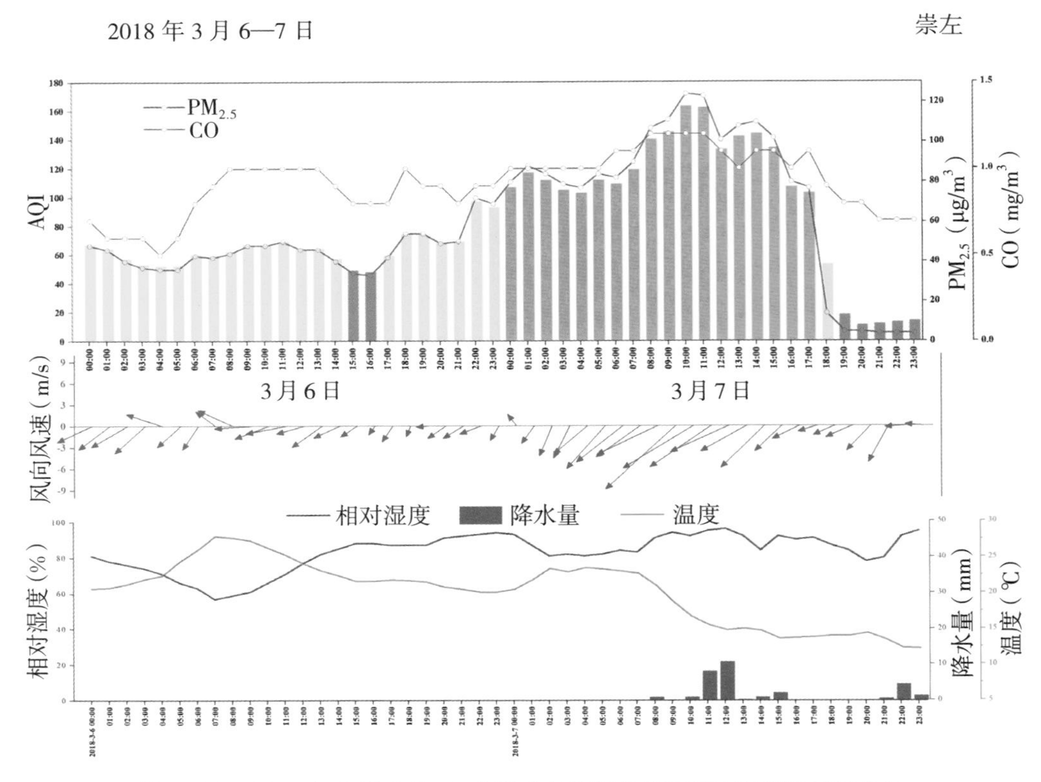

图 5-91　2018 年 3 月 6 日—7 日崇左地面气象要素及空气质量关联分析

（2）典型案例二：2021 年 3 月 31 日—4 月 2 日百色 $PM_{2.5}$ 污染过程。

2021 年 3 月 31 日—4 月 2 日，百色在广西各市环境空气质量较好的情况下，连续发生了 3 天轻度污染天气。污染过程与云南东南部城市西双版纳、普洱、红河州和文山州污染同步发生，这些城市均是沿边城市，显然污染来源可能受相同的区域污染影响。

从天气形势看，广西西南部和云南东南部受弱低压系统影响，以偏南气流影响为主，百色气流轨迹聚类受越南北部影响较大。从监测数据看，CO 和 $PM_{2.5}$ 浓度相关性较好，说明 $PM_{2.5}$ 污染受秸秆焚烧影响较大。按本地生成规律，气温升高，大气边界层抬升，污染物浓度会下降。因此，$PM_{2.5}$ 浓度应该会随着气温的上升而下降，随着气温下降而上升，而 $PM_{2.5}$ 浓度并未出现明显波动，显然，受区域污染输送影响，高空覆盖有污染气团，且混合均匀，才会导致这种现象发生（见图 5-92）。

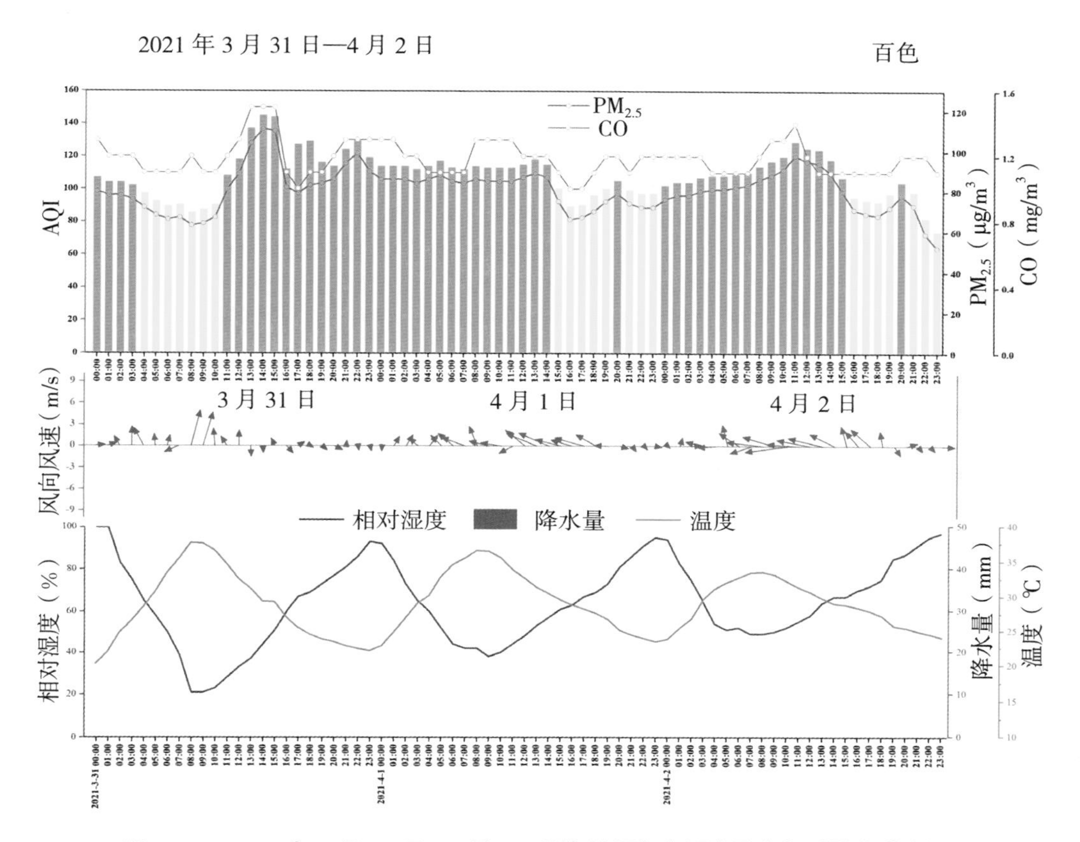

图 5-92 2021 年 3 月 31 日—4 月 2 日百色地面气象要素及空气质量关联分析

第六章　广西大气预报能力建设情况及应用成效

一、广西环境空气质量预报业务发展历程

广西环境空气质量预报业务开始是由广西气象台开展的，是全国较早在空气质量预报业务引进数值模式计算的省级气象台。环境空气质量预报业务是广西环境气象的核心业务，由早期以统计预报和天气分型概念模型预报方法发展到后期以数值模式预报为主，目前在分辨率和气象潜在预报方面还有待提高，在如何提供精准决策参考方面也存在不足。2013 年初，大气重污染席卷全国中东部地区，空气质量预报业务重心转移到环保部门。2013 年，由国务院印发的《关于大气污染防治行动计划的通知》（国发〔2013〕37 号），简称“大气十条”，通知中明确规定，建立监测预警应急体系，妥善应对重污染天气，到 2014 年，京津冀、长三角、珠三角区域要完成区域、省、市三级重污染天气监测预警系统建设；其他省（区、市）、副省级市、省会城市于 2015 年底前完成。要做好重污染天气过程的趋势分析，完善会商研判机制，提高监测预警的准确度，及时发布监测预警信息。广西环境空气质量预报预警能力建设历程见图 6–1。

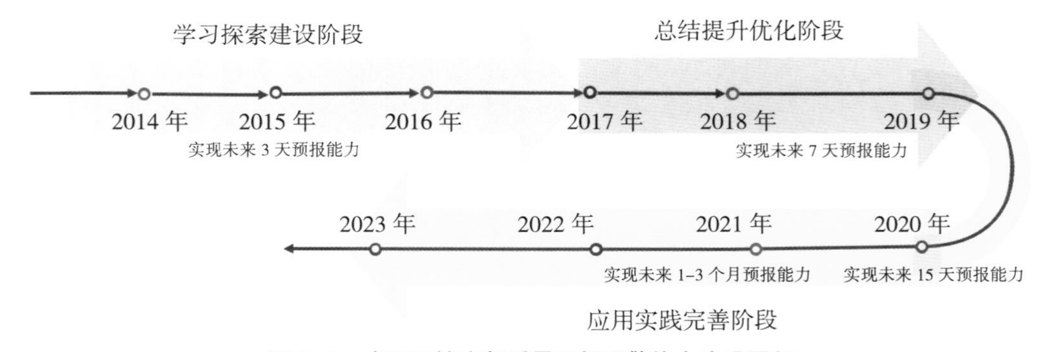

图 6–1　广西环境空气质量预报预警能力建设历程

2014 年 8 月，为保障当年 10 月在南宁举办的第 45 届世界体操锦标赛期间的空气质量，广西生态环境监测中心专门派技术骨干到中国环境监测总站进行为期一个月的环境空气质量预报跟班学习（见图 6–2）；同年 11 月成立了广西壮族自治区环境空气质量预报预警中心。2015 年 10 月，广西采用中尺度气象模式 WRF 模拟结果作为统一气象场，集成国内外主流的空气质量数值预报模式（CMAQ）和统计预

报模式（神经网络），搭建多模式预报系统，初步建成了城市环境空气质量预报业务平台，实现未来3天预报能力，并对外发布分区域（桂北、桂东、桂中、桂西和桂南）环境空气质量预报信息。2016年升级计算机高性能集群，提高了空气质量数值模拟计算能力；全区视频会商系统部署完毕，可以实现全区14个设区市视频会商。

图6–2　跟班学习人员在进行空气质量预报实操

2017年，广西生态环境监测中心升级改造了广西环境空气质量统计预报系统，实现了环境空气质量统计预报、预报发布、短信报送等智能化应用，与广西气象台建立了预报会商机制（见图6–3、图6–4），在广西卫视天气预报栏目发布环境空气质量预报信息，首次实现电视媒体发布；参与保障2017年秋冬季"45天蓝天保卫战"行动，为满足广西区域空气质量预报业务提供了较强技术支撑。

图6–3　广西生态环境监测中心与广西气象台开展会商

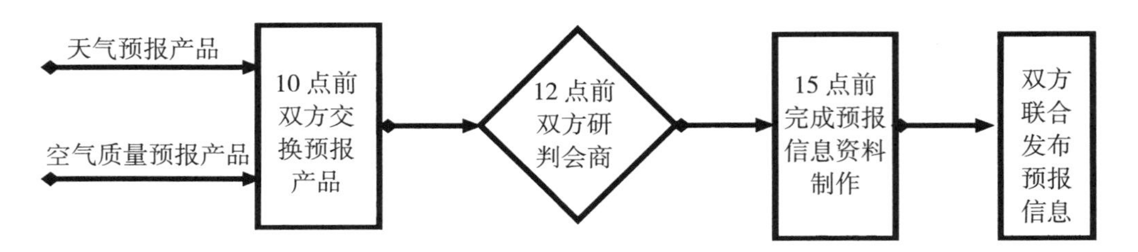

图 6-4　广西环境空气质量预报会商机制

2018 年 7 月 3 日，国务院发布《打赢蓝天保卫战三年行动计划》（国发〔2018〕22 号），要求强化区域环境空气质量预测预报中心能力建设，2019 年底前实现 7—10 天预报能力，省级预报中心实现以城市为单位的 7 天预报能力。2019 年，广西生态环境监测中心基于清华大学 MEIC 源排放清单本地化，同化空气质量自动监测网络实况数据，对数值预报模型进行升级，实现了以城市为单位的未来 7 天数值模型预报能力，新增了颗粒物组分在线模拟分析模块和拉格朗日快速污染溯源模式等功能模块，为广西环境空气质量预报会商、空气质量预报信息发布、大气污染成因分析和大气污染防治措施决策提供了较强技术支撑。该系统在保障春季和秋冬季大气污染攻坚战中发挥了重要作用，特别是秋季 O_3 污染预报准确率明显提升，为各设区市采取措施应对 O_3 污染赢得了主动权。

2020 年，广西环境空气质量预报系统高性能集群能力升级，扩容存储和计算刀片服务器，实现以城市为单位的未来 15 天数值预报模拟能力（见图 6-5）。系统

	0605	0606	0607	0608	0609	0610	0611	0612	0613	0614	0615	0616	0617	0618	0619
南宁	34	37	39	42	42	68	70	33	75	104	123	108	65	82	102
柳州	33	39	60	38	44	57	83	87	79	97	95	88	95	117	105
桂林	38	46	60	45	52	78	85	90	85	93	95	100	95	114	102
梧州	29	33	33	30	39	44	55	50	42	61	79	82	83	46	53
北海	40	41	41	39	44	44	37	45	54	40	65	44	42	55	48
防城港	36	41	43	38	39	48	36	35	58	35	75	51	48	60	58
钦州	36	37	40	37	36	53	40	33	58	45	95	78	42	76	76
贵港	41	35	35	35	43	59	54	37	62	84	90	91	54	52	69
玉林	35	36	36	37	37	60	41	33	56	88	88	86	41	40	69
百色	37	55	51	46	46	85	85	73	78	80	76	83	79	101	92
贺州	34	40	35	31	30	48	78	72	79	60	79	95	104	70	78
河池	36	52	43	42	49	85	75	67	76	103	98	81	84	95	98
来宾	35	39	47	40	48	70	81	56	94	110	104	87	86	109	100
崇左	38	45	44	52	51	65	47	37	81	60	100	70	54	100	55

图 6-5　广西以城市为单位的未来 15 天环境空气质量预报结果

进一步提升环境空气监测数据综合分析能力，扩展全区精细化减排情景模拟及成效评估能力，构建了气象影响诊断评估模型，能够对广西不同气象条件和污染减排措施对各主要污染物（O_3、$PM_{2.5}$）的影响进行定量评估，搭建了精细化小尺度溯源数值模式，实现预报站点未来 3 天周边区域污染气团来源情况，实现站点历史污染来源空间分布定性定量模拟。空间网格溯源分辨率达到 600 m × 600 m，时间分辨率达到 1 h。

2021 年，广西环境空气质量预报系统得到进一步升级：一是基于观测数据源清单动态反演系统开发服务，主要基于多源监测数据，利用自上而下的清单反演技术，优化大气污染物排放清单，能够提高预报模式准确率；二是建立短临（滚动）预报系统，基于三维同化数据，实现广西以城市为单位的各污染物空气质量临近滚动同化预报，为短时突发空气污染提供精准模拟分析；三是基于“气候—空气质量模式”实现广西未来 1 ～ 3 个月中长期空气质量预报能力，在每年 10 月到次年 3 月广西环境空气质量较差时段，每月底与广西气候中心、广西气象台开展环境空气质量预报会商，提供广西未来 1 ～ 3 个月中长期空气质量预报简报；四是基于多卫星融合秸秆焚烧火点排放分析，为分析广西大气污染受秸秆焚烧排放贡献提供技术支撑。

二、大气污染预报技术助力大气污染防治攻坚

环境空气质量持续改善离不开大气污染防治攻坚的深入推进，其中大气污染预报技术支撑平台发挥了重要作用。一是环境空气质量预报平台提供预报技术支撑，提前预报大气污染过程（见图 6–6）；二是超级站数据分析平台提供诊断大气污染成因分析；三是秸秆禁烧监控平台和大气污染卫星溯源平台利用卫星遥感技术监控秸秆焚烧火点和监控工业排放源，为诊断大气污染来源提供技术支撑。

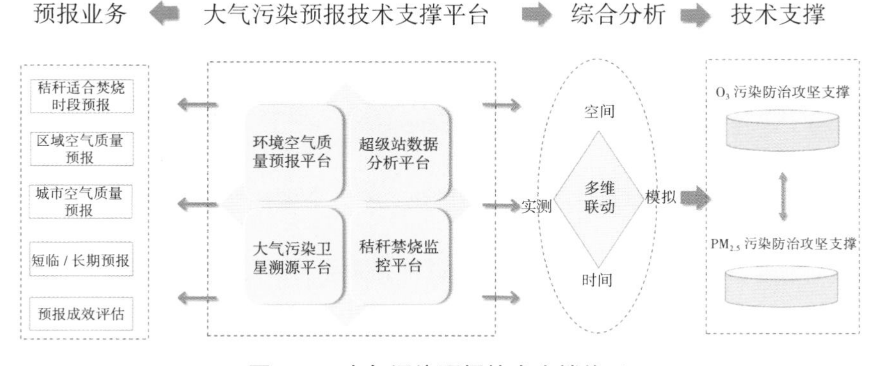

图 6–6　大气污染预报技术支撑体系

目前，广西大气污染防治攻坚主要以 $PM_{2.5}$ 和 O_3 为主，平台支撑通过时间、空间、实测和模拟多维联动分析展示 $PM_{2.5}$ 和 O_3 污染的时间变化趋势和空间分布，为大气污染防治采取措施提供决策依据。

（一）预报技术体系支撑大气污染防治攻坚

1. 提供不同尺度预报产品

目前，广西大气污染预报技术支撑平台可根据不同需求提供不同的预报产品。在应对大气污染过程期间，基于保良需求，加密会商和预报，提供上午、下午加密预报产品。基于精准研判，模拟城市污染过程变化趋势提供未来 1 天预报产品。常规业务则是提供未来 7 天城市 AQI 范围、等级和污染物浓度预报产品。基于业务发展，每半个月为华南区域预报中心提供未来 15 天区域空气质量等级预报。基于秋冬季空气质量保障，联合广西气候中心和广西气象台在 10 月至翌年 3 月期间，每月发布一期未来 1 ～ 3 个月空气质量潜势预报简报。产品类别见图 6–7。

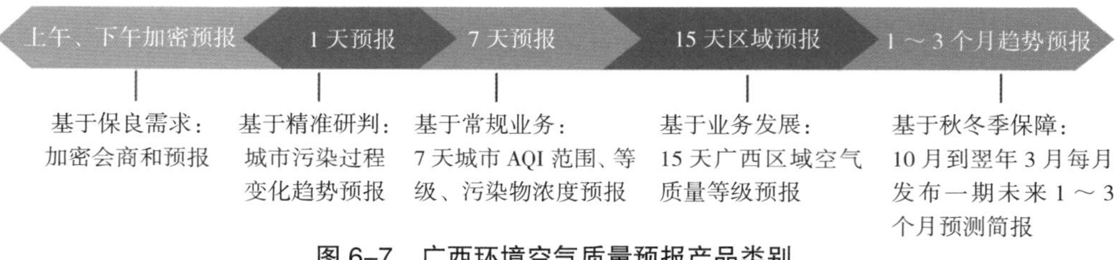

图 6–7　广西环境空气质量预报产品类别

以 2022 年南宁市为例，分析数值模型（CMAQ）模拟与实测结果对比（见图 6–8），模拟结果基本与实测一致，说明数值模型模拟结果较好，能判断污染物变化趋势，有力支撑环境空气质量预报业务开展。

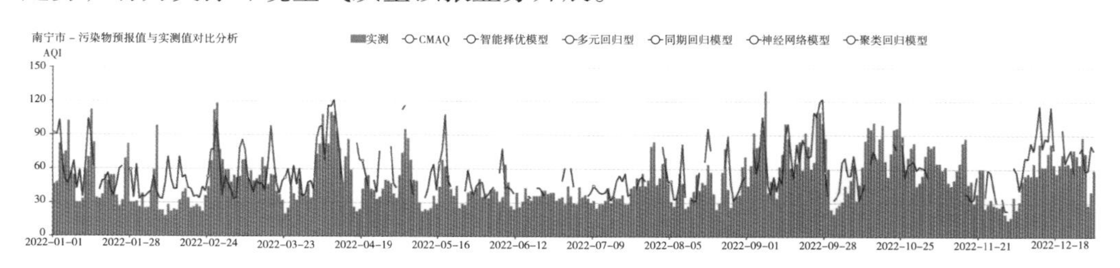

图 6–8　2022 年南宁市环境空气质量 CMAQ 模型模拟与实测结果对比

近年来，广西城市环境空气质量等级预报准确率逐年提升，2017 年和 2022 年是上升幅度比较明显的时间节点。2017 年广西城市环境空气质量等级预报平均准确率为 88%，同比提高了 4 个百分点；2022 年广西城市环境空气质量等级预报平均准确率为 91.70%，同比提高了 1.6 个百分点（见图 6–9）。精准预报为广西大气污染防治攻坚提供了有效的技术支撑，为提前采取措施应对污染过程赢得了主动权。

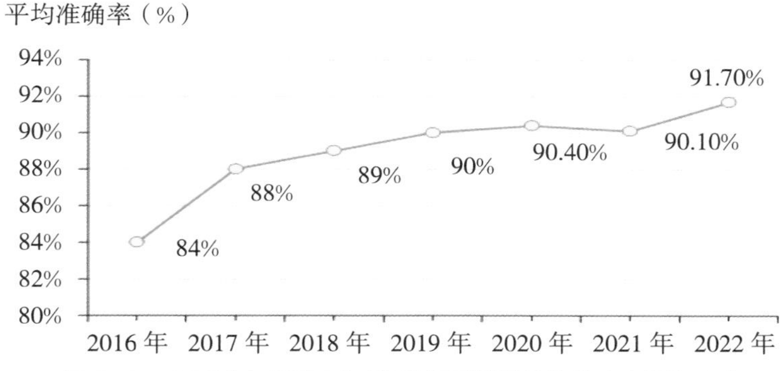

图 6–9　广西城市环境空气质量等级预报平均准确率逐年变化

2. 建立空气质量预报案例库

空气质量预报案例库，可以集中反映一个地区污染过程的特征和规律，能较好地复盘大气污染过程，也可以为预报污染过程提供参考，极大提高污染过程预报准确率。

2018 年，基于历史污染天气主观归纳影响广西区域性大气 $PM_{2.5}$ 污染的天气类型，可分为高压后部型、西南暖低压型、冷空气前锋型和均压场型，影响广西 O_3 污染的天气类型主要是台风外围型、副热带高压型和冷高压脊变性控制型。2019 年首次将污染案例库进行业务化，自动生成污染案例，可按特征关键字搜索案例，可编辑添加内容。预报系统案例库包括常规污染概况与天气形势分析及污染来源初步分析，在大气污染预报过程中，可匹配相似的污染过程，为预报提供更多参考（见图 6–10）。2021 年，基于 AI 天气分型的污染形势智能诊断模式精细化预报，通过历时 10 年 WRF 预报数据进行模型训练，使用 SOM 自组织神经网络算法，总结四个季节共 28 类天气分型，为精准预测提供了较好的参考依据。

图 6–10　预报系统案例库

3. 提供卫星遥感综合技术支撑

卫星遥感综合技术支撑广西大气污染防治攻坚工作主要在秸秆焚烧火点监控和 O_3 污染过程应对方面发挥了重要作用。一是利用卫星遥感技术，及时快速发现秸秆焚烧火点，并将火点信息发送到网格员手机端，可以及时处理火点，减少秸秆焚烧对大气环境的影响。此外，根据秸秆火点数量、分布密度、信度区间等基础信息，结合气象场数据开展后向轨迹、经验模型等相关分析，可研判当前秸秆焚烧情况对局地空气质量的定性影响，为空气质量预警预报提供重要支撑。二是在 O_3 污染过程应对期间，利用卫星遥感数据，重点关注城市的 HCHO 对流层柱浓度和 NO_2 对流层柱浓度，及时了解 O_3 及其前体物污染情况，并提供 VOCs 排放的重点关注区域，为 O_3 污染溯源提供及时支撑。

以柳州市 2022 年 4 月 8—10 日 O_3 污染过程为例，利用卫星遥感监测柳州市对流层 HCHO 浓度和 NO_2 浓度，通过两个数据的比值（$HCHO / NO_2=k$）分析柳州市 O_3 污染主控因子，当 $k \geqslant 6$，则该区域为 NO_x 控制区；当 $4 < k \leqslant 6$，则该区域为共同控制区（偏 NO_x）；当 $2 < k \leqslant 4$，则该区域为共同控制区；当 $1 < k \leqslant 2$，则该区域为共同控制区（偏 VOCs）；当 $k \leqslant 1$，则该区域为 VOCs 控制区。柳州市大部分地区的对流层 HCHO 浓度较高，分布比较均匀，柳州市南部地区的对流层 NO_2 浓度略高，其余地区较低（见图 6–11）。由 O_3 前体物指示值空间分布可以看出，柳州市东北部地区受 NO_x 控制，柳州市南部和西北部部分地区受 VOCs 控制，其余地区受 VOCs 和 NO_x 共同控制。

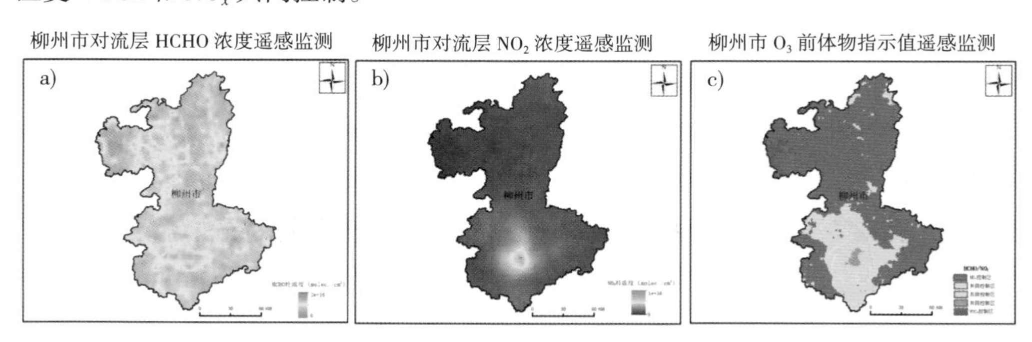

图 6–11　卫星遥感技术分析柳州市 O_3 前体物指示值

根据卫星遥感溯源分析，可确定此段时间柳州市部分 VOCs 排放的重点关注区域（见表 6–1），为柳州市 O_3 污染应对、排查污染来源提供技术指导。

表 6-1　柳州市部分 VOCs 排放的重点关注区域

序号	大概位置	中心经纬度	遥感监测浓度（molec./cm^2）
1	柳州市柳北区牛浪塘附近	109.378°E，24.387°N	1.35×101^{6}
2	柳州市柳北区松泉小区附近	109.375°E，24.397°N	1.34×101^{6}
3	柳州市柳北区香兰苑附近	109.396°E，24.394°N	1.32×101^{6}
4	柳州市柳北区欧山社区附近	109.396°E，24.385°N	1.32×101^{6}
5	柳州市柳北区新锋社区居委会附近	109.380°E，24.366°N	1.3×101^{6}
6	柳州市柳北区银盘岭新村附近	109.381°E，24.407°N	1.3×101^{6}
7	柳州市柳南区柳州火车西站附近	109.369°E，24.350°N	1.22×101^{6}
8	柳州市柳北区广西科技师范学院附近	109.379°E，24.434°N	1.21×101^{6}

（二）开展大气污染应急减排模拟及成效评估

随着广西大气污染防治攻坚深入推进，无论是大气污染过程应对方面，还是常态化管控方面，全区各地市都能采取有效的大气污染防治措施，网络上各地蓝天刷爆朋友圈成为一种常态，可以说，广西大气污染防治攻坚取得了阶段性成效。

大气环境监测和模拟是大气污染防治攻坚成效评估的基础，通过监测可以发现环境空气质量哪里差、哪里好。例如，图 6-12 为 2018 年南宁市所有站点 PM_{10} 浓度空间分布图。由图可见，南宁“尘包围城”的现象还比较明显；借助通过监测图，

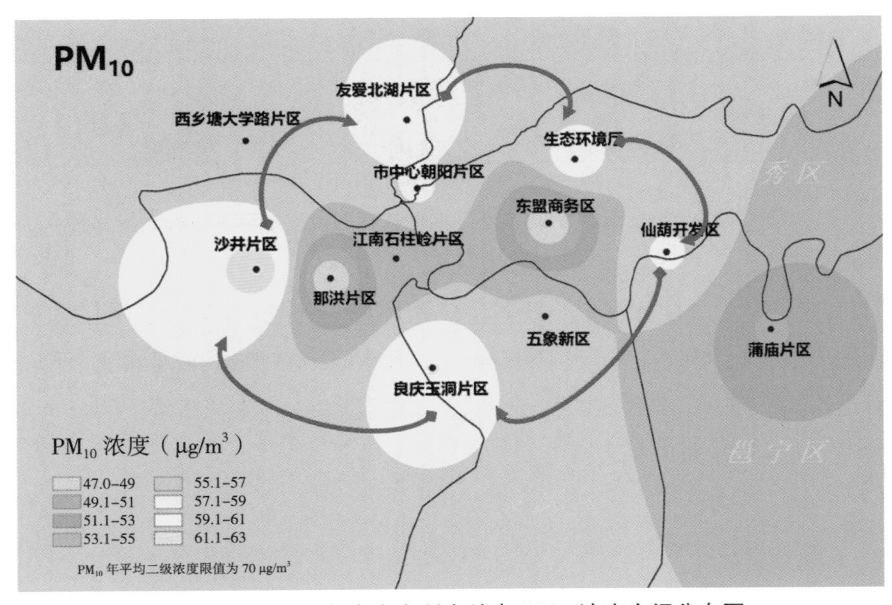

图 6-12　2018 年南宁市所有站点 PM_{10} 浓度空间分布图

大气污染空间分布的问题导向也比较清楚；南宁市城区周边道路扬尘比较大，要改善 PM_{10} 浓度，必须要加大扬尘治理力度。通过环境空气质量模拟还可以评估到底是气象条件对环境质量改善贡献大还是减排措施成效大。

1. 2018 年广西“百日攻坚”成效评估

2018 年广西大气污染防治“百日攻坚”行动是一次比较严格和全面的行动。根据自治区政府办公厅印发的《广西大气污染防治“百日攻坚”行动方案》，明确从 2018 年 9 月 20 日到 12 月 31 日在全区范围内开展大气污染综合治理“百日攻坚”行动，确保到 2018 年底，全区设区市环境空气质量优良天数比率达到 90.3%，$PM_{2.5}$ 平均浓度低于 37 μg/m³（标况）。

（1）“百日攻坚”期间空气质量状况。

监测结果显示，2018 年“百日攻坚”期间，广西共发生了 5 轮区域性污染过程，以轻度污染为主，仅出现 1 城次中度污染（见图 6-13）。全区平均污染天数为 7.5 天，同比减少 11.0 天，减少 59.5%，攻坚期间污染天仅占全年的 24.6%。

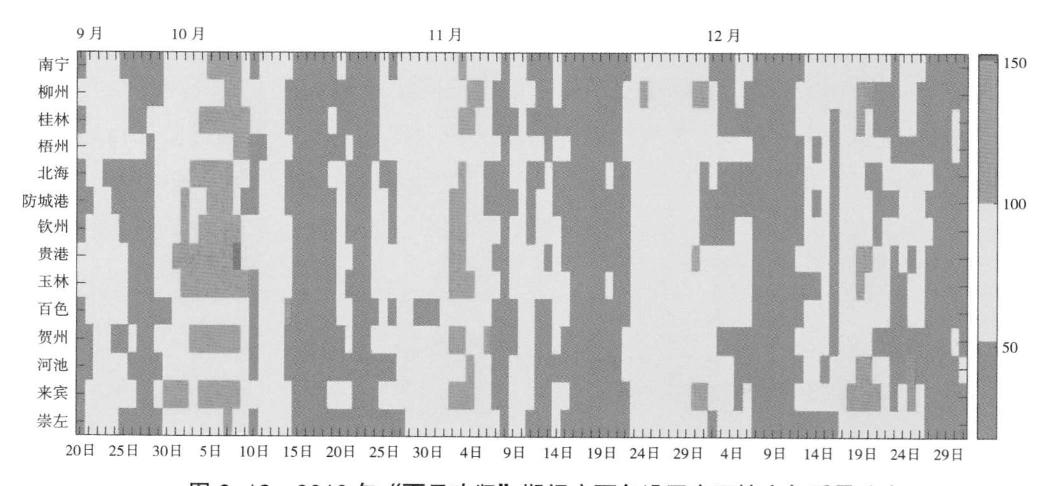

图 6-13 2018 年“百日攻坚”期间广西各设区市环境空气质量分布

统计结果显示，“百日攻坚”期间，广西环境空气质量优于上年同期，$PM_{2.5}$ 浓度同比下降 21.7%，贺州市同比下降 34.6%，降幅最大；PM_{10} 浓度同比下降 15.9%，贺州市同比下降 35.9%，降幅最大。全区 $PM_{2.5}$ 浓度和 PM_{10} 浓度高值区明显下降，“百日攻坚”行动成效显著（见表 6-2）。

表 6-2　2018 年“百日攻坚”期间广西及各设区市空气质量主要指标同比变化

区域名称	PM_{10} 浓度值（μg/m^3）		$PM_{2.5}$ 浓度值（μg/m^3）		O_3-8 h 浓度值（μg/m^3）		综合指数		优良天数比率（%）	
	2018 年 9 月 20 日—12 月 31 日	同比（%）	2018 年 9 月 20 日—12 月 31 日	同比（%）	2018 年 9 月 20 日—12 月 31 日	同比（%）	2018 年 9 月 20 日—12 月 31 日	同比（%）	2018 年 9 月 20 日—12 月 31 日	同比（%）
南宁	64	-7.2	37	-15.9	129	-2.3	4.35	-8.2	93.2	10.7
柳州	64	-13.5	40	-23.1	134	13.6	4.29	-11.4	91.3	15.6
桂林	52	-24.6	37	-30.2	147	0.7	3.84	-19.0	91.3	16.5
梧州	60	-11.8	35	-25.5	128	-3.0	3.96	-13.2	98.1	9.8
北海	49	-16.9	32	-20.0	156	1.3	3.53	-9.9	94.2	10.7
防城港	49	-16.9	32	-23.8	134	-16.3	3.50	-15.9	94.2	12.6
钦州	56	-16.4	36	-20.0	150	-2.6	4.07	-8.7	92.2	13.6
贵港	62	-21.5	39	-20.4	159	8.9	4.14	-11.5	87.4	6.8
玉林	63	-8.7	40	-16.7	159	3.2	4.43	-8.1	88.3	12.6
百色	57	-14.9	35	-18.6	105	1.0	3.58	-12.5	99.0	7.7
贺州	49	-37.2	34	-34.6	147	5.0	3.69	-19.1	91.3	13.6
河池	52	-30.7	31	-20.5	111	-5.1	3.35	-19.5	96.1	3.9
来宾	64	-16.9	39	-26.4	159	12.0	4.24	-10.4	82.5	9.7
崇左	58	13.7	28	-24.3	119	-17.9	3.36	-7.4	99.0	5.8
广西	57	-17.4	35	-23.9	138	-0.7	3.88	-12.6	92.7	10.7

（2）2018 年“百日攻坚”期间气象条件。

从“百日攻坚”期间气象条件看，降水量减少 1 ～ 3 成，但降水日数增加；日照时数增加，增加了 O_3 污染风险；平均风速上升，小风日数减少。大气扩散条件有利天数，比 2017 年同期增加 12 天，扩散条件一般天数减少 4 天，气象条件较为有利；大气扩散条件不利天数为 39 天，污染天数为 7.5 天，污染概率为 19%；2017 年同期不利天数为 47 天，污染天数为 18.5 天，污染概率为 39%（见图 6–14）。显然，“百日攻坚”期间气象条件同比偏有利。

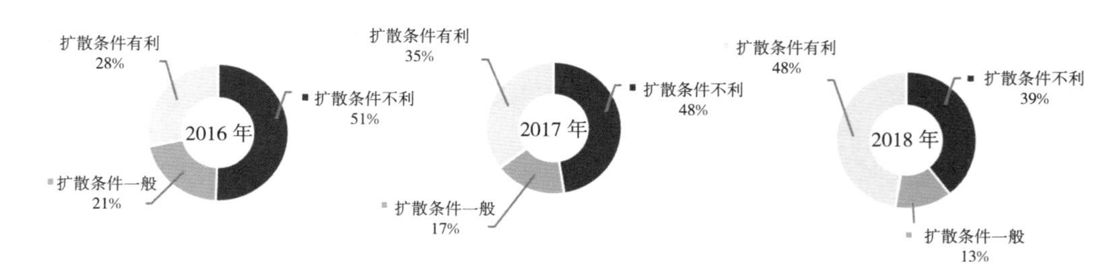

图 6–14　2018 年“百日攻坚”期间气象条件与 2016 年、2017 年同期对比

（3）2018 年“百日攻坚”期间模拟评估。

为了进一步量化减排措施贡献量，即固定排放源清单，使用同期气象条件，通过空气质量模型（CMAQ）模拟的方法进行定量化，即用实测的浓度变化减去模拟气象条件导致的浓度变化，可推算出源排放导致的浓度变化。从模拟结果看，“百日攻坚”期间气象条件有利于桂西部和桂南部 $PM_{2.5}$ 的浓度改善，不利于桂东部、桂中部和桂南部 $PM_{2.5}$ 的浓度改善；气象条件有利于桂西部 O_3 浓度下降，不利于大部分地区 O_3 浓度下降。在 O_3 浓度改善方面，“百日攻坚”期间气象条件同比明显是偏不利的，桂东南沿海模拟 O_3 浓度同比最大超过 45%。

模拟结果显示，同样污染排放情况下，在 2018 年的气象条件下，数值模拟颗粒物和 O_3 平均浓度明显高于实际观测浓度；气象条件不利于 O_3 和 CO 减排，有利于 SO_2、NO_2、PM_{10} 和 $PM_{2.5}$ 浓度下降。人为减排对 $PM_{2.5}$ 和 O_3 贡献较大，全区 $PM_{2.5}$ 贡献 11 μg/m^3，O_3 贡献 18 μg/m^3，说明在“百日攻坚”期间，各市采取的措施成效明显（见表 6–3）。

表 6–3　六项污染物模拟结果一览表

项目	SO_2	NO_2	PM_{10}	CO	O_3	$PM_{2.5}$
2017 年监测	15	25	67	1	59	46
2018 年监测	14	24	55	1	51	34

续表

项目	SO_2	NO_2	PM_{10}	CO	O_3	$PM_{2.5}$
2018 年模拟	12	24	66	1.1	69	45
削减浓度	1	1	12	0	8	12
气象贡献	3	1	1	–0.1	–10	1
减排贡献	–2	0	11	0.1	18	11

2. 2020 年春季百日攻坚成效评估

（1）春季百日攻坚期间空气质量改善状况。

2020 年 1 月 1 日—4 月 9 日，广西开展春季大气污染综合治理攻坚行动（以下简称“春季攻坚”）。“春季攻坚”的 100 天期间，除 O_3 浓度同比上升 3.2% 外，其他指标同比改善明显（见表 6–4）；与 2018 年同期相比，各项指标均有大幅改善，是近年来广西环境空气质量最好的一年。

表 6–4　2020 年 1 月 1 日—4 月 9 日广西环境空气各项指标情况

指标	2020 年	与 2019 年相比	与 2018 年相比
优良天数比率	97.1%	4.0%	13.5%
$PM_{2.5}$	31 $\mu g/m^3$	–8.8%	–38.0%
PM_{10}	46 $\mu g/m^3$	–8.0%	–37.8%
O_3	98 $\mu g/m^3$	3.2%	–15.5%
SO_2	9 $\mu g/m^3$	–10.0%	–35.7%
NO_2	18 $\mu g/m^3$	–14.3%	–28.0%
CO	1.2 $\mu g/m^3$	–20.0%	–14.3%
综合指数	3.06	–8.7%	–30.8%

2020 年“春季攻坚”期间，广西共有 13 个设区市环境空气质量达标，同比增加 4 个，达标城市比例为 92.9%。全区平均出现污染天数 2.9 天，14 个市共计发生污染天 41 城次。其中，轻度污染 34 城次，占总污染天的 82.9%；中度污染 5 城次，占总污染天的 12.2%；重度污染 2 城次，占总污染天的 4.9%，重度污染同比增加 1 城次。与 2018 年同期相比，空气质量优、良各级别天数占比明显增加，污染各级别天数占比明显减少（见图 6–15）。

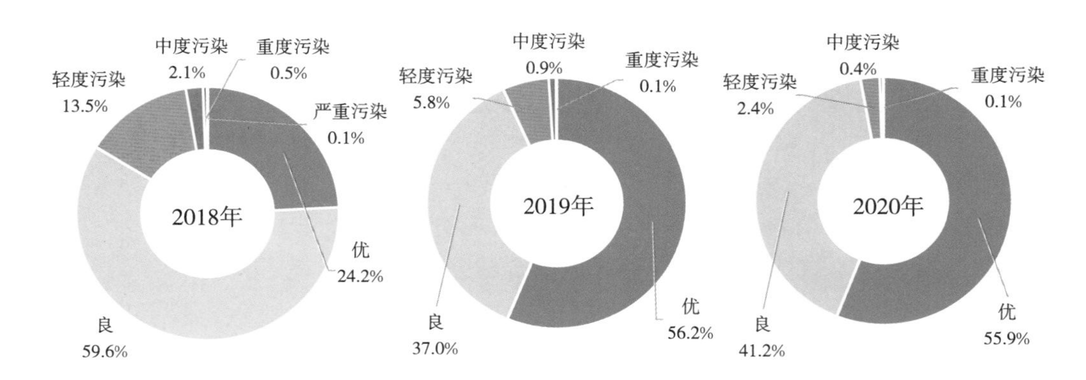

图 6-15　2018—2020 年春季百日期间广西各级别天数占比

2020 年“春季攻坚”期间，广西各设区市环境空气质量各项指标同比大部分处于改善状态，PM_{10} 浓度只有百色同比上升 1.9%；O_3 浓度同比上升的有 8 个城市，分别是南宁（22.2%）、贺州（21.0%）、柳州（18.1%）、梧州（15.5%）、贵港（15.2%）、来宾（11.6%）、崇左（5.2%）和百色（5.1%）。各市环境空气质量综合指数范围为 2.71（防城港）～ 3.56（来宾），环境空气质量综合指数同比均有改善，改善幅度最大的是北海（15.1%），最小的是河池（2.3%）。按照环境空气质量综合指数排名，防城港、北海和贺州排前三名，来宾、百色和贵港排后三名。按照优良天数比例排名，梧州、北海、防城港、钦州和玉林优良天数比例均为 100%，来宾优良天数比例最低，为 91.0%（见图 6-16）。

	环境空气质量综合指数	排名
防城港	2.71	1
北海	2.75	2
贺州	2.78	3
梧州	2.91	4
河池	2.91	5
崇左	2.94	6
玉林	3.07	7
南宁	3.08	8
钦州	3.1	9
桂林	3.13	10
柳州	3.2	11
贵港	3.32	12
百色	3.36	13
来宾	3.56	14

	优良天数比例（%）	排名
梧州	100.0	1
北海	100.0	1
防城港	100.0	1
钦州	100.0	1
玉林	100.0	1
百色	98.0	6
南宁	97.0	7
贺州	97.0	7
桂林	96.0	9
柳州	95.0	10
贵港	95.0	10
河池	95.0	10
崇左	95.0	10
来宾	91.0	14

图 6-16　2020 年“春季攻坚”期间广西各设区市环境空气质量综合指数和优良天数比例排名

（2）大气环境质量状况呈现的特点。

①污染物大幅减排，空气质量得到改善。

城市建成区的空气质量变化与社会生产生活活动关系密切，2020 年一季度突如其来的新冠疫情使广西生产生活受到严重影响，一季度广西生产总值为 4 670.85 亿元，按可比价格计算，同比下降 3.3%。其中，与空气质量密切相关的第二、第三产业，增加值同比分别下降 10.0%、0.1%。受新冠疫情影响，第二产业加工制造产业、第三产业交通运输与餐饮业的增加值均有大幅回落，具体表现为工业企业停产，能源消费活动、机动车活动量、建筑施工和道路扬尘大幅减少，大气污染排放明显减少。监测数据显示，2020 年广西第一季度环境空气质量综合指数，SO_2、NO_2 和 $PM_{2.5}$ 浓度大幅下降（见图 6–17），这几项指标分别代表了工业排放水平、机动车排放水平及能源消耗相关的综合排放水平，直接体现了污染物减排对改善空气质量的贡献。而对于后期，在加快推进全区生产生活秩序全面恢复，加大力度推进经济社会发展的同时确保环境空气质量不下滑是大气污染攻坚的关键。

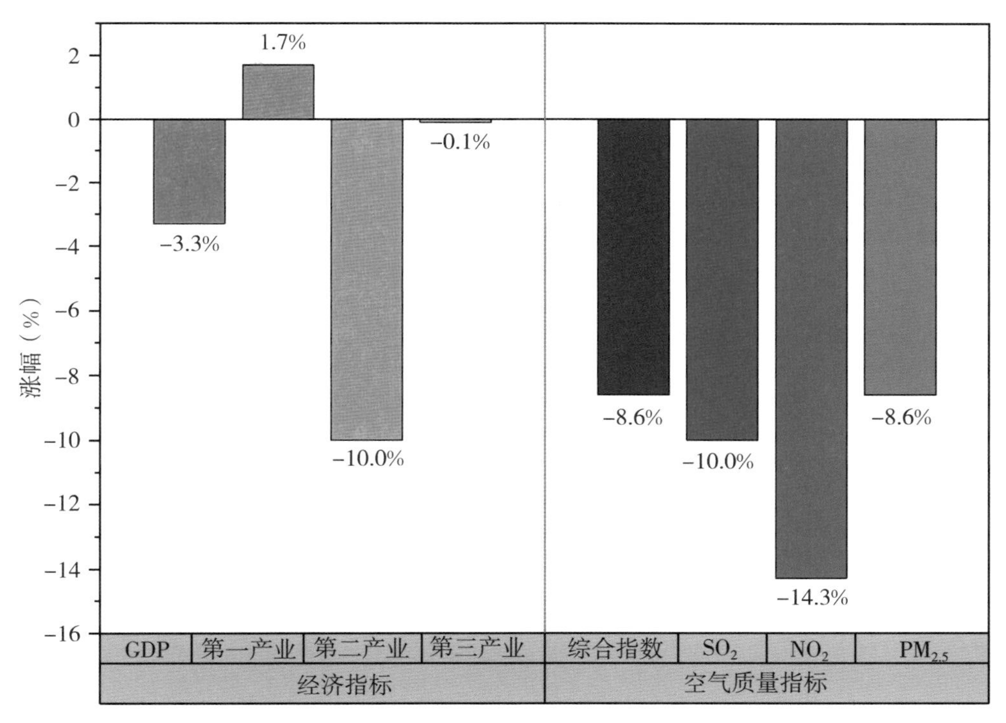

图 6–17　2020 年第一季度广西经济指标与空气质量指标

②异常排放源对空气质量的影响被凸显。

随着广西大气污染攻坚的深入开展，规模化工业源等大气污染排放源管控水平逐步提升，对环境空气质量的影响趋于稳定，在这个阶段更凸显个别污染源突发异常排放对空气质量的贡献。比如秸秆露天焚烧对广西空气质量的影响，以来宾 1 月 29 日至 2 月 3 日的污染过程及河池 2 月 19—22 日的污染过程最为典型；$PM_{2.5}$ 浓度受秸秆焚烧影响，在短时间内上升至重度污染；砖厂及餐饮散煤燃烧、硫黄中药熏蒸等 SO_2 排放异常对城市 $PM_{2.5}$ 浓度二次生成来源贡献较大，桂林和玉林都出现 SO_2 排放异常导致的 $PM_{2.5}$ 不同程度污染；CO 为首要污染物再次被凸显，钦州 3 月 21 日部分站点出现 CO 浓度超标，最高浓度达到 23 mg/m^3，异常原因是钦州工业园区各企业生产不同步，铁合金企业生产产生的煤气（主要成分为 CO）不能被原有企业利用，采取高空排放导致，这也反映了工业园区的管理缺失也会影响城市环境空气质量。

③多项污染物改善明显但 O_3 不降反升。

2020 年春季攻坚期间，与全国大部分省份变化趋势一致，在其他空气质量指标下降的情况下，O_3 浓度同比上升，这“一降一升”的现象，表明并不是单纯靠污染物减排就能使大气中各项污染物浓度均下降。研究表明，$PM_{2.5}$ 和 O_3 更多来源于二次生成，存在一定的相互影响关系，协同减排才是唯一出路。

（3）气象条件评估。

2020 年春季攻坚期间，从气象要素看，广西气温偏暖，地面平均风速有所增强，降雨天数及受较强冷空气影响天数同比分别减少 6.9 天和 1.7 天，但降水量同比偏多，这说明 2020 年春季攻坚期间广西降雨频次减少但降雨强度有所增加（见表 6–5）。

表 6–5　2020 年广西春季攻坚期间气象要素与 2018 年、2019 年同期对比

时段	平均气压（hPa）	平均气温（℃）	平均相对湿度（%）	平均降水量（mm）	降雨日（d）	较强冷空气影响天数（d）	风速（m/s）
2018 年春季百日	1 001.7	16.0	74.4	1.7	29.1	10.6	2.3
2019 年春季百日	1 001.9	15.3	85.3	3.0	48.0	12.2	2.3
2020 年春季百日	1 001.8	16.6	80.1	3.9	41.1	10.5	2.4

从气象要素对应的大气扩散条件评价，将广西大气扩散条件分为扩散条件有利、扩散条件一般和扩散条件不利三种类型进行统计，广西 2020 年春季攻坚期间

大气扩散条件略差于2019年同期，而好于2018年同期（见图6-18）。

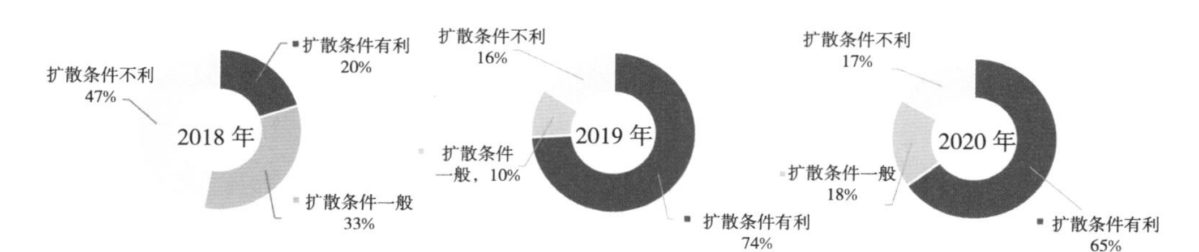

图6-18　2018—2020年春季百日期间广西大气扩散条件对比分析

根据监测结果，2018—2020年$PM_{2.5}$浓度变化可以明显看出，2020年和2019年广西各市$PM_{2.5}$浓度明显好于2018年同期；从大气扩散条件评价看，2020年气象条件略差于2019年，但是各市$PM_{2.5}$浓度明显好于2019年，这也间接反映了减排对$PM_{2.5}$浓度的改善效应（见图6-19）。

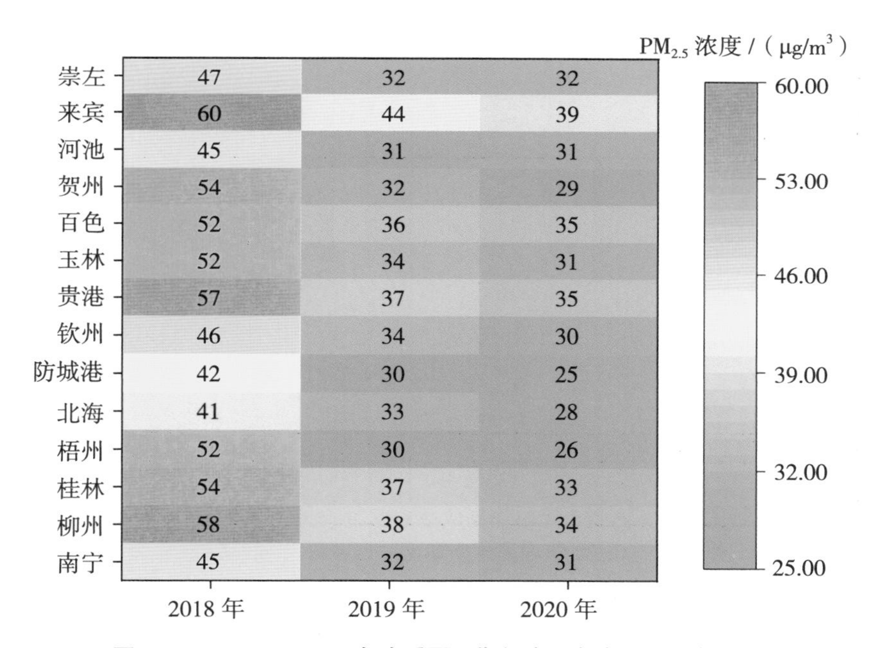

图6-19　2018—2020年春季百日期间广西各市$PM_{2.5}$浓度对比

（4）减排贡献估算。

春季攻坚期间，如果不考虑春节集中燃放烟花爆竹导致的大气污染，2020年及2019年广西均发生2次区域性大气污染过程，均是受不同程度不利气象条件影响。为了更科学准确评估气象条件变化对$PM_{2.5}$浓度的影响，引入环境气象评估指数（EMI），通过数值方法定量分析气象条件对污染物变化的影响程度及减排贡献估算。根据该方法将2020年全区春季攻坚期间分为两个阶段分别进行评估，评估结果仅供参考。第I阶段2020年1月—2月，广西$PM_{2.5}$浓度同比下降3%，气象条件同比有利，单纯气象条件使得$PM_{2.5}$浓度下降23%，但由于管控效果不好，使得$PM_{2.5}$浓度上升20%。另外，由于1月—2月历经春节及新冠疫情特殊时段，工业企业停产，能源消费活动、机动车活动量、建筑施工和道路扬尘大幅减少，但广西仍发生两次区域性大气污染过程，污染成因均为秸秆焚烧源叠加不利气象条件影响所致，河池和来宾空气质量分别在短时间内由良上升到重度污染，是秸秆焚烧管控不利的典型案例。第Ⅱ阶段3月1日—4月9日，广西$PM_{2.5}$浓度同比下降19%，气象条件同比不利，单纯气象条件使得$PM_{2.5}$浓度上升20%，但是减排措施使得$PM_{2.5}$浓度下降39%，说明广西加强秸秆焚烧管控有成效（见图6–20）。

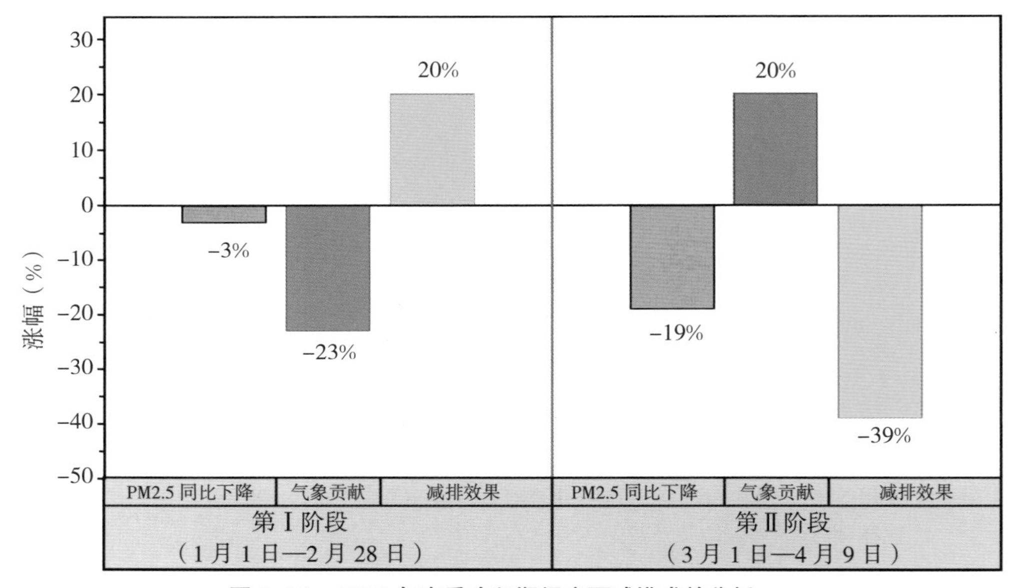

图6–20　2020年春季攻坚期间广西减排成效分析

（5）O_3污染防控需要加强。

2020年春季攻坚期间，广西O_3浓度同比上升3.2%，在所有污染物中是唯一上升的一项指标。从站点O_3浓度变化特征看，高值站点浓度下降，低值站点浓度上升，两年（2020年、2019年）浓度最高的均为海滩公园（北海），但浓度由144 μg/m³降为112 μg/m³，下降22%，最低站点浓度由66 μg/m³上升至83 μg/m³，上升26%，与2019年同期相比，站点间差异逐步减小（见图6–21）。广西O_3浓度近5年来都呈上升趋势，2019年O_3年平均浓度为140 μg/m³，与2015年相比上升14.8%，O_3

为首要污染物的城市占比由 21.0% 上升至 41.9%。2019 年的污染天结构中，北海、防城港、钦州、贺州和梧州等城市 O_3 污染占比已超过 50%，最高达 77.3%，O_3 污染已经成为制约广西环境空气质量持续改善的关键因素。

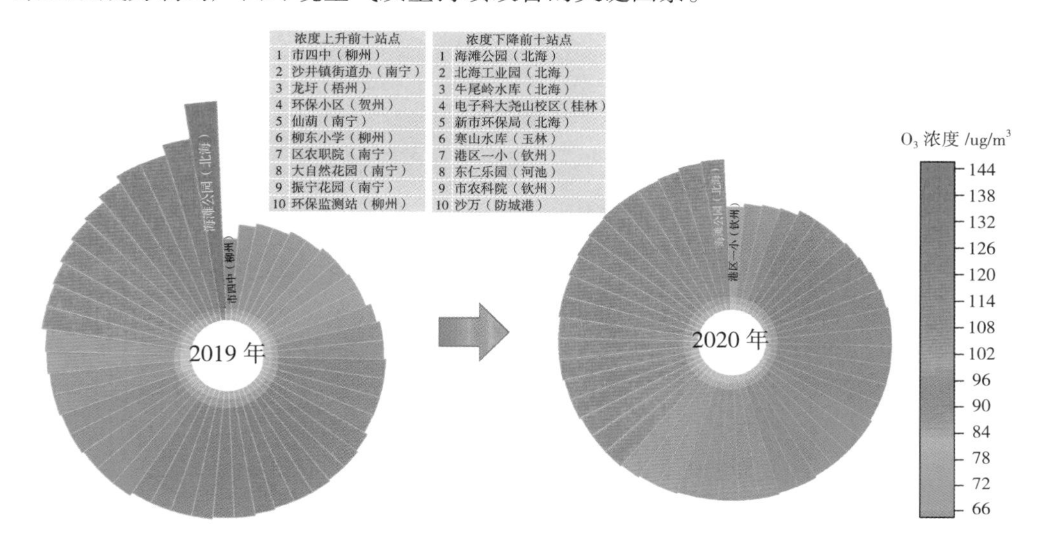

图 6–21　2019 及 2020 年广西大气监测站点 O_3 浓度比较

研究表明，O_3 浓度上升除了与气候条件变化有关外，还与大气氧化性增强有密切关系。疫情防控期间全国大气氧化性在增强，NO_2 减排使得滴定 O_3 的还原剂减少，进一步加剧了 O_3 浓度的上升。在前体物不当（被动）减排情况下，VOCs 与氮氧化物减排比例失调，大气氧化性显著增强会导致二次污染生成，从降低大气氧化性出发，VOCs 减排量要大于 NO_x，多减 VOCs 是唯一出路（丁爱军，2020）。2018—2019 年春季及秋季，广西生态环境监测中心对南宁、北海、防城港、贵港、桂林、柳州及钦州 7 个城市的 O_3 污染来源的解析结果表明，广西大部分城市 O_3 生成属于挥发性有机物（VOCs）控制区，即控制 VOCs 排放量对广西 O_3 浓度下降贡献较大。O_3 生成潜势最大的关键组分是乙烯、间 / 对 – 二甲苯、丙烯和甲苯，这些关键组分来源于机动车尾气、化石燃料燃烧、工业源和溶剂使用源，是广西 VOCs 减排的重点行业。

3. 贺州市 O_3 浓度溯源解析及污染应急减排模拟

（1）贺州市 O_3 溯源解析。

基于贺州市分类源排放数据，细化 O_3 的相关分类源，然后利用空气质量模型 CAMx 的 O_3 溯源解析 OSAT 工具，分析贺州市 2022 年 9 月—10 月 O_3 污染分型下不同污染源对 O_3 的贡献。根据监测数据统计，除去背景场影响外，9 月和 10 月固定燃烧源和工艺过程源的贡献占比均明显高于其他源，两者之和占比为 64% ～ 81%，其次为移动源，道路移动源和非道路移动源之和为 12% ～ 24%。生物质燃烧源对 O_3 污染的贡献占比为 3% ～ 6%。溶剂使用源行业贡献占比为 2% ～ 6%，占比按大小排序依次为沥青铺路、建筑溶剂、农药（见表 6–6 和表 6–7）。

表 6–6　2022 年贺州市 O_3 污染分型下不同污染源对 O_3 浓度贡献比（一）

时间	O_3 浓度区间（$\mu g/m^3$）	固定燃烧源	工艺过程源	道路移动源	非道路移动源	沥青铺路	建筑溶剂
9 月	100~120	34.25%	30.03%	10.78%	11.56%	3.50%	1.33%
	120~160	41.27%	37.16%	5.53%	6.38%	2.52%	0.95%
	160~200	28.28%	36.96%	11.87%	12.31%	2.12%	0.80%
10 月	100~120	33.00%	43.18%	7.24%	8.22%	1.58%	0.60%
	120~160	38.83%	33.73%	8.66%	10.17%	1.36%	0.52%
	160~200	34.29%	46.63%	5.72%	6.96%	1.29%	0.50%

表 6–7　2022 年贺州市 O_3 污染分型下不同污染源对 O_3 浓度贡献比（二）

时间	O_3 浓度区间（$\mu g/m^3$）	农药	废弃物处置源	油气储运	生物质燃烧源	居民生活源	干洗
9 月	100~120	0.48%	0.05%	0.24%	5.77%	1.59%	0.42%
	120~160	0.34%	0.04%	0.13%	3.11%	2.17%	0.40%
	160~200	0.29%	0.04%	0.18%	5.50%	1.32%	0.31%
10 月	100~120	0.22%	0.04%	0.14%	3.98%	1.54%	0.23%
	120~160	0.19%	0.03%	0.12%	4.52%	1.64%	0.21%
	160~200	0.19%	0.04%	0.13%	3.22%	0.77%	0.20%

（2）重点企业贡献评估。

贺州市 O_3 生成受到 NO_x 和 VOCs 的共同影响，NO_x 和 VOCs 排放较高的固定燃烧源和工艺过程源都应列为重点管控对象。贺州市企业统计数据显示，某电力（贺州）有限公司的 NO_x 和 VOCs 排放量占整个固定燃烧源行业的 90% 以上，应列为重点管控企业。对工艺过程源，挑选化工、水泥、印刷、粉体等行业中排放量较大的企业作为重点管控对象。全部共计 30 家重点管控企业，具体信息见表 6–8。

表 6–8　2022 年贺州市 O_3 污染重点管控企业信息

编号	企业名称	NO_x 排放量（t）	VOCs 排放量（t）	$PM_{2.5}$ 排放量（t）	PM_{10} 排放量（t）
1	某药业股份有限公司旺高分公司	6.66	15.70	9.75	25.82
2	贺州市某化工有限责任公司	0.00	19.83	0.00	0.00
3	广西某树脂有限公司	13.32	0.01	7.76	20.55

续表

编号	企业名称	NO_x 排放量（t）	VOCs 排放量（t）	$PM_{2.5}$ 排放量（t）	PM_{10} 排放量（t）
4	贺州某包装材料有限公司	0.00	57.79	0.00	0.00
5	某混凝土（富川）有限公司	0.00	0.00	339.18	629.91
6	某水泥熟料有限公司	802.72	629.05	1 897.91	3 129.32
7	某电力（贺州）有限公司	18 383.43	182.34	562.29	793.84
8	广西某彩印包装有限公司	0.00	60.00	0.00	0.00
9	广西某岗石有限公司①	0.00	383.86	0.10	0.10
10	广西贺州市某石材有限公司	0.00	996.91	0.38	0.38
11	贺州市某岗石有限公司①	0.00	1 045.50	0.27	0.27
12	广西某石业有限公司①	0.00	2 276.39	0.14	0.14
13	广西贺州市某石业有限公司	0.00	1 185.75	0.26	0.26
14	贺州市某岗石有限公司②	0.00	1 202.25	0.26	0.26
15	广西某石业有限公司②	0.00	1 121.88	0.33	0.33
16	广西贺州市某岗石有限公司	0.00	806.80	0.11	0.11
17	贺州市某粉体有限公司①	0.00	396.36	0.20	0.20
18	广西某岗石有限公司②	0.00	805.21	0.48	0.48
19	广西某实业有限公司	0.00	7 089.85	0.24	0.24
20	广西某岗石有限公司③	0.00	1 070.07	0.12	0.12
21	广西某石业有限公司③	0.00	858.50	0.34	0.34
22	广西贺州市某石业有限公司	0.00	850.00	0.21	0.21
23	广西贺州某粉体有限公司	0.00	1 068.24	0.46	0.46
24	贺州市某新材料有限公司	0.00	0.00	0.55	0.55
25	广西贺州某粉体有限公司	0.00	0.00	15.78	15.78
26	贺州市某粉砂有限公司	0.00	0.00	15.28	15.28
27	贺州市某粉体有限公司②	0.00	0.00	24.75	24.75
28	贺州市某粉体有限公司③	0.00	0.00	7.96	7.96
29	贺州市某粉体有限公司④	0.00	0.00	6.75	6.75
30	贺州市某粉体有限公司⑤	0.00	0.00	7.20	7.20

从重点企业和国控站的点位分布看，重点企业群基本位于国控站点的北方和西北方向，盛行北风和西北风时，企业群对国控站的影响相对较大。除此之外，盛行偏东风时，西湾站点会受到偏东方向粉体类企业群的影响，而此时另两个国控站点几乎不受影响。

基于表 6–8 中 30 家重点管控企业的排放信息构建点源清单，利用空气质量模型 CAMx 的 OSAT 溯源解析工具，对不同 O_3 污染分型下各重点企业的贡献进行模拟评估，结果见表 6-9。

表 6-9　2022 年贺州市 O_3 污染分型下重点企业的贡献占比模拟评估

O_3 浓度区间（μg/m^3）	日期	风向	站点 企业	环保小区	西湾	政协大楼	平均
$100 < O_3 \leq 120$	2022.9.8	东南风	广西某石业[①]	0.00%	6.96%	0.00%	2.32%
			广西某石业[②]	0.00%	3.52%	0.00%	1.17%
			广西贺州某石业	0.00%	3.27%	0.00%	1.09%
	2022.10.29	西北风	某电力	8.19%	8.17%	6.99%	7.79%
			某水泥熟料	2.54%	3.95%	1.85%	2.78%
			广西某实业	0.85%	1.65%	0.25%	0.92%
$120 < O_3 \leq 160$	2022.9.13	西北风	某电力	9.02%	18.53%	3.65%	10.40%
			某水泥熟料	2.08%	4.37%	0.90%	2.45%
			广西某实业	1.17%	1.83%	0.70%	1.23%
	2022.10.13	西北风	某电力	8.61%	13.35%	5.32%	9.10%
			某水泥熟料	2.31%	4.16%	1.38%	2.62%
			广西某实业	1.01%	1.74%	0.48%	1.08%
$160 < O_3 \leq 200$	2022.9.26	西北风	某电力	9.18%	16.45%	5.83%	10.49%
			某水泥熟料	1.75%	3.59%	1.14%	2.16%
			广西某实业	1.62%	2.16%	1.65%	1.81%
	2022.10.16	北风	某电力	8.43%	15.11%	5.35%	9.63%
			某水泥熟料	1.61%	3.30%	1.04%	1.98%
			广西某实业	1.44%	1.98%	1.50%	1.64%

从各企业贡献分析，当 O_3 浓度在 100 ～ 120 μg/m^3 时，在东南风下，贡献排在前三位的企业是广西某石业有限公司[①]、广西某石业有限公司[②]和广西贺州市某石业有限公司。以 9 月 8 日测算为例，当日贺州市 O_3 浓度为 105 μg/m^3，这 3 家企业对贺州市 O_3 浓度的贡献分别为 2.32%，1.17% 和 1.09%。在西北风下，贡献排在前三位的企业是某电力（贺州）有限公司、某水泥熟料和广西某实业有限公司，这与其相对于其他企业更大的排放体量相符。以 10 月 29 日测算为例，当日贺州市 O_3 浓度为 104 μg/m^3，这 3 个企业对贺州市 O_3 浓度的贡献分别为 7.79%，2.78% 和 0.92%。

当 O_3 浓度在 120 ～ 160 μg/m^3 时，在西北风下，贡献排在前三位的企业是某电力（贺州）有限公司、某水泥熟料和广西某实业有限公司。以 9 月 13 日测算为例，当日贺州市 O_3 浓度为 155 μg/m^3，这 3 个企业对贺州市 O_3 浓度的贡献分别为 10.40%，2.45% 和 1.23%。以 10 月 13 日测算为例，当日贺州市 O_3 浓度为 154 μg/m^3，这 3 个企业对贺州市 O_3 浓度的贡献分别为 9.10%，2.62% 和 1.08%。

而当 O_3 浓度在 160 ～ 200 μg/m^3 时，在西北风和北风下，贡献排在前三位的企业是某电力（贺州）有限公司、某水泥熟料和广西某实业有限公司。以 9 月 26 日和 10 月 16 日测算为例，9 月 26 日贺州市 O_3 浓度为 194 μg/m^3，这 3 家企业对贺州市 O_3 浓度的贡献分别为 10.49%，2.16% 和 1.81%；10 月 16 日贺州市 O_3 浓度为 169 μg/m^3，这 3 个企业对贺州市 O_3 浓度的贡献分别为 9.63%，1.98% 和 1.64%。

（3）应急减排评估模拟。

根据 O_3 污染情况分型统计结果，其他因素如气温、湿度和太阳辐射在不同污染区间差别不大，因此主要考虑不同风向下 O_3 污染的减排情况。作为贺州市 2022 年 9 月和 10 月的主导风向，西北风向的天数在 O_3 浓度超标的总天数中占 50.00%；其次是北风，占 26.90%；然后是东南风和西南风，均占 7.70%；最后是东风和东北风，各占 3.85%。当 O_3 浓度在 100 ～ 120 μg/m^3 时，为适当降低 O_3 浓度，设定 O_3 预期降幅为 5 μg/m^3；当 O_3 浓度在 120 ～ 160 μg/m^3 时，为保持良和降低轻度污染风险，设定 O_3 预期降幅为 10 μg/m^3；当 O_3 浓度在 160 ～ 200 μg/m^3 时，为降低轻度污染时 O_3 浓度，设定 O_3 预期降幅为 15 μg/m^3。以下将基于 O_3 污染分型，区分不同月份、不同浓度区间和不同风向给出行业和企业的减排清单。下面以贺州市 2022 年 9 月为例进行减排评估模拟。

① O_3 浓度为 100 ～ 120 μg/m^3。

盛行东南风时，对重点行业固定燃烧源、工艺过程源和移动源构建减排清单，测算行业减排后贺州市 O_3 浓度的降幅。设置 5 μg/m^3 为 O_3 浓度降幅目标，预计固定燃烧源需减排 31%，工艺过程源需减排 26%，移动源需减排 17%，此时 NO_2 预计下降 3.5 μg/m^3，VOCs 预计下降 6.1 μg/m^3。

根据重点企业贡献评估结果，以表 6–10 所示企业为主要减排对象构建减排清单，测算企业减排后贺州市 O_3 浓度的降幅。设置 1.5 μg/m^3 为 O_3 浓度降幅目标，广西某石业有限公司①需减排 20%，广西某石业有限公司②需减排 19%，广西贺州市某石材有限公司需减排 17%，广西贺州市某石业有限公司需减排 14%，贺州市某岗石有限公司①需减排 13%，广西某石业有限公司③需减排 13%，广西贺州市某岗石有限公司需减排 12%，广西某岗石有限公司①需减排 56%，此时 VOCs 预计下降 4.7 μg/m^3。

表 6-10　2022 年 9 月东南风下 O_3 浓度为 100 ～ 120 μg/m³ 时贺州市行业企业减排评估模拟清单

行业 / 企业	减排百分比	O_3 降幅（μg/m³）	NO_2 降幅（μg/m³）	VOCs 降幅（μg/m³）
固定燃烧源	31%	5	3.5	6.1
工艺过程源	26%			
移动源	17%			
广西某石业有限公司①	20%	1.5	0	4.7
广西某石业有限公司②	19%			
广西贺州市某石材有限公司	17%			
广西贺州市某石业有限公司	14%			
贺州市某岗石有限公司①	13%			
广西某石业有限公司③	13%			
广西贺州市某岗石有限公司	12%			
广西某岗石有限公司①	6%			

盛行东风时，对重点行业固定燃烧源、工艺过程源和移动源构建减排清单，测算行业减排后贺州市 O_3 浓度的降幅。设置 5 μg/m³ 为 O_3 浓度降幅目标，预计固定燃烧源需减排 37%，工艺过程源需减排 31%，移动源需减排 20%，此时 NO_2 预计下降 2.2 μg/m³，VOCs 预计下降 4.1 μg/m³。

根据重点企业贡献评估结果，以表 6-11 所示企业为主要减排对象构建减排清单，测算企业减排后贺州市 O_3 浓度的降幅。设置 1.5 μg/m³ 为 O_3 浓度降幅目标，广西某石业有限公司①需减排 20%，广西某石业有限公司②需减排 20%，广西贺州市某石材有限公司需减排 18%，广西贺州市某石业有限公司需减排 17%，贺州市某岗石有限公司①需减排 16%，广西某石业有限公司③需减排 14%，广西贺州市某岗石有限公司需减排 14%，广西某岗石有限公司①需减排 6%，此时 VOCs 预计下降 2.7 μg/m³。

表 6-11　2022 年 9 月东风下 O_3 浓度为 100 ～ 120 μg/m³ 时贺州市行业企业减排评估模拟清单

行业 / 企业	减排百分比	O_3 降幅（μg/m³）	NO_2 降幅（μg/m³）	VOCs 降幅（μg/m³）
固定燃烧源	37%	5	2.2	4.1
工艺过程源	31%			
移动源	20%			

续表

行业 / 企业	减排百分比	O_3 降幅（μg/m³）	NO_2 降幅（μg/m³）	VOCs 降幅（μg/m³）
广西某石业有限公司①	20%	1.5	0	2.7
广西某石业有限公司②	20%			
广西贺州市某石材有限公司	18%			
广西贺州市某石业有限公司	17%			
贺州市某岗石有限公司①	16%			
广西某石业有限公司③	14%			
广西贺州市某岗石有限公司	14%			
广西某岗石有限公司①	6%			

② O_3 浓度为 120 ～ 160 μg/m³。

盛行北风时，对重点行业固定燃烧源、工艺过程源和移动源构建减排清单，测算行业减排后贺州市 O_3 浓度的降幅。设置 10 μg/m³ 为 O_3 浓度降幅目标，预计固定燃烧源需减排 26%，工艺过程源需减排 19%，移动源需减排 9%，此时 NO_2 预计下降 4.8 μg/m³，VOCs 预计下降 5.0 μg/m³。

根据重点企业贡献评估结果，以表 6–12 所示企业为主要减排对象构建减排清单，测算企业减排后贺州市 O_3 浓度的降幅。设置 6 μg/m³ 为 O_3 浓度降幅目标，某电力（贺州）有限公司需减排 19%，某混凝土（贺州）有限公司需减排 18%，广西某实业有限公司需减排 14%，广西某石业有限公司①需减排 7%，广西贺州某粉体有限公司需减排 6%，贺州市某岗石有限公司②需减排 6%，广西贺州市某石业有限公司需减排 5%，广西某岗石有限公司③需减排 4%，此时 NO_2 预计下降 4.1 μg/m³，VOCs 预计下降 3.3 μg/m³。

表 6–12　2022 年 9 月北风下 O_3 浓度为 120 ～ 160 μg/m³ 时贺州市行业企业减排评估模拟清单

行业 / 企业	减排百分比	O_3 降幅（μg/m³）	NO_2 降幅（μg/m³）	VOCs 降幅（μg/m³）
固定燃烧源	26%	10	4.8	5.0
工艺过程源	19%			
移动源	9%			

续表

行业 / 企业	减排百分比	O_3 降幅（μg/m³）	NO_2 降幅（μg/m³）	VOCs 降幅（μg/m³）
某电力（贺州）有限公司	19%	6	4.1	3.3
某混凝土（贺州）有限公司	18%			
广西某实业有限公司	14%			
广西某石业有限公司①	7%			
广西贺州某粉体有限公司	6%			
贺州市某岗石有限公司②	6%			
广西贺州市某石业有限公司	5%			
广西某岗石有限公司③	4%			

盛行西北风时，对重点行业固定燃烧源、工艺过程源和移动源构建减排清单，测算行业减排后贺州市 O_3 浓度的降幅。设置 10 μg/m³ 为 O_3 浓度降幅目标，预计固定燃烧源需减排 33%，工艺过程源需减排 25%，移动源需减排 11%，此时 NO_2 预计下降 6.0 μg/m³，VOCs 预计下降 5.2 μg/m³。

根据重点企业贡献评估结果，以如表 6-13 所示企业为主要减排对象构建减排清单，测算企业减排后贺州市 O_3 浓度的降幅。设置 6 μg/m³ 为 O_3 浓度降幅目标，某电力（贺州）有限公司需减排 18%，某混凝土（贺州）有限公司需减排 18%，广西某实业有限公司需减排 16%，广西某石业有限公司①需减排 7%，广西贺州某粉体有限公司需减排 7%，贺州市某岗石有限公司②需减排 6%，广西贺州市某石业有限公司需减排 6%，广西某岗石有限公司③需减排 5%，此时 NO_2 预计下降 4.2 μg/m³，VOCs 预计下降 3.5 μg/m³。

表 6-13　2022 年 9 月西北风下 O_3 浓度为 120 ～ 160 μg/m³ 时贺州市行业企业减排评估模拟清单

行业 / 企业	减排百分比	O_3 降幅（μg/m³）	NO_2 降幅（μg/m³）	VOCs 降幅（μg/m³）
固定燃烧源	33%	10	6.0	5.2
工艺过程源	25%			
移动源	11%			
某电力（贺州）有限公司	18%	6	4.2	3.5
某混凝土（贺州）有限公司	18%			
广西某实业有限公司	16%			
广西某石业有限公司①	7%			
广西贺州某粉体有限公司	7%			
贺州市某岗石有限公司②	6%			
广西贺州市某石业有限公司	6%			
广西某岗石有限公司③	5%			

盛行西南风时，对重点行业固定燃烧源、工艺过程源和移动源构建减排清单，测算行业减排后贺州市 O_3 浓度的降幅。设置 10 μg/m^3 为 O_3 浓度降幅目标，预计固定燃烧源需减排 40%，工艺过程源需减排 30%，移动源需减排 17%，此时 NO_2 预计下降 4.6 μg/m^3，VOCs 预计下降 4.1 μg/m^3（见表 6–14）。此时重点企业群在贺州市国控站的下风向，故未考虑重点企业的减排。

表 6–14　2022 年 9 月西南风下 O_3 浓度为 120 ～ 160 μg/m^3 时贺州市行业企业减排评估模拟清单

行业 / 企业	减排百分比	O_3 降幅（μg/m^3）	NO_2 降幅（μg/m^3）	VOCs 降幅（μg/m^3）
固定燃烧源	40%	10	4.6	4.1
工艺过程源	30%			
移动源	17%			

盛行东南风时，对重点行业固定燃烧源、工艺过程源和移动源构建减排清单，测算行业减排后贺州市 O_3 浓度的降幅。设置 10 μg/m^3 为 O_3 浓度降幅目标，预计固定燃烧源需减排 36%，工艺过程源需减排 28%，移动源需减排 17%，此时 NO_2 预计下降 4.9 μg/m^3，VOCs 预计下降 4.3 μg/m^3。

根据重点企业贡献评估结果，以表 6–15 所示企业为主要减排对象构建减排清单，测算企业减排后贺州市 O_3 浓度的降幅。设置 6 μg/m^3 为 O_3 浓度降幅目标，广西某石业有限公司①需减排 17%，广西某石业有限公司②需减排 16%，广西贺州市某石材有限公司需减排 14%，广西贺州市某石业有限公司需减排 12%，贺州市某岗石有限公司①需减排 11%，广西某石业有限公司③需减排 10%，广西贺州市某岗石有限公司需减排 9%，广西某岗石有限公司①需减排 5%，此时 VOCs 预计下降 2.8 μg/m^3。

表 6–15　2022 年 9 月东南风下 O_3 浓度为 120 ～ 160 μg/m^3 时贺州市行业企业减排评估模拟清单

行业 / 企业	减排百分比	O_3 降幅（μg/m^3）	NO_2 降幅（μg/m^3）	VOCs 降幅（μg/m^3）
固定燃烧源	36%	10	4.9	4.3
工艺过程源	28%			
移动源	17%			

续表

行业 / 企业	减排百分比	O_3 降幅（μg/m³）	NO_2 降幅（μg/m³）	VOCs 降幅（μg/m³）
广西某石业有限公司①	17%	6	0	2.8
广西某石业有限公司②	16%			
广西贺州市某石材有限公司	14%			
广西贺州市某石业有限公司	12%			
贺州市某岗石有限公司①	11%			
广西某石业有限公司③	10%			
广西贺州市某岗石有限公司	9%			
广西某岗石有限公司①	5%			

③ O_3 浓度为 160 ～ 200 μg/m³。

盛行北风时，对重点行业固定燃烧源、工艺过程源和移动源构建减排清单，测算行业减排后贺州市 O_3 浓度的降幅。设置 15 μg/m³ 为 O_3 浓度降幅目标，预计固定燃烧源需减排 23%，工艺过程源需减排 29%，移动源需减排 20%，此时 NO_2 预计下降 5.8 μg/m³，VOCs 预计下降 6.5 μg/m³。

根据重点企业贡献评估结果，以表 6–16 所示企业为主要减排对象构建减排清单，测算企业减排后贺州市 O_3 浓度的降幅。设置 10 μg/m³ 为 O_3 浓度降幅目标，某电力（贺州）有限公司需减排 18%，某混凝土（贺州）有限公司需减排 19%，广西某实业有限公司需减排 16%，广西某石业有限公司①需减排 7%，广西贺州某粉体有限公司需减排 7%，贺州市某岗石有限公司②需减排 7%，广西贺州市某石业有限公司需减排 6%，广西某岗石有限公司③需减排 6%，此时 NO_2 预计下降 5.1 μg/m³，VOCs 预计下降 4.3 μg/m³。

表 6–16　2022 年 9 月北风下 O_3 浓度为 160 ～ 200 μg/m³ 时贺州市行业企业减排评估模拟清单

行业 / 企业	减排百分比	O_3 降幅（μg/m³）	NO_2 降幅（μg/m³）	VOCs 降幅（μg/m³）
固定燃烧源	23%	15	5.8	6.5
工艺过程源	29%			
移动源	20%			

续表

行业 / 企业	减排百分比	O_3 降幅（μg/m³）	NO_2 降幅（μg/m³）	VOCs 降幅（μg/m³）
某电力（贺州）有限公司	18%	10	5.1	4.3
某混凝土（贺州）有限公司	19%			
广西某实业有限公司	16%			
广西某石业有限公司①	7%			
广西贺州某粉体有限公司	7%			
贺州市某岗石有限公司②	7%			
广西贺州市某石业有限公司	6%			
广西某岗石有限公司③	6%			

盛行西北风时，对重点行业固定燃烧源、工艺过程源和移动源构建减排清单，测算行业减排后贺州市 O_3 浓度的降幅。设置 15 μg/m³ 为 O_3 浓度降幅目标，预计固定燃烧源需减排 26%，工艺过程源需减排 32%，移动源需减排 21%，此时 NO_2 预计下降 6.0 μg/m³，VOCs 预计下降 6.9 μg/m³。

根据重点企业贡献评估结果，以表 6-17 所示企业为主要减排对象构建减排清单，测算企业减排后贺州市 O_3 浓度的降幅。设置 10 μg/m³ 为 O_3 浓度降幅目标，某电力（贺州）有限公司需减排 19%，某混凝土（贺州）有限公司需减排 21%，广西某实业有限公司需减排 17%，广西某石业有限公司①需减排 7%，广西贺州某粉体有限公司需减排 7%，贺州市某岗石有限公司②需减排 7%，广西贺州市某石业有限公司需减排 7%，广西某岗石有限公司③需减排 6%，此时 NO_2 预计下降 4.5 μg/m³，VOCs 预计下降 4.9 μg/m³。

表 6-17　2022 年 9 月西北风下 O_3 浓度为 160 ～ 200 μg/m³ 时贺州市行业企业减排评估模拟清单

行业 / 企业	减排百分比	O_3 降幅（μg/m³）	NO_2 降幅（μg/m³）	VOCs 降幅（μg/m³）
固定燃烧源	26%	15	6.0	6.9
工艺过程源	32%			
移动源	21%			
某电力（贺州）有限公司	19%	10	4.5	4.9
某混凝土（贺州）有限公司	21%			
广西某实业有限公司	17%			
广西某石业有限公司①	7%			
广西贺州某粉体有限公司	7%			
贺州市某岗石有限公司②	7%			
广西贺州市某石业有限公司	7%			
广西某岗石有限公司③	6%			

盛行东北风时，对重点行业固定燃烧源、工艺过程源和移动源构建减排清单，测算行业减排后贺州市 O_3 浓度的降幅。设置 10 μg/m³ 为 O_3 浓度降幅目标，预计固定燃烧源需减排 21%，工艺过程源需减排 38%，移动源需减排 22%，此时 NO_2 预计下降 5.3 μg/m³，VOCs 预计下降 6.5 μg/m³。

根据重点企业贡献评估结果，以广西贺州市某石业有限公司和广西贺州某粉体有限公司为主要减排对象构建减排清单，测算企业减排后贺州市 O_3 浓度的降幅。若要使 O_3 浓度下降 3 μg/m³，广西贺州市某石业有限公司需减排 18%，广西贺州某粉体有限公司需减排 16%，此时 VOCs 预计下降 1.3 μg/m³（见表 6–18）。

表 6–18　9 月份东北风下 O_3 浓度为 160 ～ 200 μg/m³ 时贺州市行业企业减排评估模拟清单

行业 / 企业	减排百分比	O_3 降幅（μg/m³）	NO_2 降幅（μg/m³）	VOCs 降幅（μg/m³）
固定燃烧源	21%	10	5.3	6.5
工艺过程源	38%			
移动源	22%			
广西贺州市某石业有限公司	18%	3	0	1.3
广西贺州某粉体有限公司	16%			

（4）应急减排模拟结果。

①利用空气质量模型 CAMx 的 O_3 溯源解析 OSAT 工具，分析贺州市 2022 年 9 月—10 月 O_3 污染分型下不同污染源对 O_3 的贡献。9 月和 10 月固定燃烧源和工艺过程源的贡献占比均明显高于其他源，其次为移动源，其他源占比相对较小。

②对重点企业的贡献进行评估。当 O_3 浓度在 100 ～ 120 μg/m³ 时，在东南风下，贡献排在前三位的企业是广西某石业有限公司①、广西某石业有限公司②和广西贺州市某石业有限公司；在西北风下，贡献排在前三位的企业是某电力（贺州）有限公司、某混凝土（贺州）有限公司和广西某实业有限公司。当 O_3 浓度在 120 ～ 160 μg/m³ 时，在西北风下，贡献排在前三位的企业是某电力（贺州）有限公司、某混凝土（贺州）有限公司和广西某实业有限公司。当 O_3 浓度在 160 ～ 200 μg/m³ 时，在西北风和北风下，贡献排在前三位的企业是某电力（贺州）有限公司、某混凝土（贺州）有限公司和广西某实业有限公司。

③对贺州市 2022 年 9 月—10 月应急减排进行评估，当企业进行按比例减排后，贺州市 O_3 浓度可以得到很好的削减。

（三）空气质量考核达标预测

广西是我国南方重要的生态屏障区域，根据《中共中央 国务院关于全面推进美丽中国建设的意见》的要求，到 2027 年，全国 $PM_{2.5}$（细颗粒物）浓度要下降到 28 μg/m^3 以下，各地级及以上城市力争达标。2023 年，广西 $PM_{2.5}$ 浓度为 26.0 μg/m^3，到 2027 年，广西 $PM_{2.5}$ 浓度能否持续改善，需要开展情景模拟。

为了评价广西环境空气质量在 2027 年能否持续改善，根据广西大气污染减排潜力分析，设置 10% 的减排情景，模拟不同气象场下，按照 10% 减排计划，分析 2024—2027 年广西 $PM_{2.5}$ 浓度能否持续改善。

1. 模型模拟不同气象条件对 $PM_{2.5}$ 浓度的贡献比例

采用广义线性模型（Generalized Linear Model，GLM）针对广西各市 $PM_{2.5}$ 观测数据及气象数据进行数学建模，分别模拟计算 2021 年、2022 年、2023 年 $PM_{2.5}$ 受气象影响的贡献比例。

所用的广义线性模型的核心建模公式如下：

$$g(u_i)=\alpha_0+\sum_{j=1}^{3}\sum_{k=1}^{8}\beta_{j,k}f_j(x_{i,k})+\sum_{p=1}^{3}\gamma_p\times Y_{i,p}+\sum_{d=7}^{7}\delta_d\times W_{i,d} \quad (6\text{–}1)$$

式中，α_0 表示平均响应（基线）；f_j（$x_{i,k}$）表示由对应气象特征因子构建的样条函数（气象影响）；$\beta_{j,k}$ 表示对应气象特征因子所构建的样条函数的对应阶数的系数；$Y_{i,p}$ 表示$\begin{cases}1，第i天属于第p年\\0，否则\end{cases}$；$W_{i,d}$ 表示$\begin{cases}1，第i天属于第k周\\0，否则\end{cases}$；$\gamma_p$、$\delta_d$ 分别为它们的系数。去除气象影响的公式定义为：

$$F(Y_p)=\exp(\hat{\alpha}+\hat{\gamma}_p-\frac{1}{N}\times\sum_{I=1}^{N}\hat{\gamma}_p) \quad (6\text{–}2)$$

式中，$\hat{\alpha}$为对平均响应 α 的估计值；F（Y_p）为 p 年调整后的季节平均值；$\hat{\gamma}_p$为 γ_p 的影响估计值；N 为趋势期的年数。

根据模拟结果，气象条件贡献占比结果如下：气象条件相对有利时，贡献占比 3.7%；气象条件近似常年时，贡献占比 9.8%；气象条件相对不利时，贡献占比 17.3%。

表 6–19 为 2021—2023 年广西各设区市模拟气象条件对 $PM_{2.5}$ 的贡献。

表 6-19　2021—2023 年广西各设区市模拟气象条件对 $PM_{2.5}$ 的贡献

城市	2021 年（μg/m³）	2022 年（μg/m³）	2023 年（μg/m³）
南宁	4.9	5.34	−8.07
柳州	1.9	5.67	3.57
桂林	3.4	9.97	−2.36
梧州	−1.6	3.12	2.63
北海	5.1	6.65	−0.92
防城港	2.6	4.95	1.57
钦州	0.7	−1.95	4.12
贵港	6.9	7.92	−5.2
玉林	1.4	5.19	6.85
百色	1.6	−2.9	−1.27
贺州	5.4	5.97	6.13
河池	3.1	7.2	2.52
来宾	−1.8	−2.18	2.52
崇左	4.8	8.55	1.55

2. 计算广西基准情况下 $PM_{2.5}$ 来源占比

以 2023 年为基准年，根据 WRF–CMAQ 模型的组分模拟结果计算得出广西 $PM_{2.5}$ 年平均浓度（26.4 μg/m³）中前体物源的贡献比例如下：硝酸盐（对应氮氧化物）28.85%、有机物（对应 VOCs）36.26%、一次颗粒物 4.54%（见表 6–20）。

表 6–20　广西 2023 年 $PM_{2.5}$ 组分占比

$PM_{2.5}$ 组分	浓度 /（μg/m³）	占比（%）
一次颗粒物	1.20	4.54
硫酸盐	2.11	7.99
硝酸盐	7.62	28.85
铵盐	3.23	12.23
元素碳	2.22	8.40
有机物	9.57	36.26
镁离子	0.11	0.43
钙离子	0.04	0.14
钾离子	0.01	0.03
锰离子	0	0.00
氯离子	0.01	0.03
其他	0.29	1.10

3. 建立减排 – 成效评估模型

基于广西历史减排评估案例中 $PM_{2.5}$ 不同减排情景模拟结果，利用 AI 方法建立广西 $PM_{2.5}$ 减排 – 成效关系响应曲面模型。

响应曲面模型是通过设计实验，借助统计手段归纳并建立某一响应变量与一系列控制因素之间的响应关系，最终建立一个基于数学统计理论的纯解析模型。具体在大气模拟领域的响应曲面模型，通过实验手段归纳出某一污染物浓度与各排放源排放量之间的函数关系。因此，空气质量响应曲面模型本质上就是一个不需要涉及空气质量模型内部复杂机制的空气质量“简化模型”，借助它可以快速得到不同排放情景下的污染物浓度变化情况。构建 $PM_{2.5}$ 响应曲面模型的主要步骤见图 6–22。

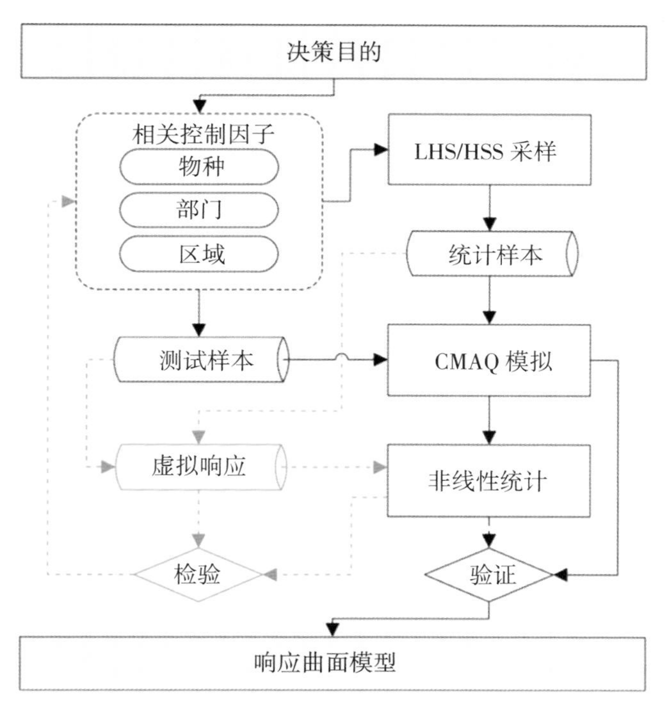

图 6–22　$PM_{2.5}$ 响应曲面模型构建流程

由于细颗粒物的来源比较复杂，既包括细颗粒物直接排放贡献的一次组分，也有 SO_2，NO_x，NH_3 以及 VOCs 产生的二次气溶胶组分。因此首先针对各组分的贡献，基于 CMAQ 模拟的结果，建立 $PM_{2.5}$ 及二次无机气溶胶浓度与 SO_2、NO_x、NH_3、VOCs 污染物排放的响应关系。

一次细颗粒物排放与浓度响应的关系基本为线性关系，而二次细颗粒物组分的非线性特征最为明显。其中，最主要的是以硫酸盐、硝酸盐和铵盐为代表的无机气溶胶，其在我国大城市 $PM_{2.5}$ 中的比例很高，约占 $PM_{2.5}$ 的 22% ～ 54%，并且主要来自二次反应贡献。

二次细颗粒物组分非线性统计是将每个样本所代表的控制情景通过空气质量模型 CMAQ 进行模拟，将模拟结果进行克里金统计插值及非线性拟合，最终构建曲面模型，并确定模型方程及其参数。本研究采用了基于最大似然估计法 - 实验最佳线性无偏预测方法（简称 MLE-EBLUPs）的克里金插值方法对模拟结果进行非线性拟合。

最大似然估计是一种统计方法，用来求一个样本集的相关概率密度函数的参数。这个方法最早是遗传学家以及统计学家罗纳德·费雪爵士在 1912 年至 1922 年间开始使用的。其原理为给定一个概率分布 D，假定其概率密度函数（连续分布）或概率聚集函数（离散分布）为 f_D，以及一个分布参数 θ，即可以从这个分布中抽出一个具有 n 个值的采样 X_1，X_2，…，X_n，通过利用 f_D，就能计算出其概率：

$$P=(x_1, x_2, \ldots, x_n|\theta)=f_D(x_1, x_2, \ldots, x_n|\theta)$$

从这个分布中抽出一个具有 n 个值的采样 X_1，X_2，…，X_n，然后用这些采样数据来估计 θ，就能从中找到一个关于 θ 的估计。最大似然估计会寻找关于 θ 的最可能的值。

要在数学上实现最大似然估计法，首先要定义可能性：

$$lik(\theta)=f_D(x_1, x_2, \ldots, x_n|\theta)$$

并且在 θ 的所有取值上，使这个函数最大化。这个使可能性最大的值即被称为 θ 的最大似然估计。

在最大似然估计的基础上，如果对 θ 的预测具有线性（预测量是样本观察值的线性函数）、无偏（预测量的数学期望等于随机效应本身的数学期望）和预测误差方差最小等统计学性质，则称其为最佳线性无偏预测。克里金插值拟合的计算方法如下：

$$\vec{Y}(x_0)=\vec{Y_0}=\sum_{j=1}^{d} f_j(x)\vec{\beta_j}+Z(x)\equiv f_0^T\vec{\beta_j}+\overrightarrow{\gamma_0^T R^{-1}}(Y^n-F\vec{\beta}) \qquad (6\text{–}3)$$

式中，$\vec{Y}(x_0)$ 表示预测结果，f_o 是对 Y_0^n 回归函数的 $d\times 1$ 维向量；F 是对样本数据回归函数的 $n\times d$ 维矩阵；$\vec{R}$ 是 Y^n 与 Y_0^n 的 $n\times 1$ 维相关系数向量；β 是 $d\times 1$ 维未知回归系数向量，由广义最小二乘估算得到。

相关方程采用幂指数乘积相关计算，方法如下：

$$R(h|\xi)=\prod_{i=1}^{d}\exp[-\theta_i|h_i|^{P_i}] \qquad (6\text{–}4)$$

式中，$\zeta=(\theta,\ p)=(\theta_1,\ \ldots,\ p_1,\ \ldots p_d)$，$\theta_i \geq 0$，且 $0 < p_i \leq 2$，ξ 由最大似然估计得到。

4. 评估结果

根据建立的响应曲面模型非气象排放贡献的部分开展减排评估，总体改善结果见表 6–21 和表 6–22。

预计按照广西行动计划净减排措施落实重点任务后，2024 年 $PM_{2.5}$ 浓度在特别不利、一般、特别有利的气象条件下分别为 25.8 μg/m³、25.4 μg/m³、25.0 μg/m³；2025 年 $PM_{2.5}$ 浓度在特别不利、一般、特别有利的气象条件下分别为 25.3 μg/m³、24.4 μg/m³、23.7 μg/m³；2026 年 $PM_{2.5}$ 浓度在特别不利、一般、特别有利的气象条件下分别为 24.8 μg/m³、23.5 μg/m³、22.5 μg/m³；2027 年 $PM_{2.5}$ 浓度在特别不利、一般、特别有利的气象条件下分别为 24.3 μg/m³、22.6 μg/m³、21.3 μg/m³。在本次模拟的不同气象条件下，按照 10% 减排计划预计可完成 $PM_{2.5}$ 浓度改善年度目标。

表 6–21　2025 年不同气象条件下广西预计 $PM_{2.5}$ 浓度平均值

减排情景	减排比例			不同气象条件贡献下各情景减排后广西 2025 年 $PM_{2.5}$ 浓度值		
	氮氧化物	一次颗粒物	挥发性有机物	特别不利（两年都是不利条件）	一般（两年都是一般条件）	特别有利（两年都是有利条件）
减排情景预估结果	10%	10%	10%	25.3 μg/m³	24.4 μg/m³	23.7 μg/m³

表 6–22　2027 年不同气象条件下广西预计 $PM_{2.5}$ 浓度均值

减排情景	减排比例			不同气象条件贡献下各情景减排后广西 2027 年 $PM_{2.5}$ 浓度值		
	氮氧化物	一次颗粒物	挥发性有机物	特别不利（两年都是不利条件）	一般（两年都是一般条件）	特别有利（两年都是有利条件）
减排情景预估结果	10%	10%	10%	24.3 μg/m³	22.6 μg/m³	21.3 μg/m³

三、走航观测实际应用案例

针对区域性大气污染问题，通常依赖地面固定大气监测网研究区域大气污染特征和规律，但由于地面固定监测站数量有限，不能全面了解区域大气污染分布和输送规律，也不能精准识别污染高值区，而走航监测技术是解决此类问题的有效手段，是大气污染防治攻坚应急应对示范应用的典型。走航监测通过将监测设备安装在移动平台上，可提供较大范围的监测结果，还可以进行实时测量，机动性较强，响应快，可以弄清污染来源和变化趋势，提高大气污染预报预警质量，在污染应急应对过程中指导减排，保障空气质量考核目标达成，其中 VOCs 走航监测技术在 O_3 污染防治攻坚中发挥了重要作用。

（一）城市走航观测应用

近年来，随着广西 O_3 污染日趋严重，走航观测在 O_3 污染防治攻坚中的应用日趋成熟。广西生态环境监测中心近年来已经在南宁、来宾、贵港、贺州、柳州、钦州、北海、防城港、桂林、百色 10 个城市开展了走航监测，主要是针对 O_3 污染期间，围绕国控站点附近、主要工业园区、港口和主干道开展走航观测，对 VOCs 排放情况以及污染溯源问题，采用质谱走航监测系统对环境空气中 VOCs 进行快速检测，锁定 VOCs 的排放区域，对 VOCs 物质种类进行现场快速、准确的定性定量分析，为各地排查污染高值提供强有力支撑。

从近年来应对 O_3 污染的走航观测应用看，主要有以下几方面应用：一是描绘污染地图，通过对不同区域开展网格化走航，全面、快速锁定重点污染区域，可以从整体层面上掌握区域 VOCs 污染分布情况，在走航过程中可以检查应急措施启动落实情况；二是开展污染精准溯源，确定污染源头企业，监管散乱污染排放企业，满足污染精准防控需求；三是对重点污染区域、重点企业、重点工艺 VOCs 开展定点分析，准确掌握 VOCs 特征因子排放状况，为开展污染溯源和管控提供依据；四是 VOCs 现场准确定性定量检测（涵盖有组织和无组织），精准识别污染关键组分，为分析 O_3 污染成因提供数据支撑。城市走航监测应用典型案例如下。

1. 走航监测路线分布

本研究对来宾市兴宾区工业园区、广西贵港市江南中学国控点附近路段、木业工业区附近路段，以及市区内部分道路等区域周边展开了 VOCs 走航监测，并对多个 VOCs 排放异常点位进行监测分析（见表 6–23）。

表 6–23　来宾和贵港走航监测路线

城市	走航区域	主要路线	天气情况
来宾市	兴宾区、工业园区	兴宾区工业园区、金海公园及来宾站附近道路、来宾市人民医院至河南工业园区附近	晴 / 东南风
贵港市	江南中学国控点附近路段、木业工业区	环城一级、北环路、东环路等绕城路段、江南中学国控点附近路段、贵港市木业工业区附近路段、贵港市市区内部分道路	晴 / 东南风

2. 走航监测

通过走航监测，发现来宾市的某彩色印刷厂、北二路附近工地、河南工业园区外点位，贵港市的东环路附近、环城一级与 338 县道交叉口附近路段、某木业厂房内、人民医院附近道路、东湖小学附近道路点位出现 VOCs 浓度高值。

（1）来宾市某彩色印刷厂走航监测。

来宾市某彩色印刷厂点位主要污染因子及含量如下：壬醛含量为 6.89 ppb，占比 78%（见表 6–24 和图 6–23）。该点位于某彩色印刷厂附近，主要可能受企业排放影响，现场异味大。

表 6–24　点位主要污染物定性定量分析结果

序号	污染因子	CAS 号	浓度（ppb）
1	甲苯	108–88–3	1.31
2	乙基苯	100–41–4	0.61
3	壬醛	124–19–6	6.89

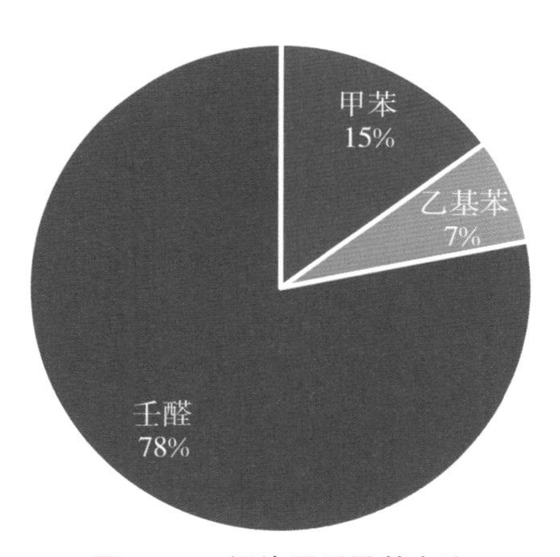

图 6–23　污染因子及其占比

（2）来宾市北二路附近工地走航监测。

北二路附近工地点位主要污染因子及含量如下：甲苯含量为 6.57 ppb，占比 28%；间 / 对 – 二甲苯含量为 4.66 ppb，占比 20%（见表 6–25 和图 6–24）。

表 6–25　点位主要污染物定性定量分析结果

序号	污染因子	CAS 号	浓度（ppb）
1	甲苯	108–88–3	6.57

续表

序号	污染因子	CAS 号	浓度（ppb）
2	乙基苯	100–41–4	1.71
3	间 / 对 – 二甲苯	108–38–3、106–42–3	4.66
4	1，2– 二甲苯	95–47–6	4.05
5	4– 乙基甲苯	622–96–8	2.69
6	1，3，5– 三甲基苯	108–67–8	3.37

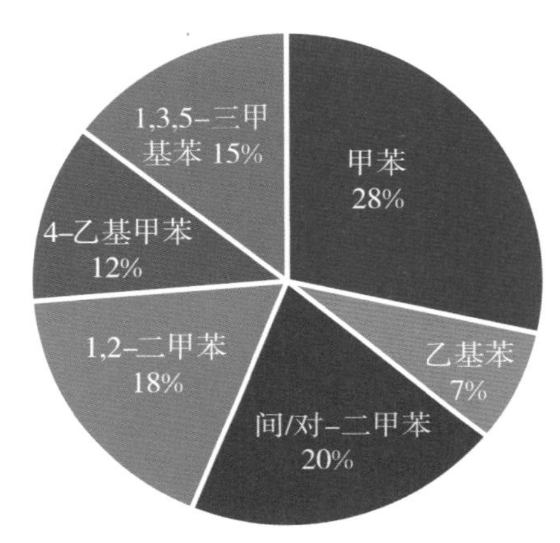

图 6–24　污染因子及其占比

（3）来宾市河南工业园区外走航监测。

河南工业园区外点位主要污染因子及含量如下：间 / 对 – 二甲苯含量为 6.07 ppb，占比 53%；1，2– 二甲苯含量为 3.04 ppb，占比 27%（见表 6–26 和图 6–25）。

表 6–26　点位主要污染物定性定量分析结果

序号	污染因子	CAS 号	浓度（ppb）
1	乙基苯	100–41–4	2.25
2	间 / 对 – 二甲苯	108–38–3、106–42–3	6.07
3	1，2– 二甲苯	95–47–6	3.04

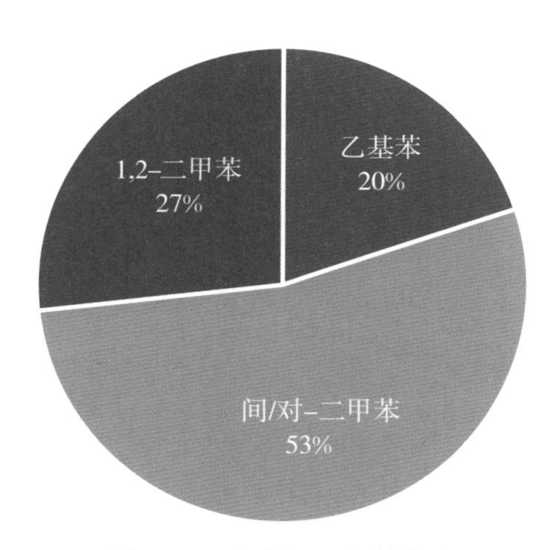

图 6–25　污染因子及其占比

（4）贵港市东环路附近走航监测。

贵港市东环路附近点位主要污染因子及含量如下：间 / 对 – 二甲苯含量为 5.06 ppb，占比 20%；甲苯含量为 4.10 ppb，占比 16%。据了解，该点位在东环路附近采集，主要可能受企业废气排放影响，现场异味明显（见表 6–27 和图 6–26）。

表 6–27　点位主要污染物定性定量分析结果

序号	污染因子	CAS 号	浓度（ppb）
1	苯	71–43–2	2.98
2	甲苯	108–88–3	4.10
3	乙基苯	100–41–4	1.50
4	间 / 对 – 二甲苯	108–38–3、106–42–3	5.06
5	正壬烷	111–84–2	0.960
6	1，2– 二甲苯	95–47–6	3.43
7	正癸烷	124–18–5	1.09
8	十二烷	112–40–3	2.50
9	1，3，5– 三甲基苯	108–67–8	1.41
10	4– 乙基甲苯	622–96–8	0.875
11	1，3，5– 三甲基苯	108–67–8	2.02

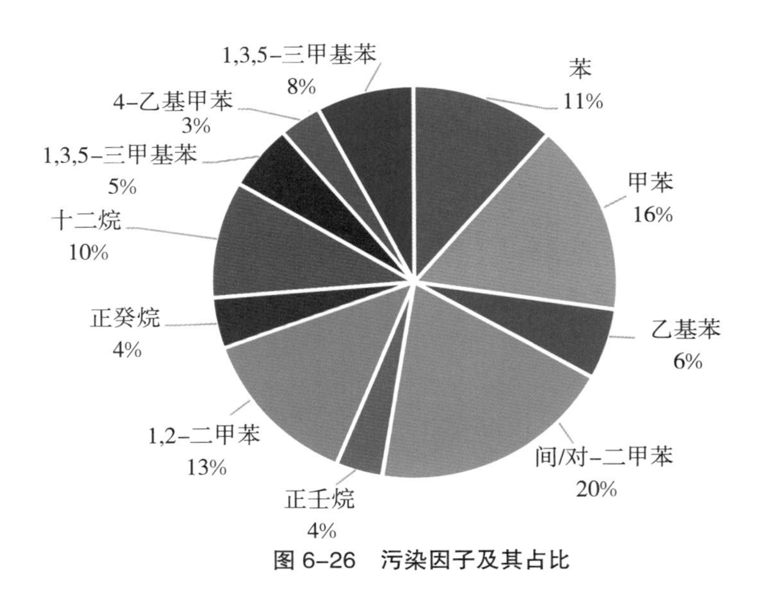

图 6-26　污染因子及其占比

（5）贵港市环城一级与 338 县道交叉口附近路段走航监测。

贵港市环城一级与 338 县道交叉口附近路段点位主要污染因子及含量如下：正戊烷含量为 0.989 ppb，占比 25%；正壬烷含量为 0.752 ppb，占比 19%（见表 6-28 和图 6-27）。

表 6-28　点位主要污染物定性定量分析结果

序号	污染因子	CAS 号	浓度（ppb）
1	2- 甲基庚烷	592-27-8	0.433
2	正戊烷	109-66-0	0.989
3	正壬烷	111-84-2	0.752
4	乙基苯	100-41-4	0.369
5	1，3，5- 三甲基苯	108-67-8	0.120
6	4- 乙基甲苯	622-96-8	0.291
7	1，3，5- 三甲基苯	108-67-8	0.344
8	1，2，4- 三甲基苯	95-63-6	0.268
9	十二烷	112-40-3	0.421

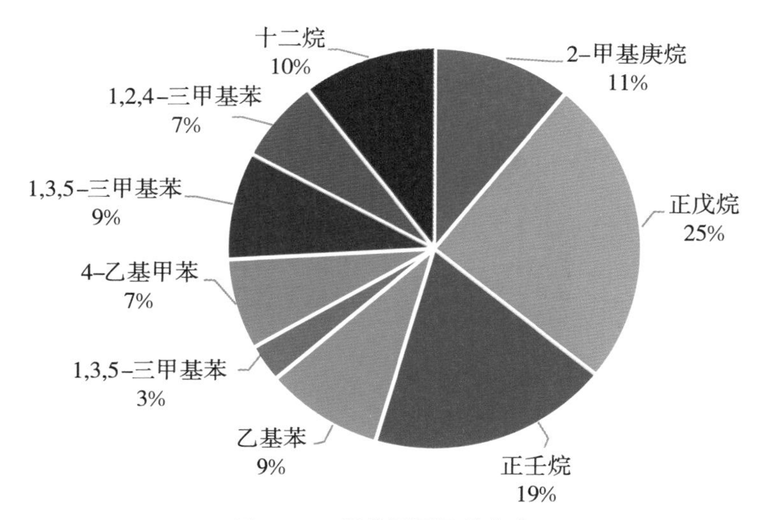

图 6-27　污染因子及其占比

（6）贵港市某木业厂房内走航监测。

贵港市某木业厂房内点位主要污染因子及含量如下：甲苯含量为 1.93 ppb，占比 19%；正戊烷含量为 1.24 ppb，占比 12%（见表 6-29 和图 6-28）。据了解，该点位附近为某木业厂房，主要可能受该企业排放影响，现场异味明显。

表 6-29　点位主要污染物定性定量分析结果

序号	污染因子	CAS 号	浓度（ppb）
1	正戊烷	109-66-0	1.24
2	苯	71-43-2	1.20
3	2，2，4- 三甲基戊烷	540-84-1	0.671
4	3- 甲基戊烷	96-14-0	0.315
5	甲苯	108-88-3	1.93
6	乙基苯	100-41-4	0.483
7	间 / 对 - 二甲苯	108-38-3、106-42-3	0.712
8	1，2- 二甲苯	95-47-6	0.885
9	苯甲醛	100-52-7	0.477
10	异丙基苯	98-82-8	0.299
11	1，2，4- 三甲基苯	95-63-6	0.500
12	1，3，5- 三甲基苯	108-67-8	0.778
13	正癸烷	124-18-5	0.670

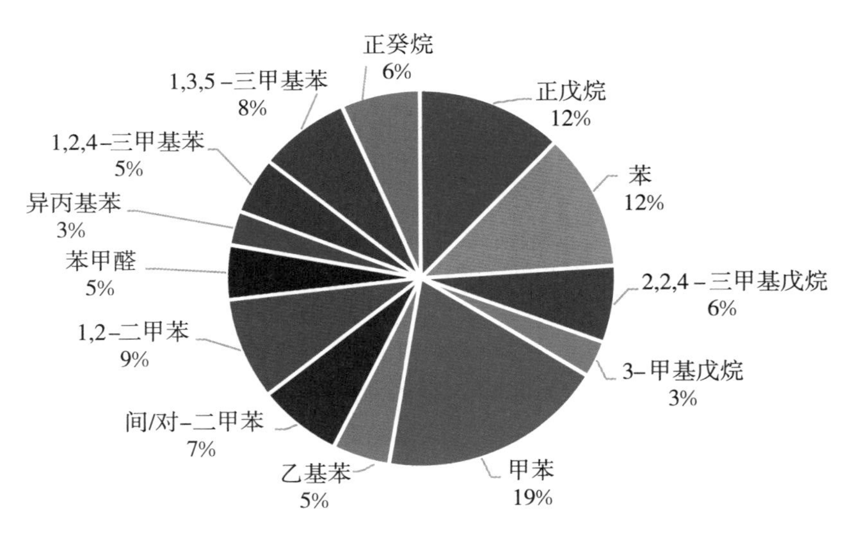

图 6–28　污染因子及其占比

（7）贵港市人民医院附近道路走航监测。

贵港市人民医院附近道路点位主要污染因子及含量如下：乙酸正丁酯含量为 4.00 ppb，占比 20%；1– 甲基 –2– 丙基苯含量为 2.10 ppb，占比 10%（见表 6–30 和图 6–29）。

表 6–30　点位主要污染物定性定量分析结果

序号	污染因子	CAS 号	浓度（ppb）
1	正辛烷	111–65–9	1.85
2	甲苯	108–88–3	1.90
3	乙酸正丁酯	123–86–4	4.00
4	四氯乙烯	127–18–4	1.43
5	乙基苯	100–41–4	0.787
6	间 / 对 – 二甲苯	108–38–3、106–42–3	1.98
7	1，2– 二甲苯	95–47–6	1.88
8	1– 甲基 –2– 丙基苯	1074–17–5	2.10
9	1，2，4，5– 四甲苯	95–93–2	1.18
10	5– 乙基 –3，5– 二甲基苯	934–74–7	1.51
11	正癸烷	124–18–5	1.56

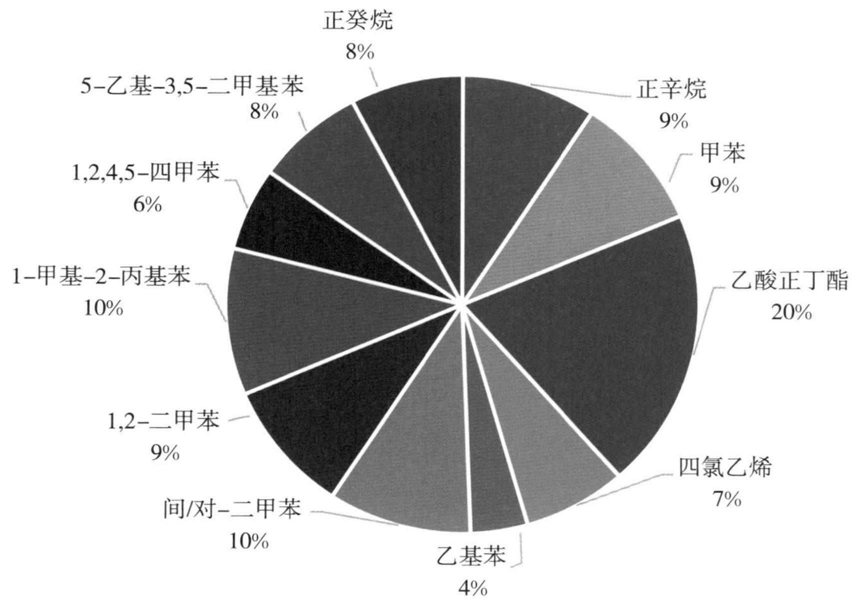

图 6-29　污染因子及其占比

（8）贵港市东湖小学附近道路。

贵港市东湖小学附近道路点位主要污染因子及含量：间 / 对 - 二甲苯含量为 43.1 ppb，占比 40%；甲苯含量为 19.5 ppb，占比 18%（见表 6-31 和图 6-30）。

表 6-31　点位主要污染物定性定量分析结果

序号	污染因子	CAS 号	浓度（ppb）
1	苯	71-43-2	6.69
2	甲苯	108-88-3	19.5
3	乙基苯	100-41-4	10.7
4	间 / 对 - 二甲苯	108-38-3、106-42-3	43.1
5	1，2- 二甲苯	95-47-6	17.7
6	4- 乙基甲苯	622-96-8	3.75
7	1，2，4- 三甲基苯	95-63-6	5.54
8	1，2，3- 三甲苯	526-73-8	1.87

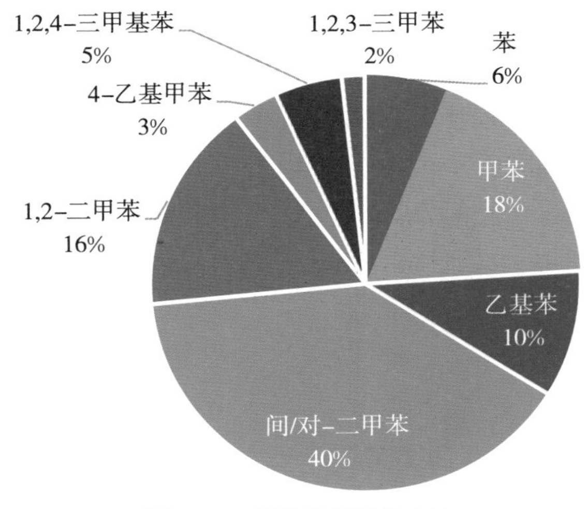

图 6-30 污染因子及其占比

在VOCs污染组分的26种重点污染因子中，本次来宾和贵港走航监测发现有苯、甲苯、乙基苯、间/对-二甲苯等，均为环境风险较大的VOCs污染因子，容易造成人体伤害。此外，这些污染因子与大气中的OH^-自由基反应效率极高，具有较高的增量反应活性（MIR），导致O_3生成潜势高，提升了区域光化学污染发生风险。同时，苯系物的二次气溶胶（SOA）生成系数（FAC）普遍较高，苯系物与大气中的OH^-自由基、NO_3^-自由基和O_3反应，会给当地带来巨大的SOA生成量，直接导致$PM_{2.5}$浓度攀升，导致O_3及$PM_{2.5}$浓度升高。

通过VOCs走航监测，发现来宾市的某彩色印刷厂、北二路附近工地、河南工业园区外点位，贵港市的东环路附近、环城一级与338县道交叉口附近路段、某木业厂房内、人民医院附近道路、东湖小学附近道路点位存在异常浓度高值（见图6-31）。其中，东湖小学附近道路点位VOCs总量峰值浓度最高，TVOC达到了108.85 ppb。

单位：ppb

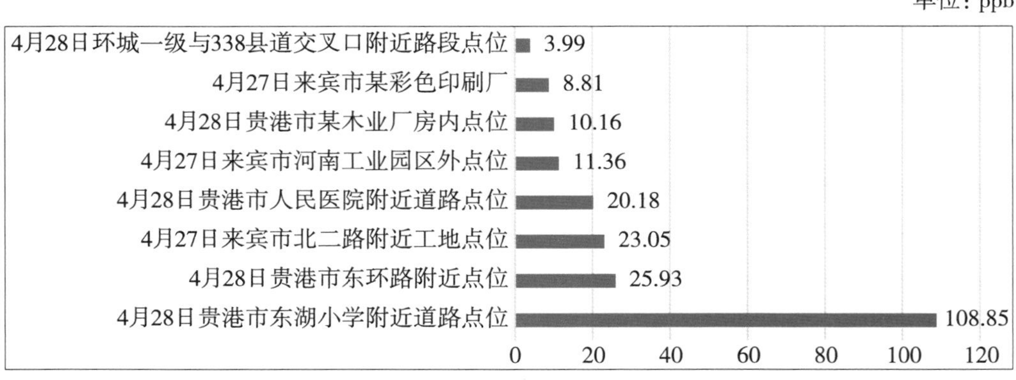

图 6-31 重点区域及企业厂区附近 VOCs 污染物浓度值

3. 走航监测管控建议

（1）由于局地风向错综复杂，企业生产情况不明，短期监测不能完全代表该地区整体情况，建议规划周期性方案进行深层次走航监测，全面掌握不同时段、不同气象条件下 VOCs 污染因子分布特征，实现精准管控，改善空气质量。

（2）强化企业排放管控的力度，对企业集中区域加强企业巡查监测力度，整治企业不规范行为，尤其是区域内家具行业等重点行业企业的达标整治。另外，加强对重点企业的废气排放管理，控制企业出现无组织排放，减少对 VOCs 的贡献率。

（3）针对走航监测发现的问题区域及企业周边易受扩散影响的敏感点位，建议安装空气 VOCs 自动监测站，实现 VOCs 及空气常规参数等 24 小时连续在线监测，全面掌握区域污染特征和时空变化情况，科学评价本地区环境空气质量，第一时间感知污染排放，及时预测预警，提前管控。

（4）建议对区域污染企业进行如下分级管控：对区域企业不定期开展走航抽查监测，增强企业源头减排意识；对于重点污染企业，建议安装固定污染源 VOCs 自动监测系统及厂界 VOCs 监测站；对于一般污染企业，建议配备便携式总烃 / 非甲烷总烃检测设备，定期对企业进行有组织、无组织监测复查，评估整改执行力度与执行效果。

4. 走航观测技术帮扶问题清单

（1）来宾市。

一是大气污染应急响应期间，抽查污染源在线数据发现仍有企业排放浓度超标，工业源管控未严格按照应急预案落实。例如，来宾某冶炼有限公司个别时段氮氧化物排放浓度超标，达不到来宾应急预案措施规定，排放浓度低于国家标准 80% 的要求。

二是工业园区管控不到位。河南工业园区有新建厂区大片裸露泥土未覆盖，某纸塑公司含粉尘边角料堆放未遮盖，粉尘排放量较大。

三是城市道路管理水平有待提高。大气污染应急响应期间洒水频次偏低，光化学反应较强时段仍有斑马线喷涂作业，城市靠近工业园区的道路扬尘较重。

四是 VOCs 走航结果显示，来宾工业园区工地附近，机动车较多路段 VOCs 浓度较高，苯系物、烷烃、酯类物质是占比最大的 VOCs 组分，其中，甲苯、乙基苯出现频率较高，是高活性 O_3 前体物，对来宾 O_3 生成贡献值较大。

（2）贵港市。

一是大气污染应急响应期间，抽查污染源在线数据发现仍有企业排放浓度超标，工业源管控未严格按照应急预案落实。例如，广西贵港某水务环保有限公司氮氧化物排放浓度超标长达 4 个小时以上。

二是道路扬尘污染较重，如环城公路一圈道路扬尘问题突出，形成“尘包城”效应，对贵港颗粒物浓度上升贡献较大；港南区道路柴油货车在大气污染应急期间仍然较多，仍发现无牌小货车上路；江南大道有道路挖土施工，应急预案中机动车禁限行和加强工地管理两方面落实不到位。

三是港南区的大气环境问题是贵港大气污染较重的问题症结所在，治理不好，则贵港的环境空气质量得不到根本改善。苏湾木业集中区、港口码头、贵钢、贵糖等工业企业排放加上道路环境较差，货车多，一次污染叠加二次污染加重了贵港市大气污染程度，必须加强整治，进行源头治理才能彻底改善贵港空气质量。

四是从 VOCs 走航监测结果看，污染物浓度从大到小区域依次为苏湾木业集中区、江南区、环城公路（贵港市整个外环），污染物以本地生成为主，柴油货车经过区域及木业集中区排放量大，主要成分为苯系物和烷烃，对贵港 O_3 生成贡献值较大。

5. 典型应用案例小结

通过走航观测，识别来宾市和贵港市大气污染存在的问题，面源上仍有 VOCs 浓度异常高点，主要来源于企业生产过程排放、无组织挥发逸散等。此次走航过程中多次发现含量较高的苯系物、烷烃、酯类物质，容易引起 O_3 浓度超标，需加强管控企业生产过程中的无组织排放。在走航观测过程中，梳理了其他大气污染防治问题清单，并反馈给当地生态环境局整改，取得了较好的帮扶效果。

（二）走航综合技术应用

随着大气污染防治攻坚的深入推进，走航监测技术融合卫星遥感监测技术及预测预报技术，为广西大气污染防治攻坚提供了更全面的技术支撑，取得了较好的应用成效。例如，2022 年是广西 O_3 污染最严重的一年，广西生态环境厅强化污染过程应对统筹调度和帮扶指导，精准指导重点区域、重点城市严格落实污染天气应急响应机制。全年预报可能发生污染 418 城次，各市累计启动 687 城次应急响应，成功挽回 166 城次优良天。在帮扶各市过程中，走航综合技术应用发挥了重要作用。

1. 贺州市

2022 年，贺州市受不利气象条件影响，O_3 污染形势异常严峻，本研究项目组成员应用走航综合技术多次在污染应急期间深入贺州市开展走航观测，并检查了贺州市大气污染应急措施落实情况。检查中发现贺州市大气污染防治除存在管理问题以外，还存在以下技术问题。

一是污染天气应急措施落实不到位。城市面源污染问题突出，2022 年 9 月以来道路白改黑施工，工地打钻机、挖掘机、渣土车作业，部分工地未落实扬尘治理喷淋设施；露天烧烤未落实监管；道路划线、沥青铺路等 VOCs 无组织排放较重，污染应急期间仍在作业；洒水及雾炮车作业频次落实不到位；未认真研究制定科学的柴油货车绕行方案，桂粤湘大道货车较多，潇贺大道和八达西路十字路口红绿灯货车拥堵较严重，造成 NO_x 排放浓度大、道路扬尘问题较重等问题。

二是 O_3 生成重要前体物 VOCs 治理技术和治理水平较低。贺州市涉 VOCs 企业多为小散企业，旺高工业区人造岗石、塑料母粒等行业企业涉 VOCs 排放也较多，且采用简易低效治理技术的占多数。另外，涉 VOCs 企业安装在线监测设备的很少，各级执法部门 VOCs 执法装备比较欠缺，精准发现问题的能力不强。

三是秸秆禁烧工作管控不力。贺州市秸秆产生量相对较少，但秸秆露天焚烧火点较多，2022 年秸秆视频监控发现火点数 3 993 个，平均每个点位发生火点数 138 个，远远超过南宁市的 33 个。

四是柴油货车过境较多。贺州城区小，每天货车通行量约 3 500 辆，从走航监测结果看，柴油货车限行时段 VOCs 浓度为 100 ppb，而未限行时段 VOCs 浓度为 135 ppb，差距比较明显，表明柴油货车对 VOCs 浓度贡献较大。

本项目组将走航综合技术走航监测发现的问题清单反馈给贺州市政府后，贺州市人民政府高度重视，召集相关部门进行了整改，其中研究制定了大货车绕行方案是力度比较大的整改措施。由于贺州市区面积小，潇贺大道和八达东路是过境贺州必走的国道，绕行必须走高速，因此无形中增加了运输成本，但是贺州市在 O_3 应急响应期间由贺州市公安局交警支队发布了大货车通行方案，极大削减了贺州市 O_3 污染浓度峰值，取得了较好成效。

2. 百色市

2023 年，百色市完成大气污染考核指标的形势严峻。受厄尔尼诺现象影响，百色市高温干旱，O_3 污染反弹明显，导致百色市截至 2023 年 8 月，污染天数余额仅剩 4 天，且 $PM_{2.5}$ 浓度全区最高，大气污染形势严峻。

本研究项目组成员应用卫星遥感、走航观测技术和综合分析技术为百色市大气防控把脉问诊。

（1）卫星遥感监测分析。

百色市重点涉气企业主要分布在百色东南区域，即右江区、田阳区、田东县的中部区域，呈现出条状分布特征，而百色市地形呈现南北高、中间低，为马蹄形状，在东南风的气象条件下易受到上述大气污染源排放影响导致空气质量变差。

根据卫星遥感监测结果，百色市企业分布密集的区域 O_3 和 NO_2 柱浓度明显偏高，说明企业大气污染源排放对百色市 O_3 浓度生成贡献较大。由于近地面 O_3 污染是多项因子综合影响的结果，不仅受到气象条件影响，而且与形成 O_3 的前体物浓度呈高度非线性关系，根据 NO_x–VOCs 敏感性对百色市涉气企业污染源在线监测数据进行分析，对重点排污企业进行界定，并在 O_3 污染期间筛选重点排查企业进行检查。

（2）走航巡查。

根据卫星遥感推荐的排放量较大的重点企业 12 家，抽取 8 家进行排查，发现主要问题如下：

①某 A 电厂 SO_2 浓度明显偏高，大部分时段 SO_2 浓度为 300 mg/m^3（执行 400 mg/m^3 的标准）；某 B 电厂虽有超低排放设施，但因运行成本大未开启，SO_2 浓度在 150 mg/m^3 左右（执行 200 mg/m^3 的标准）。虽然达标排放，但两家电厂年度排放总量大。

②某水泥（田阳）有限公司应急响应期间持续进行室外喷漆作业。

③某科技有限公司制煤气工段“跑冒滴漏”严重，SO_2 和 NO_x 在线监测均发现有超标；走航车在厂区门口监测到 VOCs 浓度明显上升，经核实与煤气副产品粗苯（经脱氨后的焦炉煤气中回收的苯系化合物，其中以苯为主）有关，现场有难闻的农药味，曾被附近居民投诉。

④百色某人造板有限公司木料堆场大量露天堆放木料，VOCs 瞬时浓度接近 600 ppb，主要成分为 2– 蒎烯和苯系物等。

⑤对百色市开展绕城路走航，发现百色市祈福高中东南面分布有较多汽车维修、人造板、建材等行业企业，东南风时对该站点影响较大。同时，重点走航了龙旺大道，该路段与祈福高中站点较近，货车量相对多，扬尘较大，对站点污染贡献较大。

（3）百色综合走航技术应用小结。

卫星遥感监测可以较大程度提高走航观测效率，能在较短时间内发现更多大气污染防治问题，全面摸清了百色市大气污染问题。一是百色市工业排放 SO_2 对市区环境空气 SO_2 浓度升高贡献较大，也间接说明了百色工业大气排放源对百色市环境空气质量影响较大，建议加强东南面企业管控，进一步寻求减排空间，才能从根本上改善空气质量。二是百色市汽车维修、人造板、建材等行业企业分布较集中，对百色市祈福高中站点贡献较大，也是祈福高中站点浓度明显高于其他站点的重要原因。

参考文献

[1] 张晓荟．中国秸秆焚烧大气污染物高分辨率排放特征研究［D］．南京：南京大学，2019.

[2] 廖国莲．广西环境气象研究与应用［M］．北京：气象出版社，2021.

[3] 王硕迪，董欣宜，苏方成，等．基于 $PM_{2.5}$ 浓度达标约束和区域联防联控的河南省地级市大气环境容量研究［J］．环境科学研究，2024，37（05）：985-995.

[4] 郝天依，韩素芹，蔡子颖，等．天津春节期间烟花爆竹燃放对空气质量的影响［J］．环境科学研究，2019，32（04）：573-583.

[5] 胡丙鑫，段菁春，刘世杰，等．2018 年春节期间京津冀及周边地区烟花禁放效果评估［J］．环境科学研究，2019，32（02）：203-211.

[6] 丁俊男，朱莉莉，汪巍，等．珠三角区域 $PM_{2.5}$ 本底浓度水平特征分析［C］// 中国环境科学学会．2018 中国环境科学学会科学技术年会论文集（第二卷）．合肥：中国环境科学学会，2018.

[7] 张国斌，曹靖原，邱雄辉，等．基于过程分析的京津冀地区气象条件变化对 $PM_{2.5}$ 浓度改善的影响［J］．环境科学，2024，45（11）：6219-6228.

[8] 高元官．广西北海涠洲岛大气颗粒物理化特征研究［D］．太原：山西大学，2017.

[9] 饶晓琴，张碧辉，江琪，等．东南亚生物质燃烧对云南边境污染传输影响［J］．中国环境科学，2023，43（09）：4459-4468.

[10] 邢佳莉．中国南部地区 $PM_{2.5}$ 中有机化合物的组成和来源［D］．南京：南京信息工程大学，2022.

[11] 陈慕白，刀谞，叶春霞，等．烟花爆竹燃放对河南省空气质量影响的研究［J］．中国环境监测，2023，39（05）：34-43.

[12] 戴启立，戴天骄，侯林璐，等．污染减排与气象因素对我国主要城市 2015—2021 年环境空气质量变化的贡献评估［J］．中国科学：地球科学，2023，53（08）：1741-1753.

[13] 徐冉，张碧辉，安林昌，等．2000—2021 年中国沙尘传输路径特征及气象成因分析［J］．中国环境科学，2023，43（09）：4450-4458.

［14］黄海洪，廖国莲，黄思琦，等．广西环境气象研究与业务进展综述［J］．气象研究与应用，2020，41（04）：42-47.
［15］刘妍妍，杨雷峰，谢丹平，等．湖南省臭氧污染基本特征分析及长期趋势变化主控因素识别［J］.环境科学，2022，43（03）：1246-1255.
［16］何立环，周密，朱余，等.2001—2020 年合肥市空气质量变化趋势研究［J］．中国环境监测，2022，38（04）：65-73.
［17］赵燕，李大伟，翟宇虹，等.2014 年—2021 年珠海市环境空气质量变化趋势及污染特征研究［J］．环境科学与管理，2022，47（12）：144-149.
［18］刘慧琳，莫招育，覃纹，等．广西秸秆露天焚烧源排放清单及时空分布研究［J］.环境污染与防治，2022，44（05）：631-638.
［19］彭立群，张强，贺克斌．基于调查的中国秸秆露天焚烧污染物排放清单［J］．环境科学研究，2016，29（08）：1109-1118.
［20］陶敏华．广西主要农作物秸秆露天焚烧污染物排放分析［J］．能源与环境，2019（01）：88-90.
［21］YIN L，DU P，ZHANG M，et al. Estimation of Emissions from Biomass Burning in China （2003—2017） based on MODIS Fire Radiative Energy Data［J］. Biogeosciences，2019，16（7）： 1629-1640.
［22］ZHENG B，TONG D，LI M，et al. Trends in China’s Anthropogenic Emissions since 2010 as the Consequence of Clean Air Actions［J］. Atmospheric Chemistry and Physics，2018，18（19）： 14095-14111.
［23］潘润西，陈蓓，莫雨淳，等．广西 $PM_{2.5}$ 时空分布特征及污染天气类型［J］．环境科学研究，2018，31（03）：465-474.
［24］莫招育，陈蓓，廖国莲．广西大气污染成因分析及监测预报研究［M］．南宁：广西科学技术出版社，2021.
［25］赵域圻，杨婷，王自发，等．基于 KZ 滤波的京津冀 2013—2018 年大气污染治理效果分析［J］．气候与环境研究，2020，25（05）：499-509.
［26］秦人洁，张洁琼，王雅倩，等．基于 KZ 滤波法的河北省 $PM_{2.5}$ 和 O_3 浓度不同时间尺度分析研究［J］．环境科学学报，2019，39（03）：821-831.
［27］KUMARI S，JAYARAMAN G，GHOSH C. Analysis of long-term ozone trend over Delhi and its meteorological adjustment［J］. International Journal of Environmental Science and Technology，2013，10（6）： 1325-1336.
［28］张洁琼，王雅倩，高爽，等．不同时间尺度气象要素与空气污染关系的 KZ 滤波研究［J］．中国环境科学，2018，38（10）： 3662-3672.

[29] 张文，潘竟虎.2013年大范围雾霾期间京津冀 $PM_{2.5}$ 质量浓度遥感估算及时空变化的经验正交函数分析[J].兰州大学学报(自然科学版)，2016，52(3)：350-356.

[30] 张人禾，闵庆烨，苏京志.厄尔尼诺对东亚大气环流和中国降水年际变异的影响：西北太平洋异常反气旋的作用[J].中国科学：地球科学，2017，47(05)：544-553.

[31] 秦靖蒿，王晓红，杨艺科，等.2015—2020年中国 $PM_{2.5}$ 污染时空演化及其与ENSO的关系研究[J].环境科学学报，2023，43(03)：315-332.

[32] 杨艺科，王晓红，凌元锦，等.2015—2020年中国臭氧污染时空演化及其与厄尔尼诺－南方涛动的关系研究[J].环境科学研究，2023，36(05)：895-903.

[33] 武文琪，张凯山.全球气候变化与区域气象及空气质量的关系研究：以成都市为例[J].长江流域资源与环境，2020，29(04)：985-996.

[34] 于晓超.不同分布型和强度ENSO事件对中国冬季气溶胶浓度的影响[D].南京：南京信息工程大学，2019.

[35] YIN L, DU P, ZHANG M, et al. Estimation of Emissions from Biomass Burning in China (2003–2017) based on MODIS Fire Radiative Energy Data[J]. Biogeosciences, 2019, 16(7): 1629-1640.

附录　2015—2023年广西各设区市环境空气质量AQI等级分布

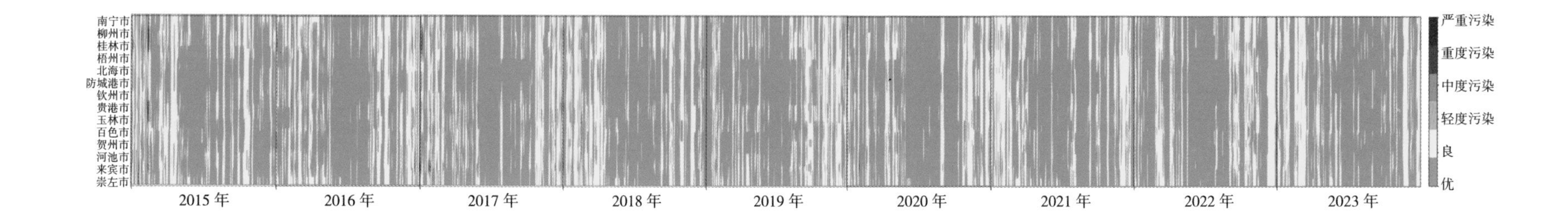